钻井井控标准整编手册

（2023 版）

《钻井井控标准整编手册》编委会　编

中国石化出版社

图书在版编目(CIP)数据

钻井井控标准整编手册：2023 版 /《钻井井控标准整编手册》编委会编 .—北京：中国石化出版社，2023. 5
ISBN 978-7-5114-7074-4

Ⅰ. ①钻… Ⅱ. ①钻… Ⅲ. ①油气钻井-井控-标准化-手册 Ⅳ. ①TE28-65

中国国家版本馆 CIP 数据核字(2023)第 078789 号

中国石化出版社出版发行
地址：北京市东城区安定门外大街 58 号
邮编：100011 电话：(010)57512500
发行部电话：(010)57512575
http://www.sinopec-press.com
E-mail:press@sinopec.com
北京柏力行彩印有限公司印刷
全国各地新华书店经销
*
787×1092 毫米 16 开本 19 印张 472 千字
2023 年 7 月第 1 版 2023 年 7 月第 1 次印刷
定价：98.00 元

《钻井井控标准整编手册》
编 委 会

序

党的十八大以来，习近平总书记提出“四个革命、一个合作”“要深入推动能源革命，加快建设能源强国”的能源安全新战略，擘画了能源改革发展的宏伟蓝图。党的二十大报告对“加大油气资源勘探开发和增储上产力度”作出了重要战略部署，为推动我国石化工业高质量发展、增强能源安全保障能力提供了根本遵循。

中国石化石油天然气安全专业标准化技术委员会为全面贯彻落实党的二十大精神、习近平总书记关于国家能源安全新战略和视察胜利油田重要指示精神，有效提升中国石化井控安全管理水平，组织编撰了《钻井井控标准整编手册(2023版)》。该手册为石油天然气开采HSE标准化建设丛书之一，涵盖了与井控有关的井位选址、钻前准备、井场布置、钻井设计、钻完井作业及应急抢险等钻井作业工序的安全技术要求，既是钻井井控管理人员的参考书，也是钻井井控操作人员和监督检查人员的工具书，为井控安全风险防控提供了科学有效的理论依据、技术支撑和行为规范。

“法施于人，虽小必慎”。井控标准是法律法规具体化、精细化的技术延伸，具有强制性，必须严格实施和执行。全体员工，特别是各级干部作为强化井控安全管理的引领者、推动者、执行者，要坚持“早发现、早关井、早处置”的井控“三早”原则，注重细节和过程，持续完善“全员、全方位、全天候、全过程”的井控管理监督机制，强化井控标准的执行力和穿透力，织密筑牢井控安全防线。希望通过对《钻井井控标准整编手册(2023版)》的学习、宣贯和执行，有效推动中国石化井控管理标准化、操作标准化和现场标准化，为助力中国石化高质量发展、打造世界一流能源企业提供坚实保障。

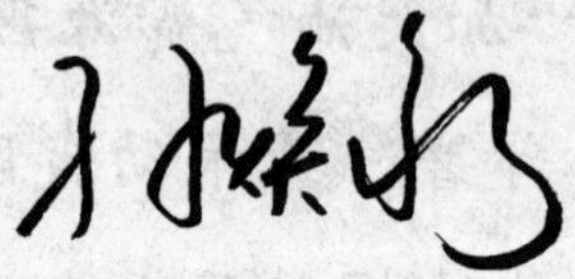

2023年6月

前　　言

近年来，随着国家能源战略的调整，中国石化油气勘探开发逐渐向深层、超深层、非常规领域进军，钻井井控技术不断发展进步，配套的钻井井控标准规范数量不断增加，专业内容日趋完善。但随之出现了标准规范数量多、内容繁杂、相关标准条款交叉重复，关联数据不统一，现场查阅使用不方便等问题。特别在标准执行过程中，现场操作人员和管理人员往往不清楚应执行的标准，或难以迅速查到需要的标准条款，不利于钻井井控设计和现场井控风险防控，制约了中国石化钻井井控管理和现场标准化建设水平的持续提升。

为有效提升中国石化钻井井控管理水平，助力打造世界一流能源企业，中国石化石油天然气安全专业标准化技术委员会组织编撰了《钻井井控标准整编手册(2023版)》(以下简称《手册》)。《手册》立足现场井控管理需要，系统梳理钻井井控全过程安全技术要求，突出国家标准、行业标准和企业标准的有机融合，共收集、查新国内井控标准900余项，国外标准12项，经过碎片化整理，在5100余项条款、伍拾余万字初稿基础上形成了3400余项条款、叁拾伍万余字的《手册》终稿。

《手册》适用于中国石化所属各企业陆上及海洋钻井工程井控管理。内容包含涉及井控管理全过程的17个章节及16个附件，可作为从事井控设计、设备配套、过程管理与现场检查等专业人员的工具书，亦可作为国内外石油工程市场施工队伍及相关方井控管理的参考书。

《手册》由中国石化石油天然气安全专业标准化技术委员会组织编撰，中石化胜利石油工程公司、中原石油工程公司、西南石油工程公司等单位多年从事井控管理工作的专家历时三年时间完成。在整编过程中，中国石化安全生产标准指导委员会给予了指导和大力支持，在此表示衷心的感谢！

在整编过程中，虽然力求内容全面、结构合理、层次清晰、条款正确、选项唯一，既具有专业指导性，又突出现场可操作性。但由于整编时间紧，编者水平有限，难免有疏漏和不足之处，敬请广大读者批评指正，以便在今后的修订过程中予以修正。

编　者

2023 年 3 月

编制说明

本《手册》共收集、梳理、分析、研究国内各级标准900余项，国外标准12项，碎片化整理标准93项，最终确定纳入《手册》标准61项，其中国家标准7项，安全行业标准3项，公共安全行业标准1项，能源行业标准3项，石油行业标准34项，中国石化企业标准13项，具体采纳标准如下：

采纳标准清单

标准类别	序号	标准编号	标准名称
国家标准	1	GB/T 150.1—2011	压力容器 第1部分：通用要求
	2	GB/T 20174—2019	石油天然气钻采设备 钻通设备
	3	GB/T 20739—2006	橡胶制品 贮存指南
	4	GB/T 22513—2013	石油天然气工业 钻井和采油设备 井口装置和采油树
	5	GB/T 25429—2019	石油天然气钻采设备 钻具止回阀
	6	GB/T 28911—2012	石油天然气钻井工程术语
	7	GB/T 31033—2014	石油天然气钻井井控技术规范
安全行业标准	8	AQ 2012—2007	石油天然气安全规程
	9	AQ 2016—2008	含硫化氢天然气井失控井口点火时间规定
	10	AQ/T 2076—2020	页岩气钻井井控安全技术规范
公共安全行业标准	11	GA 124—2013	正压式消防空气呼吸器
能源行业标准	12	NB/T 14010—2016	页岩气丛式井组水平井安全钻井及井眼质量控制推荐做法
	13	NB/T 14012.2—2016	页岩气工厂化作业推荐做法 第2部分：钻井
	14	NB/T 14019—2016	页岩气水平井钻井工程设计推荐作法
石油行业标准	15	SY/T 0599—2018	天然气地面设施抗硫化物应力开裂和应力腐蚀开裂金属材料技术规范
	16	SY/T 5053.2—2020	石油天然气钻采设备 钻井井口控制设备及分流设备控制系统
	17	SY/T 5087—2017	硫化氢环境钻井场所作业安全规范
	18	SY/T 5225—2019	石油天然气钻井、开发、储运防火防爆安全生产技术规程
	19	SY/T 5323—2016	石油天然气工业 钻井和采油设备 节流和压井设备
	20	SY/T 5374.1—2016	固井作业规程 第1部分：常规固井
	21	SY/T 5412—2016	下套管作业规程
	22	SY/T 5431—2017	井身结构设计方法
	23	SY/T 5466—2013	钻前工程及井场布置技术要求
	24	SY/T 5483—2017	常规地层测试技术规程
	25	SY/T 5525—2020	石油天然气钻采设备 旋转钻井设备 上部和下部方钻杆旋塞阀
	26	SY/T 5623—2009	地层压力预(监)测方法

续表

标准类别	序号	标准编号	标准名称
石油行业标准	27	SY/T 5691—2013	电缆式地层测试器测井资料解释规范
	28	SY/T 5742—2019	石油与天然气井井控安全技术考核管理规则
	29	SY/T 5964—2019	钻井井控装置组合配套、安装调试与使用规范
	30	SY/T 5974—2020	钻井井场设备作业安全技术规程
	31	SY/T 6160—2019	防喷器检验、修理和再制造
	32	SY/T 6202—2013	钻井井场油、水、电及供暖系统安装技术要求
	33	SY/T 6203—2014	油气井井喷着火抢险作法
	34	SY/T 6277—2017	硫化氢环境人身防护规范
	35	SY/T 6432—2019	浅海石油作业井控规范
	36	SY/T 6543—2019	欠平衡钻井技术规范
	37	SY/T 6633—2019	海上石油设施应急报警信号指南
	38	SY/T 6667—2006	分流器系统设备及作业推荐作法
	39	SY/T 6789—2010	套管头使用规范
	40	SY/T 6818—2019	煤层气井钻井工程安全技术规范
	41	SY/T 6868—2016	钻井作业用防喷设备系统
	42	SY/T 6962—2018	海洋钻井装置井控系统配置及安装要求
	43	SY 6984—2014	滩海陆岸石油钻井设施安全规范
	44	SY/T 7012—2014	连续油管井控设备系统
	45	SY/T 7018—2014	控压钻井系统
	46	SY/T 7330—2016	海上石油 水下管汇连接器
	47	SY/T 7387—2017	石油天然气钻采设备 井控设备 控制系统用耐火软管总成
	48	SY/T 7453—2019	海洋钻井井控技术要求
中国石化企业标准	49	Q/SH 0010—2019	气体钻井技术规范
	50	Q/SH 0013—2011	川东北复杂压力条件下钻井推荐作法
	51	Q/SH 0020—2011	川东北钻前工程及油气施工作业防灾减灾安全技术规范
	52	Q/SH 0033—2009	川东北含硫化氢天然气井钻井与试气作业工程安全技术规范
	53	Q/SH 0034—2007	气体钻井安全技术规范
	54	Q/SH 0164—2008	陆上井控装置判废技术条件
	55	Q/SH 0198. 1—2020	天然气井工程安全技术规范 第1部分：钻井与井下作业
	56	Q/SH 0205—2009	川东北天然气井钻井井控技术规范
	57	Q/SH 0206—2008	川东北天然气井钻井井控装置配套、安装和使用规范
	58	Q/SH 0413—2011	旋转防喷器的检查与修理
	59	Q/SH 0655. 1—2015	闸板防喷器气密封检测安全技术规范 第1部分 采购验收
	60	Q/SH 0713—2017	钻井液液气分离器应用技术规范
	61	Q/SH 0732—2018	节流和压井系统检查与维修

本《手册》主要内容由钻前准备、井场布置、钻井井控设计、井控装置配套与安装、井控装置试压、井控装置运行管理、钻开油气层前的准备和检查验收、油气层钻进过程中的井

控管理、溢流关井与压井、欠平衡钻井井控特殊要求、完井井控、井喷失控处理、硫化氢防护、井控装置的检维修与管理、井控装置判废技术条件、井控技术培训、术语等17个部分，以及页岩气工厂化钻井井场面积计算方法、方钻杆旋塞、关井操作程序等16个附件构成，覆盖了井控管理的全过程工作内容。

需要特别说明的事项如下：

1. 为便于学习和查阅相关标准，整编后的标准条款在末尾注明了原标准号，如【SY/T 5974—2020】。当同一标准连续出现多个条款时，标准号列在最后一条之末。

2. 对同一标准化对象描述存在矛盾或差异的条款，按照“现场最适用”“就高不就低”“最新优先”原则，组织人员进行了重点研究论证后择优采纳，确保条款的适用性。

3. 对涉及井控的12项国外标准进行了专题研究和试验论证，研究结论与国内标准一致的按国内标准执行，不一致的未进行采纳。读者在学习和执行国外井控标准时，应加以注意。

本《手册》所采纳标准查新日期截至2022年12月31日。

目　录

1　钻前准备 …………………………………………………………（1）
1.1　井位选址与踏勘 ……………………………………………（1）
1.2　钻前施工 ……………………………………………………（1）
1.3　井场道路 ……………………………………………………（5）
2　井场布置 …………………………………………………………（7）
2.1　一般要求 ……………………………………………………（7）
2.2　主要设备 ……………………………………………………（9）
2.3　净化系统 ……………………………………………………（9）
2.4　发电房及油罐区 ……………………………………………（10）
2.5　井控设备 ……………………………………………………（10）
2.6　井场主要用房 ………………………………………………（10）
2.7　井场照明 ……………………………………………………（10）
3　钻井井控设计 ……………………………………………………（11）
3.1　一般要求 ……………………………………………………（11）
3.2　钻井地质设计 ………………………………………………（11）
3.3　钻井工程设计 ………………………………………………（13）
4　井控装置配套与安装 ……………………………………………（19）
4.1　配套原则 ……………………………………………………（19）
4.2　井控装置的组成 ……………………………………………（19）
4.3　井口防喷器组 ………………………………………………（20）
4.4　钻井四通 ……………………………………………………（36）
4.5　套管头 ………………………………………………………（36）
4.6　液压控制系统 ………………………………………………（37）
4.7　井控管汇 ……………………………………………………（53）
4.8　其他井控装置 ………………………………………………（63）
5　井控装置试压 ……………………………………………………（69）
5.1　井控车间试压 ………………………………………………（69）
5.2　钻井现场试压 ………………………………………………（69）
5.3　防喷器控制装置试压、调试 ………………………………（70）
5.4　节流管汇控制箱试压、调试 ………………………………（71）

5.5　欠平衡钻井设备试压 …………………………………………………………（71）
5.6　海上井控装置试压 ……………………………………………………………（72）
6　井控装置运行管理 ……………………………………………………………（73）
6.1　井控装置使用要求 ……………………………………………………………（73）
6.2　井控装置日常管理 ……………………………………………………………（76）
7　钻开油气层前的准备和检查验收 …………………………………………（79）
7.1　钻开油气层前的准备 …………………………………………………………（79）
7.2　钻开油气层前的检查验收 ……………………………………………………（80）
8　油气层钻进过程中的井控管理 ……………………………………………（81）
8.1　一般要求 ………………………………………………………………………（81）
8.2　含硫化氢地层钻井特殊要求 …………………………………………………（82）
8.3　海上石油作业钻开油气层后的井控要求 ……………………………………（83）
8.4　地层孔隙压力预(监)测方法 …………………………………………………（84）
8.5　地层破裂压力预测及试验方法 ………………………………………………（84）
9　溢流关井与压井 ……………………………………………………………（85）
9.1　陆上钻井 ………………………………………………………………………（85）
9.2　海上钻井 ………………………………………………………………………（86）
10　欠平衡钻井井控特殊要求 …………………………………………………（87）
10.1　作业基本条件 ………………………………………………………………（87）
10.2　培训要求 ……………………………………………………………………（87）
10.3　现场准备 ……………………………………………………………………（87）
10.4　气体监测 ……………………………………………………………………（87）
10.5　接单根和起下钻作业 ………………………………………………………（88）
10.6　应急要求 ……………………………………………………………………（88）
10.7　欠平衡钻井井控要求 ………………………………………………………（88）
10.8　气体钻井井控要求 …………………………………………………………（88）
11　完井井控 ……………………………………………………………………（89）
11.1　测井井控 ……………………………………………………………………（89）
11.2　固井井控 ……………………………………………………………………（90）
11.3　中途测试井控 ………………………………………………………………（91）
12　井喷失控处理 ………………………………………………………………（93）
12.1　一般规定 ……………………………………………………………………（93）
12.2　井喷着火抢险 ………………………………………………………………（94）
12.3　井口清障 ……………………………………………………………………（96）
12.4　井口灭火 ……………………………………………………………………（96）

12.5 灭火后井喷处理 ……………………………………………… (97)
12.6 注意事项 ……………………………………………………… (98)
13 硫化氢防护 ……………………………………………………… (99)
13.1 一般要求 ……………………………………………………… (99)
13.2 井场布置 ……………………………………………………… (100)
13.3 设备设施配置 ………………………………………………… (101)
13.4 施工作业 ……………………………………………………… (102)
13.5 专用防护设施 ………………………………………………… (107)
13.6 应急管理要求 ………………………………………………… (110)
14 井控装置的检维修与管理 ………………………………………… (114)
14.1 钻井队伍日常检查维护 ……………………………………… (114)
14.2 井控机构专业维护检修 ……………………………………… (117)
14.3 防喷器定期检验维修(再制造) ……………………………… (118)
14.4 节流压井系统检验维修 ……………………………………… (118)
15 井控装置判废技术条件 ……………………………………………… (125)
15.1 防喷器 ………………………………………………………… (125)
15.2 钻井四通 ……………………………………………………… (126)
15.3 井控管汇 ……………………………………………………… (126)
15.4 控制装置 ……………………………………………………… (127)
15.5 泥浆气体分离器 ……………………………………………… (127)
16 井控技术培训 ………………………………………………………… (128)
16.1 持证上岗总体要求 …………………………………………… (128)
16.2 培训取证范围 ………………………………………………… (128)
16.3 培训管理 ……………………………………………………… (128)
16.4 培训考核 ……………………………………………………… (129)
16.5 证书管理 ……………………………………………………… (130)
16.6 复审换证 ……………………………………………………… (131)
16.7 其他规定 ……………………………………………………… (131)
17 术语 …………………………………………………………………… (132)
附录A 页岩气工厂化钻井井场面积计算方法 ………………………… (133)
附录B 分流器系统要求 ……………………………………………… (136)
附录C 套管头的结构及安装使用 …………………………………… (143)
附录D 井控管汇配置闸阀的规定 …………………………………… (155)
附录E 方钻杆旋塞 …………………………………………………… (165)
附录F 钻具止回阀 …………………………………………………… (171)

附录G　*dc* 指数法录取地层压力 …………………………………………………………（185）
附录H　电缆式地层测试器实测地层孔隙压力规范 ……………………………………（189）
附录I　常规地层测试实测地层孔隙压力技术规程……………………………………（193）
附录J　地层破裂、坍塌压力预测及试验方法…………………………………………（202）
附录K　关井操作程序 ……………………………………………………………………（209）
附录L　欠平衡钻井井控特殊要求 ………………………………………………………（216）
附录M　气体钻井井控特殊要求 …………………………………………………………（235）
附录N　硫化氢、二氧化硫物理特性和生理影响及公众危害防护要求 ………………（242）
附录O　防喷器检验与修理和再制造 ……………………………………………………（245）
附录P　术语 ………………………………………………………………………………（271）

1 钻前准备

1.1 井位选址与踏勘

1.1.1 井场选择原则

1.1.1.1 根据自然环境、钻机类型及钻井工艺要求，确定钻井设备安放位置。

1.1.1.2 井场应避开滑坡、泥石流等不良地质地段，在河滩、海滩地区应避开汛、潮期进行钻前施工。

1.1.1.3 充分利用地形，节约用地，方便施工。

1.1.1.4 在选择井场时应考虑将钻机井架和动力基础选在挖方处。

1.1.1.5 在环境有特殊要求的井场布置时，应有切实的防护设施。

1.1.2 井位确定

1.1.2.1 根据勘探或开发部门给定的井位坐标，由建设单位、地质部门和施工单位实地勘测确定地面井口位置。基础施工结束后应复测井位坐标。

1.1.2.2 油、气井井口距高压线及其他永久性设施不小于75m，距民宅不小于100m，距铁路、高速公路不小于200m，距学校、医院和大型油库等人口密集型、高危型场所不小于500m；在地下矿产采掘区钻井，井筒与采掘坑道、矿井坑道之间的距离不小于100m。

1.1.2.3 含硫油气井井场应选在较空旷的位置，宜在前后或左右方向能让盛行风畅通。

1.1.2.4 井口距堤坝、水库的位置应根据国家水利部门的有关规定执行。【SY/T 5466—2013】

1.1.2.5 具有下列情况之一，经专业勘查和评估存在严重地质灾害风险且现有技术条件和能力无法治理区域，严禁选为井场和营地。

——泥石流的形成、冲击、沉积区域；

——50年一遇行洪的河床、河滩；

——山沟、溪流、河流交汇口下游100m以内高危险区域；

——存在明显滑坡风险的地段。【Q/SH 0020—2011】

1.2 钻前施工

1.2.1 井场一般要求

1.2.1.1 井场应平坦坚实，能承受大型车辆的行驶。

1.2.1.2 井场应满足钻井设备的布置及钻井作业的要求。

1.2.1.3 井场中部应高于四周，以利于排水。

1.2.1.4 井场、钻台下、机房下、泵房要有通向污水池的排水沟。

1.2.1.5 雨季时，井场周围应挖环形排水沟。

1.2.1.6 井场应有利于污水处理设施的布置。

1.2.1.7 井架绷绳锚坑或绷绳墩位置应按相应类型钻机的井架安装说明书执行。

1.2.1.8 在草原、苇塘、林区的井，布置井场时应按照防火、防爆、防污染等国家及地方法规执行。

1.2.1.9 在山区、丘陵地区、河床、海滩、湖泊、盐田、水库、水产养殖场，钻井井场应相应设置防洪、防泥石流、防山体滑坡、防腐蚀、防污染等安全防护设施。

1.2.1.10 在沙漠布置井场应注重防风、防沙。

1.2.1.11 农田内井场四周应挖沟或围土堤，与毗邻的农田隔开。井场内的污油、污水、钻井液等不得流入田间或水溪。

1.2.2 井场面积

1.2.2.1 井场面积是指钻机主要设备、辅助设施、沉砂池、排污池、生产用房、锅炉房、燃烧池、放喷池和井场内道路所占的面积。各类型钻机井场面积见表1-1（不含放喷池、燃烧池）。

表1-1 各类型钻机井场面积

钻机级别	井场面积/m^2	长度/m	宽度/m
ZJ10	≥6400	≥80	≥80
ZJ20	≥6400	≥80	≥80
ZJ30	≥8100	≥90	≥90
ZJ40	≥10000	≥100	≥100
ZJ50	≥11025	≥105	≥105
ZJ70	≥13200	≥120	≥100
ZJ90	≥16800	≥140	≥120

注：井场前后为长，井场左右为宽。

1.2.2.2 燃烧池和放喷池的设置应符合井控安全要求。实施欠平衡钻井作业的还应在井场右侧增加一个面积不小于1000m^2的燃烧池，在井场左侧增加一个面积不小于1000m^2的放喷池。燃烧池和放喷池的池体高度应在2m以上，池体边缘距井口应在75m以上。

1.2.2.3 在环境敏感地区，如盐池、水库、河流等，应在右侧增加一个专用的体积不少于200m^3的放喷池，池体边缘距井口应在75m以上。

1.2.2.4 进行特殊工艺井施工时，应根据施工的特殊性、设备等因素，在表1-1规定的基础上，适当增加井场面积。

1.2.3 井场大门朝向

1.2.3.1 布置大门方向应考虑风频、风向。大门方向应面向季节风，一般情况下的井架大门方向要朝南或东南。

1.2.3.2 大门方向宜面向进入井场的道路，井场道路宜从前方进入。

1.2.3.3 含硫油气井的大门方向应面向盛行风。【SY/T 5466—2013】

1.2.4 山区井场特殊要求

1.2.4.1 井场与井场道路应能承受80t载重车辆的行驶。

1.2.4.2 填方区域应分层压实，每层填土厚度不超过30cm，压实度达90%以上后再填下层，回填料应由设计单位提出明确要求。高填方区的场地应进行专项设计，施工单位应编制专项施工方案。并由专业检测机构进行压实度检验。专项施工方案和压实检验报告应收入竣工档案。

1.2.4.3 承载力特征值小于150kPa的软土场地不应作为井架和动力设备基础的持力层，井场软土地基处理应经勘查后进行专门设计。

1.2.4.4 设备基础顶面应高出周围地面100mm。

1.2.4.5 井场应以井架基础周围污水沟外沿为起点，四周设置朝向边沟的排水坡，坡度不宜小于1%。

1.2.4.6 井场挖方区和填方区的边坡应进行支挡，挖方区域的边坡宜采用边坡处理。

1.2.4.7 川东北井场有效面积(不含沉砂池、污水池、放喷池、生活用房、锅炉房等)应根据钻机类型确定(表1-2)，空气钻、丛式井井场等可根据需要适当扩大。

1.2.4.8 主副放喷池尺寸应按20m×10m×1.5m建造；放喷池池底板应采用C30钢筋混凝土浇筑，结构为双层双向，厚度不小于250mm；放喷口以下池壁应采用C30钢筋混凝土结构，高度1.5m；放喷口对面墙壁为防火墙，距离宜不小于20m；防火墙宽度为10m，高度应不低于放喷口3.5m，池墙采用双层结构，外侧为钢筋混凝土墙体，厚度400mm；内侧(迎火面)采用烧结砖砌体，厚度240mm；侧墙高度应不低于放喷口2.0m。

表1-2 各种类型钻机主体设备所需井场面积

钻机级别	井场面积/m^2	长度/m	宽度/m
5000m钻机	6050	110	55
6000m钻机	6050	110	55
7000m钻机	7800	130	60
9000m钻机	>7800	>130	>60

注：以上面积为井场有效使用面积，不包括边坡的应力松弛区和保证设备摆放的必要的安全距离。

1.2.4.9 高含硫气井放喷池离井口距离须不小于100m，其余井应不小于75m。放喷池隔火带应距放喷池墙周边50m以上。【Q/SH 0020—2011】

1.2.5 “井工厂”特殊要求

1.2.5.1 单井组工厂化钻井作业的井场面积应根据钻机型号、钻机移动类型、井数、井口间距确定。单井井场尺寸应符合SY/T 5466的规定，单井组井场面积计算方法参见附录A。

1.2.5.2 双井组或多井组工厂化钻井作业的井场面积应根据各井组不含沉砂废液池占地的井场面积、井组数、井组间距、钻机安全通道、共用储备系统占地、共用沉砂池与废液池占地等确定，计算方法参见附录A。

1.2.5.3 同一井组可采用横向单排布井方式、纵向单排布井方式或口型布井方式，井位布置应符合SY/T 5466的规定。

1.2.5.4 同一井组横向单排布井的井口中心连线应为一条直线，且与大门坡方向垂直，参见图1-1。

1.2.5.5 同一井组纵向单排布井的井口中心连线应为一条直线，且与大门坡方向平行，参见图1-2。

1.2.5.6 同一井组口型布井，横向同一排井的井口中心连线宜与大门坡方向垂直，纵向同一排井的井口中心连线宜与大门坡方向平行，参见图1-3。

1.2.5.7 根据井场地貌、井数及钻井施工进度计划等要求，同一平台井位可分组布置，使用两部或多部钻机同时进行工厂化钻井作业。

1.2.5.8 同一平台各井组可采用平行线型布井方式或直线型布井方式；山区或丘陵地区可采用折线型布井方式。

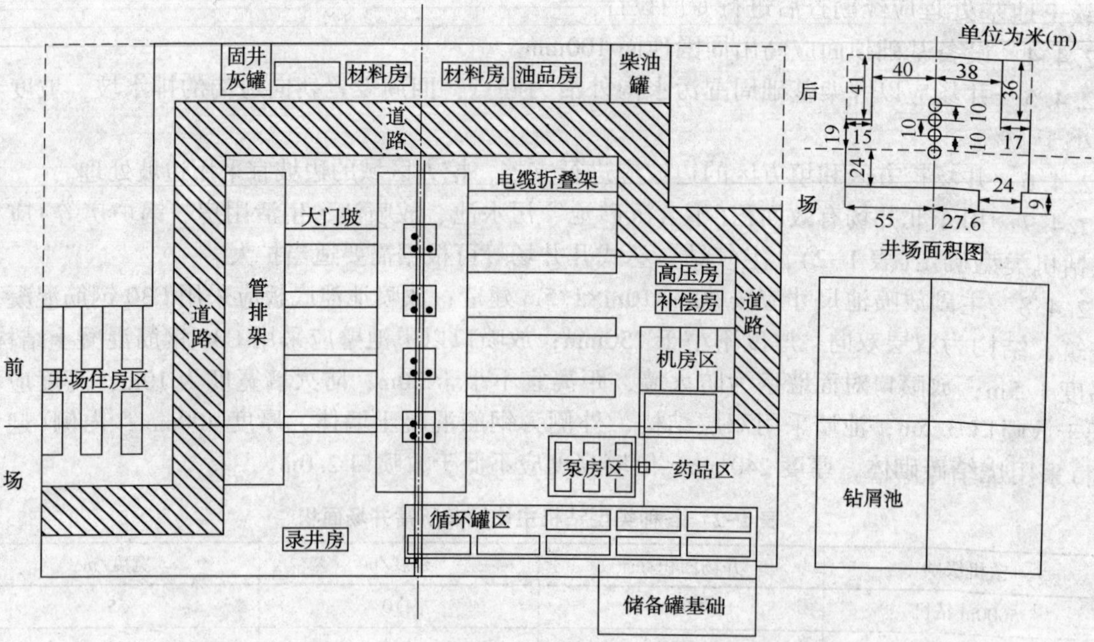

图 1-1　单井组横向单排布井横向移动钻井井场布置示意图

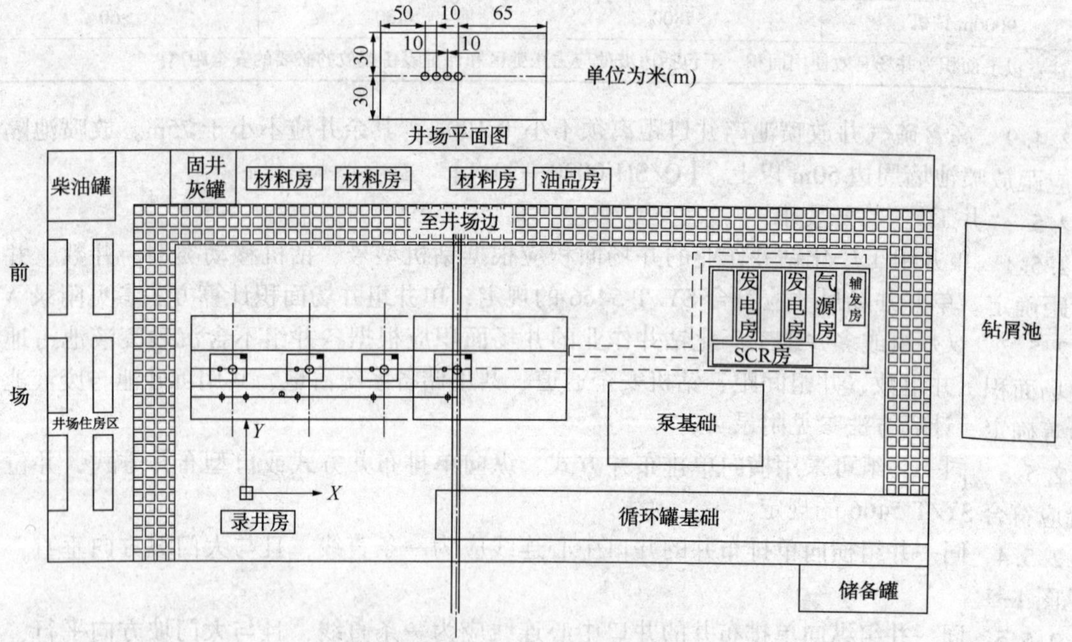

图 1-2　单井组纵向单排布井纵向移动钻井井场布置示意图

1.2.5.9　同一井组井口间距应相同，且不小于 5m，并满足直井段井眼防碰、井间防漏、钻机移动、井口采气装置及管线安装、修井设备作业及安全生产等要求。

1.2.5.10　井组间距由不含沉砂池占地面积的井场尺寸和钻机间的安全通道尺寸确定。平行线型布置的井组的最小井组间距不小于 30m。

1.2.5.11　采用平行线型布置的井组，相邻井组的井口应互相错开半个井口间距。【NB/T 14012.2—2016】

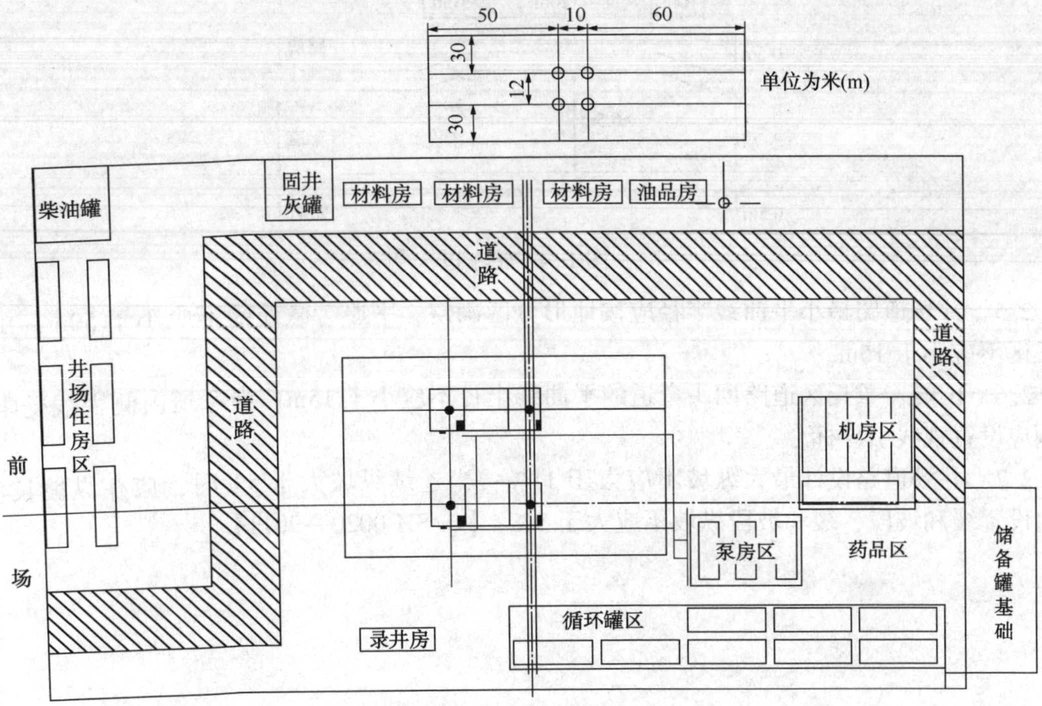

图 1-3　单井组口型布井步进式移动钻井井场布置示意图

1.3　井场道路

1.3.1　一般要求

1.3.1.1　山岭丘陵地区选定井场道路应避开滑坡、泥石流等不良地质地段。

1.3.1.2　通往井场的道路，应满足建井周期内各型车辆安全通行，特别应考虑满足抢险车辆的通行。

1.3.1.3　油气田的干道公路宜采用 JTG B01 规定的三级公路标准。

1.3.1.4　油气田单井井场道路宜采用 JTG B01 规定的四级公路标准。

1.3.1.5　根据油气田地质构造和井位布局确定道路走向。

1.3.1.6　特殊地区(如沙漠、草原、海滩)的井可修建能满足运输通行条件的道路。

1.3.1.7　高含硫油气井还宜修有一条备用应急通道，以便一旦出现硫化氢或二氧化硫的紧急情况下可根据风向选择从现场撤离。【SY/T 5466—2013】

1.3.2　山区井场道路特殊要求

1.3.2.1　井场道路应避开滑坡、泥石流、危岩崩塌等不良地质地段，并可满足全天候通行条件。

1.3.2.2　井场道路路基宽度应不小于 5m，车道宽度应不小于 4m，并按每公里不少于 3 处标准设置错车道，宽度应不小于 6.5m。错车道应设在平直路段，并按图 1-4 设置。

1.3.2.3　井场道路应满足最大荷载 80t，最大尺寸长×宽×高 = 15.0m×3.5m×4.0m 的车辆安全通行，同时应满足应急、抢险车辆的通行。

1.3.2.4　易岩崩、坠石、塌方路段，路宽应不小于 6.5m，并设置警示标志；路缘外侧为悬崖、沟谷、江河等路段，应设置混凝土防撞墩。

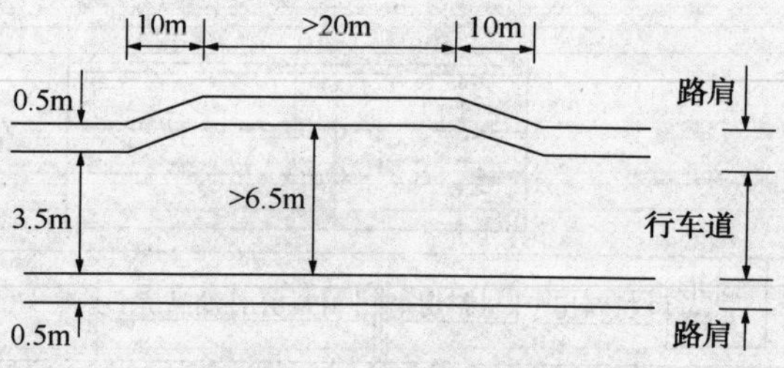

图 1-4　错车道

1.3.2.5　井场道路最小平曲线半径应按地形分区确定，平原、微丘区不应小于 50m，山岭、重丘区不应小于 15m。

1.3.2.6　山岭、重丘区道路回头弯道的平曲线半径不应小于 15m；当弯道内侧视线受阻时，外侧应设置视线引导标。

1.3.2.7　井场道路设计最大纵坡不应大于 11%；当连续纵坡大于 5%时，应在纵坡长度范围内设置缓和坡段，缓和坡段纵坡不应大于 3%。【Q/SH 0020—2011】

2 井场布置

2.1 一般要求

2.1.1 常规井场一般要求

2.1.1.1 井场布置宜按 SY/T 5466、SY/T 5087 的规定执行，钻机基础选型应符合 SY/T 5972 的要求。

2.1.1.2 井场布置应考虑当地季节风的风频、风向，钻井设备应根据地形条件和钻机类型合理布置，利于防爆、操作和管理。

2.1.1.3 井场应有足够的抗压强度。场面应平整、中间略高于四周，井场周围排水设施应畅通。基础平面应高于井场面 100mm~200mm。

2.1.1.4 钻井液沉砂池或废液池周围应有截水沟，防止自然水浸入。

2.1.1.5 钻台、油罐区、机房、泵房、钻井液助剂储存场所、净化系统、远程控制系统、电气设备等处应有明显的安全标志。井场入口、钻台、循环系统等处应设置风向标，井场安全通道应畅通。

2.1.1.6 井场周围应设置不少于两处临时安全区，一处应位于当地季节风的上风方向处，其余与之呈 90°~120°分布。

2.1.1.7 石油钻井专用管材应摆放在专用支架上，管材各层边缘应用绳系牢或专用设施固定牢，排列整齐，支架稳固。

2.1.1.8 方井、柴油机房、泵房、发电房、油罐区、油品房、远程控制台、钻井液储备罐区、钻井液材料房、收油计量橇、循环罐及其外侧区域、岩屑收集区和转移通道、废油暂存区、油基岩屑暂存区等区域地面宜做防渗处理。重点防渗区应铺设防渗膜，油罐区、钻井液储备罐区、收油计量橇、废油暂存区、油基岩屑暂存区应设置围堰。

2.1.1.9 地处海滩、河滩的井场，在洪汛、潮汛季节应修筑防洪防潮堤坝和采用其他相应预防措施。【SY/T 5974—2020】

2.1.1.10 井队生活区应位于当地季节风向的上风向，距离井口 100m 以上；含硫气井生活区应距离井口 300m 以上。

2.1.1.11 锅炉房应在井口下风方向，距井口应大于 50m。

2.1.1.12 泥浆不落地设施距井口不小于 20m，与钻井液罐之间应有通道，其间距不小于 6m。【Q/SH 0198.1—2020】

2.1.2 “井工厂”特殊要求

2.1.2.1 井场布置应执行“前场对接”的原则，且符合 SY/T 5466 的规定。

2.1.2.2 平行线型布置的双井组或多井组井场，纵向移动钻机或步进式移动钻机的大门坡方向均应相同，参见图 2-1；平行线型布置的双井组井场，横向移动钻机的大门坡方向应相对，参见图 2-2。

2.1.2.3 直线型布置的双井组井场，纵向移动钻机或步进式移动钻机的大门坡方向应相对，参见图 2-3；直线型布置的双井组或多井组井场，横向移动钻机的大门坡方向均应相同，参见图 2-4。

2.1.2.4　折线型布置的双井组或多井组井场，移动钻机的大门坡方向均应相交。【NB/T 14012.2—2016】

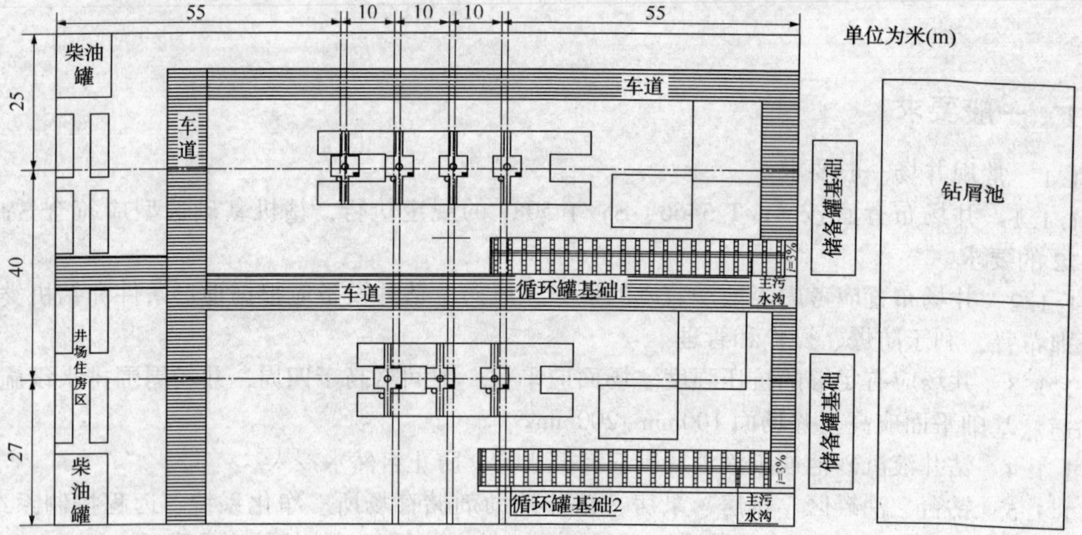

图 2-1　双井组平行线型布井纵向移动钻井井场布置示意图

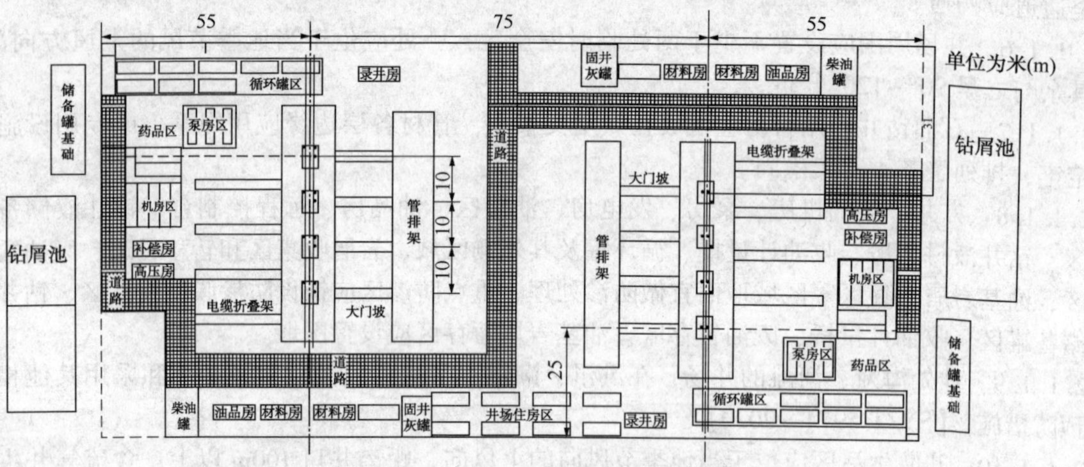

图 2-2　双井组平行线型布井横向移动钻井井场布置示意图

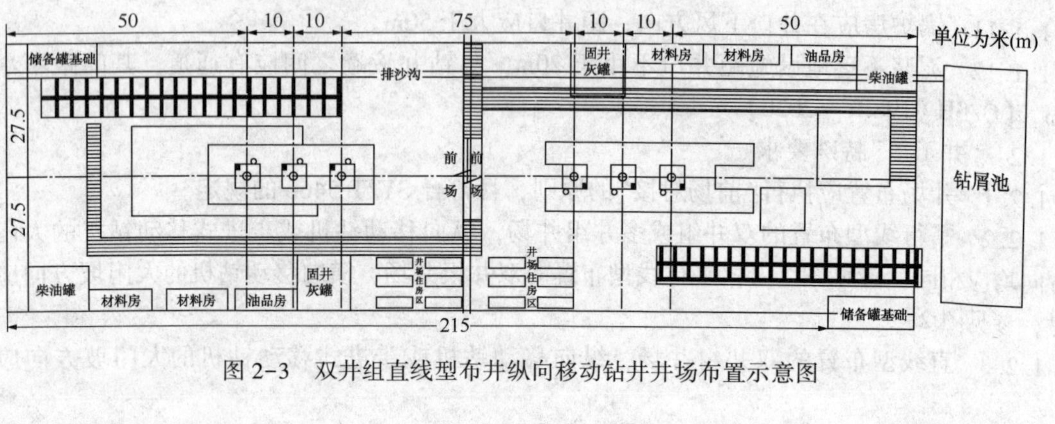

图 2-3　双井组直线型布井纵向移动钻井井场布置示意图

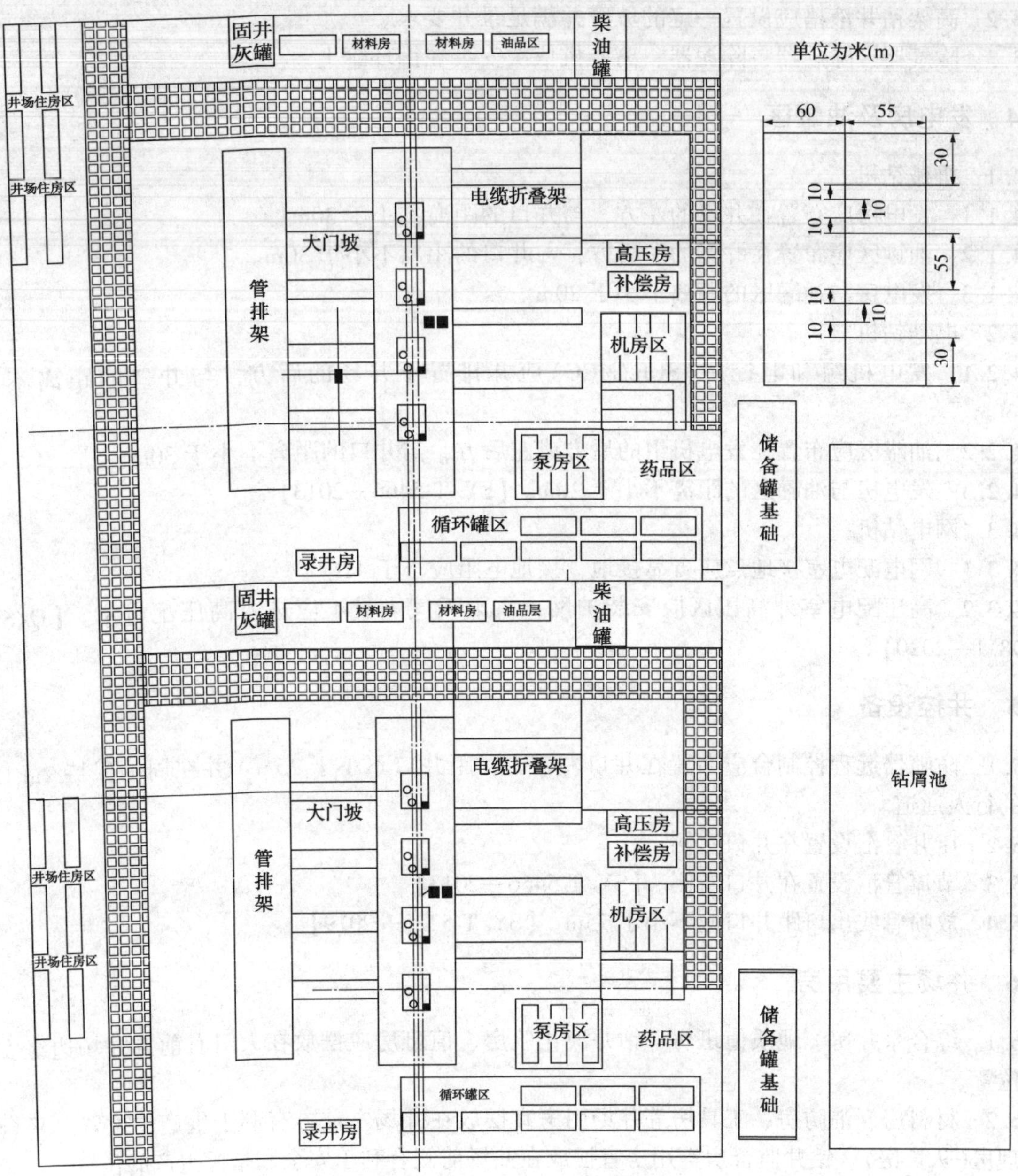

图 2-4　双井组直线型布井横向移动钻井井场布置示意图

2.2　主要设备

2.2.1　根据大门方向及不同类型的钻机布置井架底座、绞车、柴油机及联动机、电动机、钻井泵的位置。

2.2.2　柴油机排气管的出口避免指向油罐区。

2.2.3　含硫油气井所有设备的安放位置应按照 SY/T 5087 的要求执行。

2.3　净化系统

2.3.1　循环罐布置在井场的右侧，其中心线距井口 11m～18m，从振动筛依次向后设置。

2.3.2　高架钻井液槽应设置一定的坡度并满足录井要求。

2.3.3　除气器、除砂器、除泥器、离心机依次安装在循环罐上。

2.4　发电房及油罐区

2.4.1　机械钻机

2.4.1.1　发电房应布置在井场的左方，与井口的距离不小于30m。

2.4.1.2　油罐区应布置在井场的左后方，与井口的距离不小于30m。

2.4.1.3　发电房与油罐区的距离不小于20m。

2.4.2　电动钻机

2.4.2.1　发电机组和电控房(SCR/MCC)应并排置于井场的后方，与井口的距离不小于30m。

2.4.2.2　油罐区应布置在发电机组的后方或左后方，与井口的距离不小于30m。

2.4.2.3　发电房与油罐区的距离不小于20m。【SY/T 5466—2013】

2.4.3　网电钻机

2.4.3.1　网电配电室接地点应可靠接地，接地电阻应小于4Ω。

2.4.3.2　高压配电室外高压区应安装护网；雷雨天气人员不应进入高压配电室。【Q/SH 0198.1—2020】

2.5　井控设备

2.5.1　防喷器远程控制台应布置在井口左前方，距井口不小于25m。并在周围保持2m以上的行人通道。

2.5.2　压井管汇设置在井口左侧。

2.5.3　节流管汇设置在井口右侧。【SY/T 5466—2013】

2.5.4　放喷管线出口距井口应不小于75m。【SY/T 5225—2019】

2.6　井场主要用房

2.6.1　综合录井房、地质值班房、钻井液化验房、值班房应摆放在大门右前方井场边缘安全位置。

2.6.2　材料房、消防房、工具房等井场用房宜摆放在井场左前方有利于生产的位置。平台经理房(队长房)、钻井监督房等用房宜摆放在井场前侧有利于安全和指挥生产的位置。

2.6.3　锅炉房距井口应不小于50m，距油罐区应不小于30m。

2.6.4　含硫油气井井场工程值班房、地质值班房、钻井液化验房设置的位置应按SY/T 5087的规定执行。【SY/T 5466—2013】

2.7　井场照明

2.7.1　井场照明负荷应符合GB 50034的规定。

2.7.2　照明线路应装符合技术要求的漏电保护开关。

2.7.3　井控系统照明电源、探照灯电源应从配电室控制屏处设置专线。

2.7.4　移动照明电源的输入与输出电路应实行电路上的隔离。【SY/T 5974—2020】

3 钻井井控设计

3.1 一般要求

3.1.1 设计原则

3.1.1.1 符合当地法律、法规，满足健康、安全、环境体系管理的要求。

3.1.1.2 有利于发现、认识和保护油气层，满足开发要求。

3.1.1.3 有利于实现安全、优质、高效钻井。【SY/T 5431—2017】

3.1.2 井控专项设计要求

3.1.2.1 钻井作业前，钻井工程设计中应有井控设计的内容。

3.1.2.2 探井的地质、工程设计中应提出防硫化氢气体和浅层气的措施。

3.1.2.3 开发井设计中应标明含硫化氢气体和浅层气的地层深度及估计含量，并提出预防措施。

3.1.2.4 井控设计内容应包括但不限于以下内容：

——全井地层压力梯度、地层破裂压力梯度、浅层气资料、所在区块分层压力数据；

——钻井液类型和钻井液密度；

——井身结构；

——对历次开钻的井控装置要求；

——常规防喷措施；

——特殊井控要求；

——地层压力随钻监测及钻井液密度调整要求。【SY/T 5087—2017】

3.2 钻井地质设计

3.2.1 一般要求

3.2.1.1 地质设计应根据地质资料进行风险评估并编制安全提示。

3.2.1.2 应提供区域地质资料、本井地层压力、漏失压力、破裂压力、坍塌压力，地层应力、地层流体性质等的预测及岩性剖面资料。【AQ 2012—2007】

3.2.1.3 地质设计中所提供的井位应符合下列安全距离要求：

a. 油气井井口距高压线及其他永久设施应不小于 75m；距民宅应不小于 100m；距铁路及高速公路应不小于 200m；距学校、医院、油库、人口密集及高危场所等应不小于 500m；

b. 油气井之间的井口间距不小于 2m；高压油气井、高含硫化氢油气井井口距其他井井口之间的距离大于钻进本井所用钻机的钻台长度，且不小于 8m；

c. 井筒与地下矿产采掘坑道、矿井通道之间的距离不小于 100m。

3.2.1.4 地质设计中应标注说明井场周围一定范围内的居民住宅、学校、厂矿、国防设施、饮用水资源以及季风风向变化等情况。在地下矿产采掘区钻井，应标明采掘矿井井口位置及坑道的分布、走向、长度和离地表深度；在江河、干渠周围钻井，应标明河道、干渠的位置和走向等。【GB/T 31033—2014】

3.2.1.5 应对高压天然气井、新区预探井及含硫化氢气井拟定井位周围5000m、探井周围3000m、生产井周围2000m范围内的居民住宅、学校、公路、铁路和厂矿等进行勘测，在设计书中标明其位置，并调查500m以内的人口分布及其他情况。

3.2.1.6 应提供邻井的油、气、水显示和复杂情况资料，并特别注明含硫化氢、二氧化碳地层深度和预计含量，已钻井的电测解释成果、地层测试及试油、气资料，探井应提供相应的预测资料(含硫化氢和二氧化碳预测资料)。【AQ 2012—2007】

3.2.2 一般油气井

3.2.2.1 在开发调整区钻井，地质设计中应明确邻近注水、注气(汽)井分布及注水、注气(汽)情况，提供分层动态压力数据。工程设计中明确钻开油气层之前应采取的相应停注、泄压和停抽等措施。【GB/T 31033—2014】

3.2.2.2 应根据产层压力和预期产量，提出各层套管的合理尺寸和安全的完井方式。

3.2.2.3 含硫化氢地层、严重坍塌地层、塑性泥岩层、严重漏失层、盐膏层和暂不能建立压力曲线图的裂缝性地层、受老区注水井影响的调整井均应根据实际情况确定各层套管的必封点深度。【AQ 2012—2007】

3.2.2.4 含硫化氢、二氧化碳等有毒有害气体的油气层钻井液密度设计，其附加安全值或附加压力应取上限。具体选择钻井液密度安全附加值时，应根据实际情况考虑下列影响因素：

——地层孔隙压力预测精度；

——油层、气层、水层的产能和埋藏深度；

——地层油气中硫化氢的含量；

——地应力和地层破裂压力；

——井控装置配套情况。【SY/T 5974—2020】

3.2.2.5 对不遵循压实效应的油气藏，应利用各种作业所获得的直接或间接地层压力数据进行数理统计分析，划分出不同地层压力区带，并与邻井可比地层压力进行对比分析，提供地层压力预测或监测曲线(值)。

3.2.2.6 直井钻井地质设计应提供本井的地质构造特征、地层对比、地层划分、目的层特征等资料，水平井(定向井)还应提供设计井区的储量评价、开采特征等气藏地质资料。【Q/SH 0198.1—2020】

3.2.3 含硫化氢油气井特殊要求

3.2.3.1 在可能含硫化氢地区钻井，应对其层位、埋藏深度及含量进行预测，并在设计中明确应采取的相应安全和技术措施。【SY/T 5974—2020】

3.2.3.2 井场应选在空旷的位置，在前后或左右方向应与当地季节的主要风向一致。

3.2.3.3 在设计书中标明探井距井口3000m、生产井距井口2000m范围内的居民住宅、学校、医院、厂矿、公路和铁路等的分布位置；详查距井口500m范围内的居民和其他人员(学校、医院、地方政府、厂矿等)的分布情况。

3.2.3.4 根据对井场周边的地形、地貌、气象情况以及居民住宅、学校、厂矿(包括开采地下资源的矿业单位)、地下矿井坑道、国防设施、高压电线和水资源等分布情况的实地勘察，做出地质灾害危险性及环境、安全评估。【SY/T 5087—2017】

3.2.3.5 对井场周围一定范围内的居民住宅、学校、厂矿(包括开采地下资源的矿业单位)、国防设施、通信光缆、高压电线和水资源情况以及风向变化等进行勘察和调查，并在地质设计中绘图标注说明 3km 范围内人口分布情况。特别应标注清楚诸如煤矿等采掘矿井坑道的分布、走向、长度和离地表深度。【Q/SH 0205—2009】

3.2.3.6 应提供区域地质简介、本井地层压力、破裂压力、坍塌及漏失压力、地磁偏角及岩性剖面及其确定依据。

3.2.3.7 应利用各种作业所获得直接或间接地层压力数据进行数理统计分析资料，划分出不同地层压力区带，与邻井可比地层压力进行分析对比，提供地层压力预测和邻井压力监测曲线(值)，并对漏失层段、浅层气分布情况、油气水显示和其他复杂情况进行预告。【Q/SH 0033—2009】

3.2.4 煤层气地质设计特殊要求

3.2.4.1 应提供邻井的煤层显示和复杂情况资料，并特别注明含硫化氢、含浅层天然气等地层的层位、深度和预计含量，已钻井的地层测试及排采资料。

3.2.4.2 应根据钻探目的和煤储层条件，提出生产套管的合理尺寸和完井方法。【SY/T 6818—2019】

3.2.5 页岩气地质设计特殊要求

3.2.5.1 对井场周围一定范围内的居民住宅、学校、厂矿(包括开采地下资源的矿业单位)、国防设施、高压电线和水资源情况以及风向变化等进行勘察和调查，并在地质设计中标注说明。特别需标注清楚诸如煤矿等采掘矿井坑道的分布、走向、长度和离地表深度。

3.2.5.2 井场布局和钻前工程应满足井控、安全和环保要求，在江河、干堤附近钻井应标明干堤、河道位置，同时符合国家安全、环保规定。

3.2.5.3 地质设计应根据本构造邻近井和邻近构造的钻探情况，提供所钻井全井段地层孔隙压力、坍塌压力和破裂压力剖面、浅气层、油气水显示和复杂情况提示等资料。

3.2.5.4 地质设计中应标注防碰井、压裂干扰井相关数据。【AQ/T 2076—2020】

3.3 钻井工程设计

3.3.1 一般要求

3.3.1.1 钻井设计应由认可的设计单位承担并按程序审批，如需变更应按程序审批。

3.3.1.2 钻井工程设计应依据钻井地质设计和邻井钻井有关资料制定，并应对地质设计中的风险评估、安全提示及所采用的工艺技术等制定相应的安全措施。【AQ 2012—2007】

3.3.2 井身结构设计要求

3.3.2.1 同一裸眼井段内不应有两个及以上压力梯度差值过大易产生喷漏矛盾的油气水层。【GB/T 31033—2014】

3.3.2.2 根据地层孔隙压力梯度、地层破裂压力梯度、岩性剖面及保护油气层的需要，设计合理的井身结构和套管程序，并满足如下要求：

a. 探井、超深井、复杂井的井身结构要充分估计不可预测因素，留有一层备用套管；

b. 在地下矿产采掘区钻井，井筒与采掘坑道、矿井通道之间的距离不少于 100m，表层套管或技术套管下深应封住开采层并超过开采段 100m；

c. 套管下深要考虑下部钻井最高钻井液密度和溢流关井时的井口安全关井余量；

d. 高含硫油气井和高压油气井的技术套管、油层套管水泥应返至上一层级套管内或地面。【SY/T 5974—2020】

3.3.2.3 钻下部地层采用的钻井液，产生的井内压力应不致压破套管鞋处地层以及裸眼钻的破裂压力系数最低的地层。

3.3.2.4 下套管过程中，井内钻井液柱压力与地层压力之差值，不致产生压差卡套管事故。

3.3.2.5 应考虑地层压力设计误差，限定一定的误差增值，井涌压井时在套管鞋处所产生的压力不大于该处地层破裂压力。

3.3.2.6 对探井，考虑到地层资料的不确定性，设计时参考本地区钻井所采用的井身结构并留有余地。根据井深的实际情况具体确定各层套管的下入深度。【AQ 2012—2007】

3.3.2.7 每层套管固井开钻后，按 SY/T 5623 的要求测定套管鞋下第一个易漏层(新井眼长度不宜大于 100m)的破裂压力。【SY/T 5974—2020】

3.3.2.8 含硫油气井油层套管在温度低于 93℃ 的井段应使用抗硫套管。【GB/T 31033—2014】

3.3.2.9 含硫化氢油气井套管应符合相应硫化氢防护，满足生产周期要求。

3.3.2.10 对含硫化氢油气层上部的非油气矿藏开采层应下套管封住，套管鞋深度应大于开采层底部深度 100m。目的层为含硫化氢油气层以上地层压力梯度与之相差较大的地层也应下套管封隔。【SY/T 5087—2017】

3.3.2.11 设计完钻井深 500m 以内的浅层天然气井，进入气层前应下入套管并安装封井器；设计完钻井深超过 500m 的天然气井，表层套管下深不宜少于 300m，且低于饮用水源层、河床、沟谷底部不少于 100m。地层压力大于 45MPa 的天然气井宜下入技术套管。【Q/SH 0198.1—2020】

3.3.2.12 煤层气井身结构设计还应符合如下要求：

a. 井身结构设计应以钻井地质设计为依据，确定合理的井眼尺寸、套管下深及水泥返深等；

b. 生产套管固井要求水泥浆返至目的煤层以上 200m，若目的煤层上部层位有油气显示，则封固至油气显示段以上 200m；

c. 钻下部地层采用的钻井液，产生的井内压力不致压破上层套管鞋处地层，以及裸露的破裂压力系数最低的地层；

d. 下套管过程中，井内液柱压力与地层压力之差值，不致产生压差卡套管事故；

e. 考虑地层压力设计误差，限定一定的误差增值，井涌压井时在上层套管鞋处所承受的压力不大于该处地层破裂压力。【SY/T 6818—2019】

3.3.2.13 海洋钻井井身结构设计还应符合如下要求：

a. 技术套管鞋宜置于致密或渗透性低的岩层中；

b. 套管下深应满足下一井段最高循环当量钻井液密度和井涌余量的要求；

c. 井口装置及其附件应满足目标井温度、压力等级及防腐等级等性能要求；

d. 含硫化氢、二氧化碳等腐蚀性流体的井段，其套管、套管头和井控系统的材质，以及连接方式和强度设计应满足防腐及作业安全要求；气井的生产套管的螺纹和强度设计应满足作业安全要求；

e. 深井、高温高压井、气井和大位移井的尾管悬挂器总成应配回接筒，宜带封隔器；

f. 当油井的气液比大于 $350m^3/m^3$时，应按照气井进行设计。【SY/T 7453—2019】

3.3.2.14 高含硫化氢区域井身结构设计还应符合如下要求：

a. 根据地层孔隙压力梯度、地层破裂压力梯度、岩性剖面及保护产层的需要，设计合理的井身结构和套管程序，并满足如下要求：

a）探井的井身结构应充分估计不可预测因素，留有一层备用套管；

b）在地下矿产采掘区钻井，井筒与采掘坑道、矿井通道之间的距离不少于100m，套管下深应封固在开采层并超过开采层底部100m；

c）含硫化氢井的天然气井，表层套管下深应不少于700m；井口与河流、沟谷水平距离小于1000m的井，表层套管的下深应低于河床、沟谷底部不少于300m；井口与河流、沟谷水平距离大于1000m的井，表层套管的下深应低于河床、沟谷底部不少于100m；

d）含硫化氢、二氧化碳的套管应遵照Q/SH 0033—2009中3.3.4.1.3的规定；

e）套管下深应考虑下一开次钻井最高钻井液密度和溢流关井时的井口安全关井余量。【Q/SH 0205—2009】

b. 天然气井套管柱设计应进行强度、密封和材质选择设计；

c. 高温高压天然气井应使用气密封特殊扣套管，普通天然气井亦可根据实际情况使用气密封特殊扣套管；

d. 可能暴露在硫化氢环境的套管，在温度低于93℃井段应使用抗硫套管；含二氧化碳的井应使用抗二氧化碳的套管；既含硫化氢又含二氧化碳的井应视各自含量及井型，选用既抗硫又抗二氧化碳的套管。高压盐岩层和地应力较大的井应使用厚壁套管、外加厚套管等高强度套管；

e. 在进行套管柱强度设计时，高温高压天然气井的生产套管抗内压设计除满足井口最大压力之外，应同时考虑满足进一步采取增产措施时压力增加值(如压裂等增产措施)及测试要求；抗挤设计时套管内按全掏空计算。中间技术套管抗内压强度设计应考虑再次开钻后最高地层压力；

f. 套管柱上串联的各种工具、部件都应满足套管柱设计要求，且螺纹应按同一标准加工。【Q/SH 0033—2009】

3.3.3 钻井液设计

3.3.3.1 应根据平衡地层压力设计钻井液密度。

3.3.3.2 应根据地质资料和钻井要求设计钻井液类型。

3.3.3.3 探井、气井和高压及高产油气井，现场应储备一定数量的高密度钻井液和加重材料，储备的钻井液应经常循环、维护。

3.3.3.4 施工前应根据本井预测地层压力梯度当量密度曲线绘制设计钻井液密度曲线、施工中绘制随钻监测地层压力梯度当量密度曲线和实际钻井液密度曲线，并依据监测结果和井下实际情况及时调整钻井液密度。【AQ 2012—2007】

3.3.3.5 根据地质提供的资料，钻井液密度设计以各裸眼井段中的最高地层孔隙压力当量钻井液密度值为基准，另加一个安全附加值：

a. 油井、水井为 $0.05g/cm^3 \sim 0.10g/cm^3$或控制井底压差 1.5MPa~3.5MPa；

b. 气井为0.07g/cm³~0.15g/cm³或控制井底压差3.0MPa~5.0MPa；

c. 煤层气井为0.02g/cm³~0.15g/cm³。【SY/T 5974—2020】

3.3.3.6 钻开硫化氢含量大于1.5g/m³地层的设计钻井液密度，其安全附加密度在规定的范围内(油井为0.05g/cm³~0.10g/cm³，气井为0.07g/cm³~0.15g/cm³)时应取上限值，或附加井底压力在规定的范围内(油井为1.5MPa~3.5MPa，气井为3MPa~5MPa)时应取上限值。井深小于或等于4000m的井，应附加压力；井深大于4000m的井，应附加系数。【SY/T 5087—2017】

3.3.3.7 地层压力当量密度安全窗口较窄的深水井、高温高压井，应以不压漏地层为原则，合理选择钻井液密度的安全附加值。【SY/T 7453—2019】

3.3.3.8 钻开油气层前应储备一定量的加重钻井液和加重材料，含硫油气井还应储备足量的除硫剂。【GB/T 31033—2014】

3.3.3.9 现场应储备高于本开次设计最高密度0.20g/cm³的加重钻井液，当实钻钻井液密度超过设计最高值时，储备加重钻井液密度应作相应的调整。高密度钻井液储备容量应为井筒容积的1.5倍~2倍。低渗透、低产、低压气井加重钻井液储备量不低于井筒容积的0.5倍。

3.3.3.10 对易漏失井应储备同性能的钻井液及堵漏材料，钻井液储备量应是井筒容积的1倍以上，堵漏材料应储备1次用量以上。

3.3.3.11 储备加重钻井液应定期维护，每天搅拌时间应不低于1h。寒冷地区冬季施工，储备加重钻井液应有保温措施。

3.3.3.12 提高钻井液密度时，应经加重装置将加重材料按循环周均匀加入到钻井液中，每个循环周密度提高值宜控制在0.02g/cm³~0.03g/cm³之间(井涌和溢流压井时除外)。【Q/SH 0198.1—2020】

3.3.3.13 含硫化氢气层应添加相应的除硫剂、缓蚀剂并控制钻井液pH值，硫化氢含量高的井一般应使用油基钻井液。【AQ 2012—2007】

3.3.3.14 含硫油气井应储备不低于1倍井筒容积的加重钻井液，同时储备能配制不低于0.5倍井筒容积加重钻井液的加重材料和处理剂；预探井、区域探井，在地质情况不清楚的井段，应加大加重钻井液储备。

3.3.3.15 气层应添加相应的除硫剂并控制钻井液pH值，在钻开含硫化氢油气层前50m，将钻井液的pH值调整到9.5以上直至完井；采用铝制钻具时，pH值控制在9.5~10.5。【SY/T 5087—2017】

3.3.3.16 页岩气井钻井液设计还应符合如下要求：

a. 现场储备的加重钻井液量与储备加重材料、处理剂可配制的加重钻井液量之和不低于0.5倍井筒容积，储备钻井液、加重钻井液各井应共享使用，方圆50km具备交通条件的区域内可用储备加重钻井液不低于200m³；

b. 储备加重钻井液密度高于该开钻井最高地层预测孔隙压力当量密度0.3g/cm³；若实钻地层压力高于最高预测地层压力时，加重钻井液密度作相应调整；

c. 易发生漏失的井段，应储备满足两次堵漏施工的堵漏剂；【NB/T 14019—2016】

d. 钻井液密度安全附加值取0.07g/cm³~0.15g/cm³或控制井底压差在3.0MPa~5.0MPa之间，在钻井液密度窗口允许的条件下，钻开硫化氢的气层取安全附加值的上限；

e. 开发井采用集中和现场储备相结合的方式，具体要求如下：

a）采用清水钻井期间，需储备一定数量的清水，根据现场实际情况确定储备量及供水方式；

b）采用钻井液钻井期间，井场储备高于井内钻井液密度 0.2g/cm³以上的水基钻井液不少于 60m³，油基钻井液集中储备；

c）采用气体钻井期间，按设计钻井液性能和作业井段井筒容积 1.5 倍数量储备钻井液；

d）采用欠平衡、控压钻井期间，井场储备高于地层压力(当量密度)0.2g/cm³以上时，钻井液不少于 60m³；

e）井场常备不少于 5t 堵漏材料，根据现场实际情况储备一定量的加重材料；工区集中储备加重材料不少于 500t。【AQ/T 2076—2020】

3.3.3.17　煤层气井钻井液设计还应符合如下要求：

a. 钻井液密度设计一般应以裸眼井段最高地层孔隙压力当量钻井液密度值增加一个安全附加值 0.02g/cm³~0.10g/cm³。具体选择安全附加值时，应根据地层孔隙压力预测准确度、硫化氢的含量、埋藏深浅等情况来决定。含硫化氢气井、探井应取安全附加值的上限。对于漏失井、异常低压井应以近平衡或欠平衡钻井技术要求确定钻井液密度；

b. 选用钻井液要有利于井下安全，有利于防止污染(硫化氢和二氧化碳)，有利于发现和保护煤储层；

c. 钻井液中应控制硫化氢含量小于安全临界浓度 30mg/m³，若超过时应添加相应的除硫剂、缓蚀剂，控制钻井液 pH 值 9.5 以上；

d. 探井、含浅层天然气或硫化氢的开发井，现场应按 SY/T 5087 相关要求设计储备加重钻井液和加重材料；

e. 应根据预测地层压力梯度设计钻井液密度，施工中随钻监测地层压力梯度和实际钻井液密度，并依据监测结果和井下实际情况及时调整钻井液密度。【SY/T 6818—2019】

3.3.4　固井设计要求

3.3.4.1　套管柱应根据下入深度、封固地层流体性质、储层改造等选择套管强度、密封和材质。

3.3.4.2　套管柱强度设计安全系数：抗挤系数为 1.0~1.125，抗内压系数为 1.05~1.25，抗拉系数为 1.60~2.0，含硫气井应取高限。

3.3.4.3　高温高压天然气井生产套管应使用气密封特殊扣套管；普通天然气井宜根据实际情况使用气密封特殊扣套管。

3.3.4.4　高温高压及采用套管压裂的井生产套管抗内压设计，除满足井口最大压力外，应满足采取增产措施时压力增加值(如压裂等)及测试要求；抗挤设计套管内按全掏空计算，对于岩膏层、盐岩层、塑性泥岩层的井段管外按上覆岩层压力梯度的平均值计算。中间技术套管抗内压强度设计应考虑再次开钻后最高地层压力。

3.3.4.5　除表层套管外，其余各层套管固井均应进行流变学注水泥浆设计。【Q/SH 0198.1—2020】

3.3.4.6　封固气层井段的水泥浆应具有防气窜性能。【SY/T 7453—2019】

3.3.4.7　高压油气井、高含硫油气井的技术套管、油层套管水泥应返至上一级套管内或地面；【GB/T 31033—2014】

3.3.4.8　注水泥浆应符合下列规定：

a. 各层套管都应进行流变学注水泥浆设计，高温高压井水泥浆柱压力应至少高于钻井液柱压力1MPa~2MPa；

b. 坚持压力平衡原则。固井前气层应压稳，上窜速度不超过10m/h(特殊井和油气层保护的需要油气上窜速度控制在10m/h~30m/h)；

c. 优化水泥浆体系，对天然气井优选防气窜水泥添加剂，防止气窜；

d. 对漏失井，应在下套管前认真堵漏，直至合格。【AQ 2012—2007】

3.3.4.9 页岩气井固井设计还应符合如下特殊要求：

a. 油层套管强度设计应充分考虑大型增产改造等因素，采用套管压裂的井抗内压强度采用钻井时最大关井压力和增产改造压力两者中最大值进行校核，安全系数宜大于1.25。

b. 油层套管固井水泥浆体系形成的水泥石应具有良好的耐久性、防窜能力，满足压裂改造需要。【NB/T 14019—2016】

3.3.4.10 高含硫化氢区域固井设计还应符合如下特殊要求：

a. 天然气井各层套管水泥浆应返至地面，未返至地面时，应采取补救措施；

b. 甲方技术管理部门根据现场取样和室内试验数据，根据养护时间下达探扫水泥塞书面指令，施工单位按照指令钻开生产套管水泥塞；

c. 钻水泥塞的泥浆密度，起下钻速度控制，按照正常钻进时的井控安全和有关规定执行。【Q/SH 0033—2009】

3.3.5 随钻地层压力预测与监测

3.3.5.1 探井应做地层破裂压力试验或地层承压能力试验。【GB/T 31033—2014】

3.3.5.2 应利用地震、地质、钻井、录井和测井等资料进行地层压力预测和随钻监测；并根据岩性特点选用不同的随钻监测地层压力方法。【AQ 2012—2007】

3.3.5.3 对探井、预探井、资料井应采用地层压力随钻检(监)测技术；绘制本井预测地层压力梯度曲线、设计钻井液密度曲线、实际钻井液密度曲线，根据监测和实钻结果，及时调整钻井液密度。【Q/SH 0205—2009】

4　井控装置配套与安装

4.1　配套原则

4.1.1　能够关闭各种工况下的井口通道，并满足井控工艺要求。

4.1.2　能够满足作业井内流体的腐蚀性和温度的要求。

4.1.3　海洋钻井装置井控系统的额定工作压力不应低于钻完井设计要求，用于探井的不低于70MPa。【SY/T 6962—2018】

4.1.4　固井泵及连接至钻台的高压管线的额定工作压力，应不低于井口防喷器的额定工作压力。【SY/T 7453—2019】

4.1.5　煤层气井

4.1.5.1　探井、含浅层天然气或硫化氢气体的开发井应至少安装闸板防喷器。

4.1.5.2　闸板防喷器的等级、规格尺寸，包括与其配套的液压控制系统和节流管汇的试压标准，按照GB/T 31033—2014执行。

4.1.5.3　一般煤层气井应满足“一级井控”的要求。【SY/T 6818—2019】

4.2　井控装置的组成

4.2.1　井口装置主要包括：

——环形防喷器；

——闸板防喷器；

——四通；

——套管头；

——导流器；

——旋转防喷器。

4.2.2　控制系统包括：

——远程控制台；

——司钻控制台；

——节流管汇控制箱；

——辅助控制装置。

4.2.3　井控管汇包括：

——节流管汇；

——压井管汇；

——防喷管汇；

——放喷管线；

——反循环管线。

4.2.4　辅助设备包括：

——钻具内防喷工具；
——钻井液罐液面检测仪；
——钻井液自动灌注系统；
——钻井液液气分离器；
——钻井液除气器；
——点火装置。

4.2.5　专用设备包括：
——强行起下钻装置；
——灭火装置；
——带压密封钻孔装置；
——水力切割工具。

典型的井控装置配套示意图如图 4-1 所示。【SY/T 5964—2019】

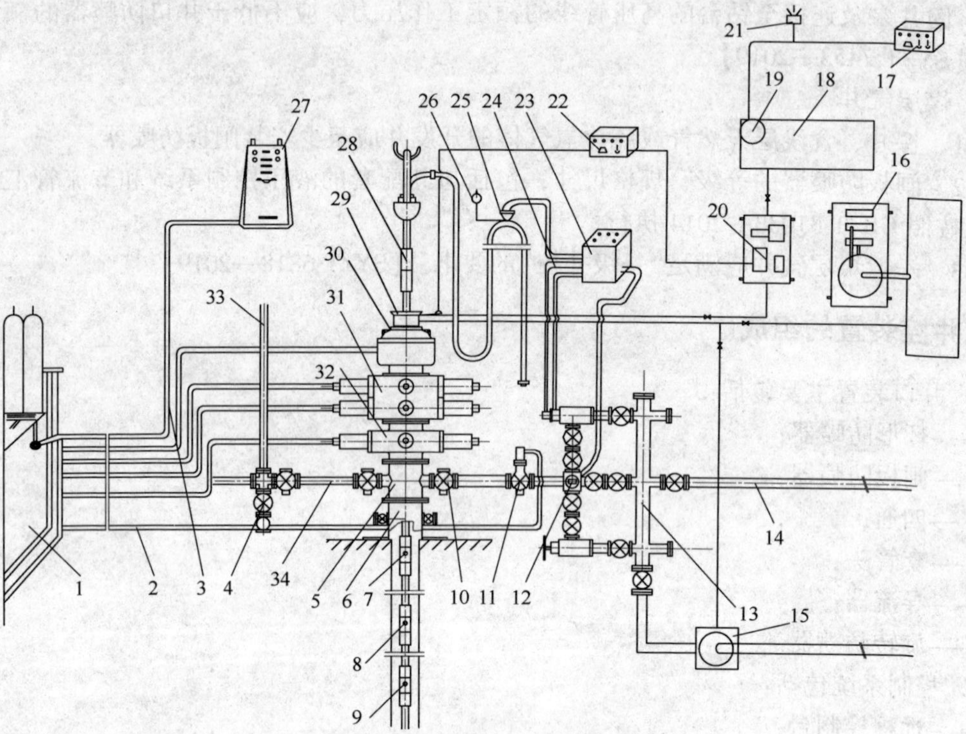

图 4-1　井控装置配套示意图

1—远程控制台；2—防喷器液压管线；3—防喷器气管束；4—压井管汇；5—四通；6—套管头或底法兰；7—方钻杆下旋塞；8—旁通阀；9—钻具止回阀；10—手动闸阀；11—液动闸阀；12—套管压力表；13—节流管汇；14—放喷管线；15—钻井液液气分离器；16—真空除气器；17—钻井液罐液面检测仪；18—钻井液罐；19—钻井液罐液面检测传感器；20—钻井液自动灌注系统；21—钻井液罐液面报警器；22—钻井液自动灌注系统报警箱；23—节流管汇控制箱；24—节流管汇控制线；25—压力变送器；26—立管压力表；27—防喷器司钻控制台；28—方钻杆上旋塞/顶驱旋塞；29—防溢管；30—环形防喷器；31—双闸板防喷器；32—单闸板防喷器；33—反循环管线；34—防喷管汇

4.3　井口防喷器组

4.3.1　钻井应装防喷器或防喷导流器。

4.3.2　防喷导流器、防喷器、四通、套管头、闸阀、节流管汇、压井管汇、防喷管线和放喷管线的额定工作压力与公称通径系列及法兰、法兰用密封垫环型式、尺寸连接等技术要求应符合 GB/T 20174、GB/T 22513 的规定。

4.3.3　防喷导流器的井口装置组合形式参见图 4-2。【GB/T 31033—2014】

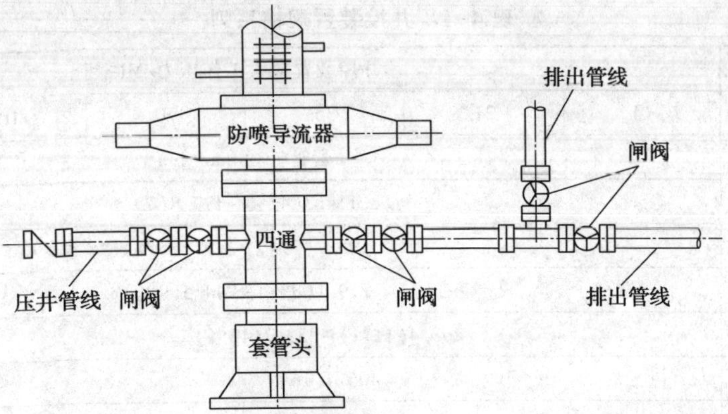

(a) 防喷导流器组合形式1

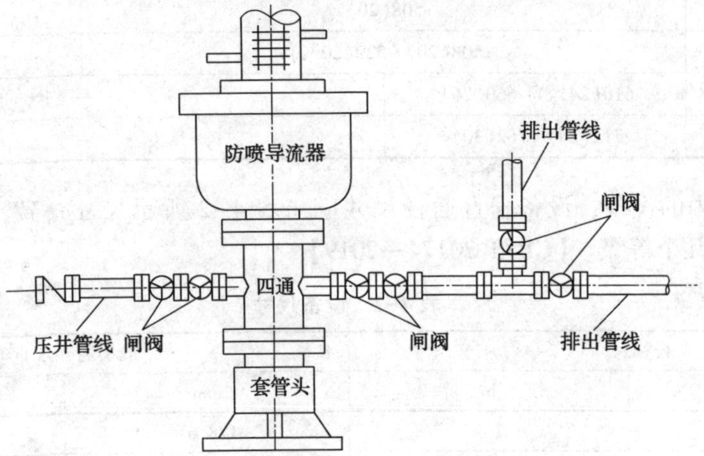

(b) 防喷导流器组合形式2

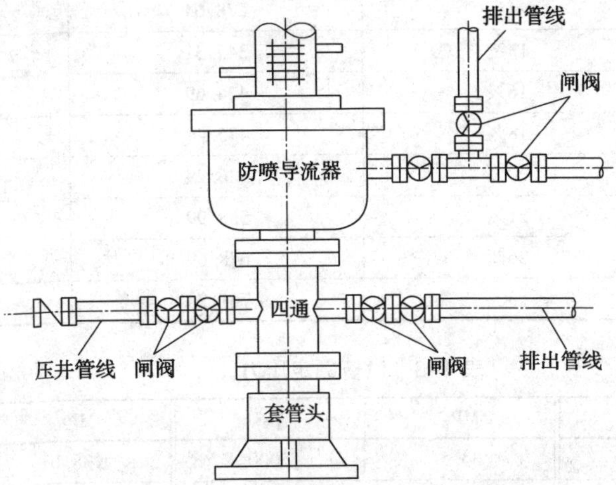

(c) 防喷导流器组合形式3

图 4-2　防喷导流器的井口装置组合形式

4.3.4 井口防喷器组合

4.3.4.1 防喷器和四通及配套使用的连接件的额定工作压力与公称通径系列；法兰型式、尺寸及技术要求；法兰用密封垫环型式、尺寸及技术要求均应符合 GB/T 22513 的规定。

4.3.4.2 井控装置规格系列应符合表 4-1 的规定。【SY/T 5964—2019】

表 4-1 井控装置规格系列

<table>
<tr><th rowspan="3">井控装置
公称通径/mm(in)</th><th colspan="6">井控装置最大工作压力/MPa</th></tr>
<tr><th>14</th><th>21</th><th>35</th><th>70</th><th>105</th><th>140</th></tr>
<tr><th colspan="6">套管外径/mm(in)</th></tr>
<tr><td>180($7\frac{1}{16}$)</td><td colspan="6">114.3($4\frac{1}{2}$)~177.8(7)</td></tr>
<tr><td>230(9)</td><td colspan="6">193.7($7\frac{5}{8}$)~219.1($8\frac{3}{4}$)</td></tr>
<tr><td>280(11)</td><td colspan="6">219.1($8\frac{3}{4}$)~244.5($9\frac{5}{8}$)</td></tr>
<tr><td>346($13\frac{5}{8}$)</td><td colspan="5">298.4($11\frac{3}{4}$)~339.7($13\frac{3}{8}$)</td><td>—</td></tr>
<tr><td>426($16\frac{3}{4}$)</td><td colspan="5">406.4(16)</td><td>—</td></tr>
<tr><td>476($18\frac{3}{4}$)</td><td colspan="5">473.1($18\frac{5}{8}$)</td><td>—</td></tr>
<tr><td>528($20\frac{3}{4}$)</td><td colspan="4">508(20)</td><td colspan="2">—</td></tr>
<tr><td>540($21\frac{1}{4}$)</td><td colspan="4">508(20)~529($20\frac{3}{4}$)</td><td colspan="2">—</td></tr>
<tr><td>680($26\frac{3}{4}$)</td><td colspan="2">610($24\frac{1}{8}$)~660(26)</td><td colspan="4">—</td></tr>
<tr><td>762(30)</td><td colspan="2">711(28)~762(30)</td><td colspan="4">—</td></tr>
</table>

本标准范围内的设备，设备垂直通径尺寸应与表 4-2 所示尺寸一致，其额定工作压力有表 4-3 所示的几个等级。【GB/T 20174—2019】

表 4-2 设备尺寸

公称尺寸		最小通径规直径	
mm	in	mm	in
179	$7\frac{1}{16}$	178.61	7.032
228	9	227.84	8.970
279	11	278.64	10.970
346	$13\frac{5}{8}$	345.31	13.595
425	$16\frac{3}{4}$	424.69	16.720
476	$18\frac{3}{4}$	475.49	18.720
527	$20\frac{3}{4}$	526.29	20.720
540	$21\frac{1}{4}$	538.99	21.220
680	$26\frac{3}{4}$	678.69	26.720
762	30	761.24	29.970

表 4-3 设备额定压力

MPa	psi	MPa	psi	MPa	psi
6.9	1000	34.5	5000	138.0	20000
13.8	2000	69.0	10000	172.4	25000
20.7	3000	103.5	15000		

4.3.4.3　压力等级及组合形式

a. 防喷器组压力等级的选用应与裸眼井段中最高地层压力相匹配；【SY/T 5964—2019】

b. 防喷器压力等级应与相应井段中的最高地层压力相匹配，同时综合考虑套管最小抗内压强度的80%、套管鞋处地层破裂压力、地层流体性质等因素；【GB/T 31033—2014】

c. 根据预计最高关井井口压力设计井控装置压力级别；【NB/T 14019—2016】

d. 选用各次开钻防喷器的压力等级和组合形式，应按图4-3～图4-7的组合形式进行选择。【SY/T 5964—2019】

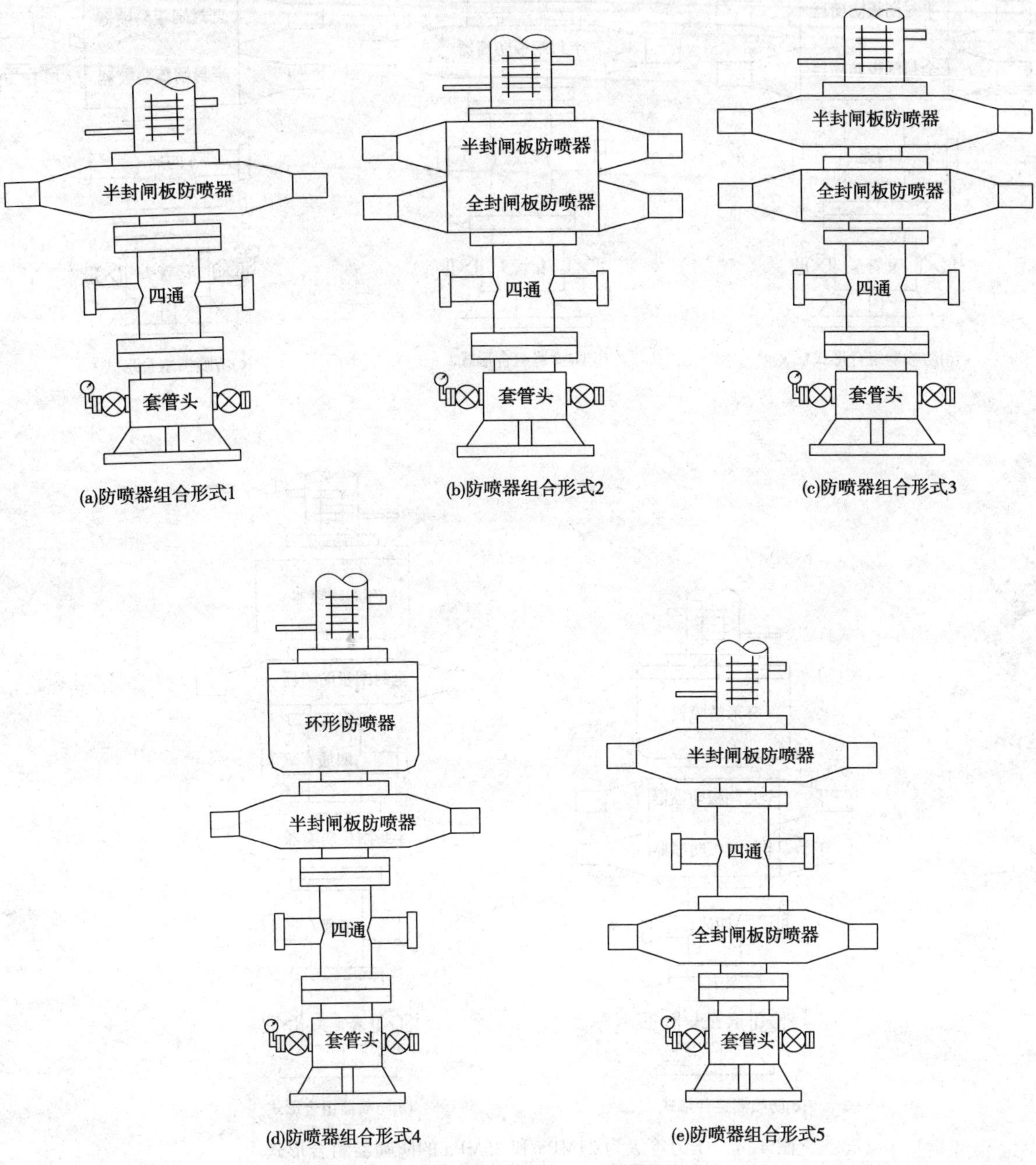

图4-3　压力等级为14MPa的防喷器组合形式

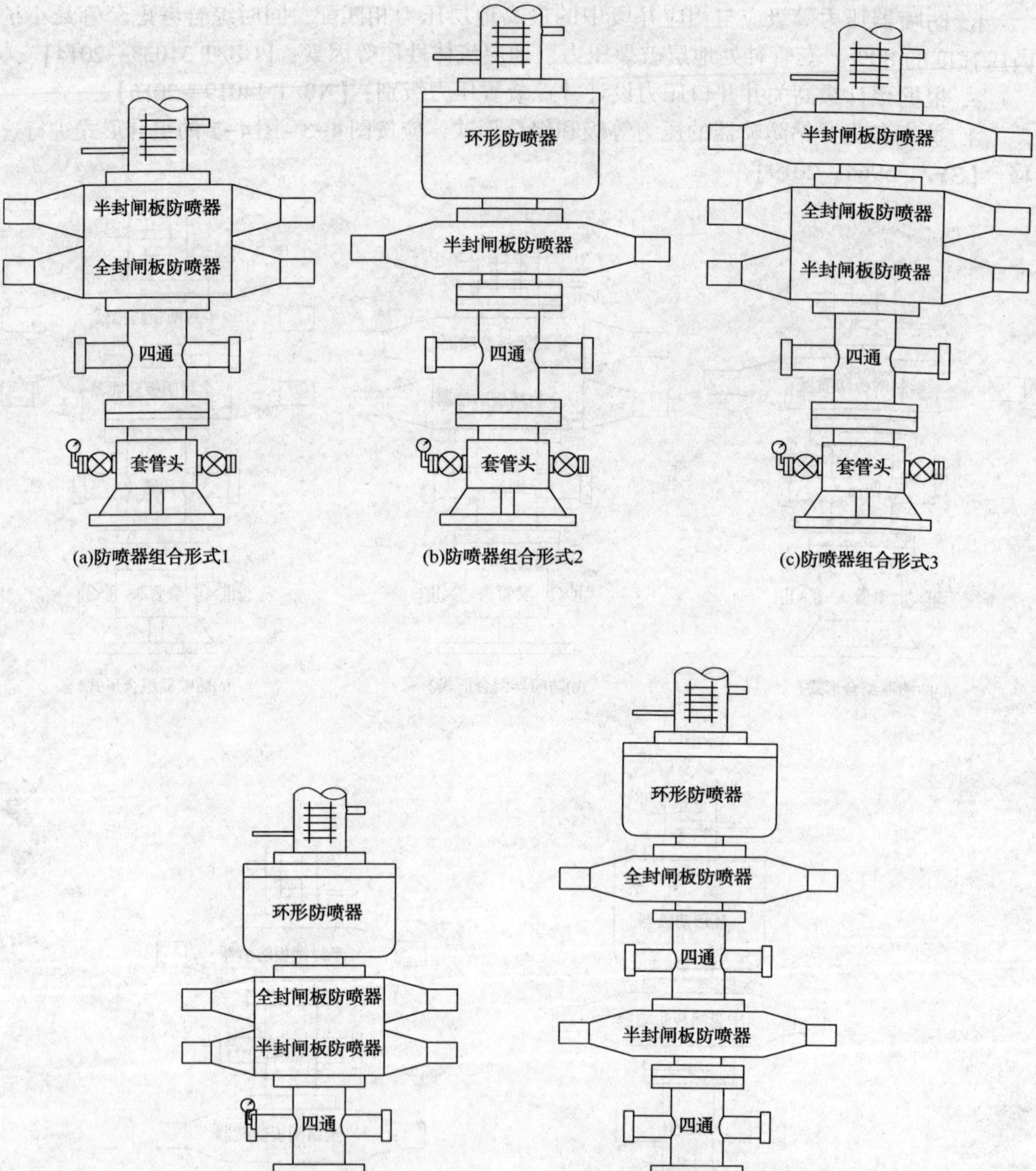

图 4-4　压力等级为 21MPa 和 35MPa 的防喷器组合形式

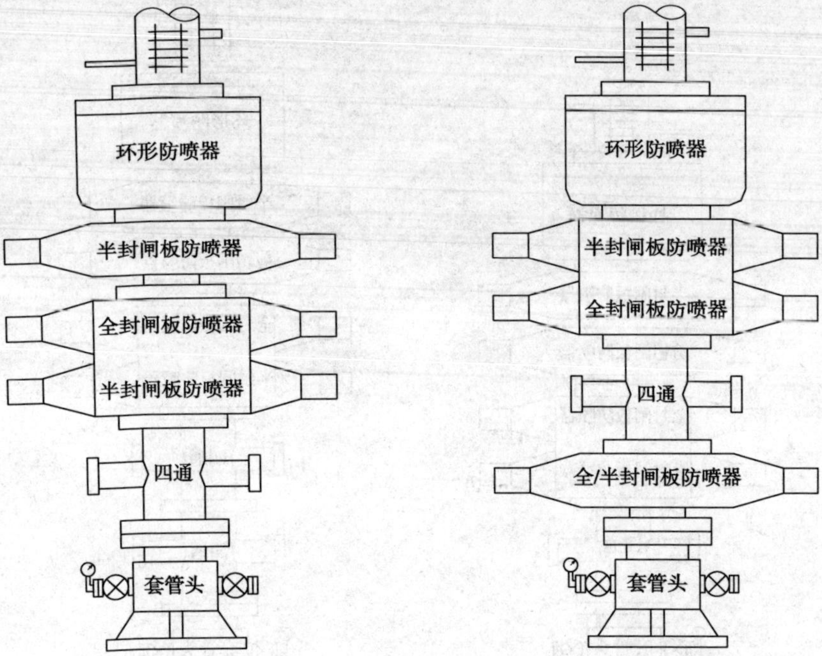

(a)防喷器组合形式1　　(b)防喷器组合形式2

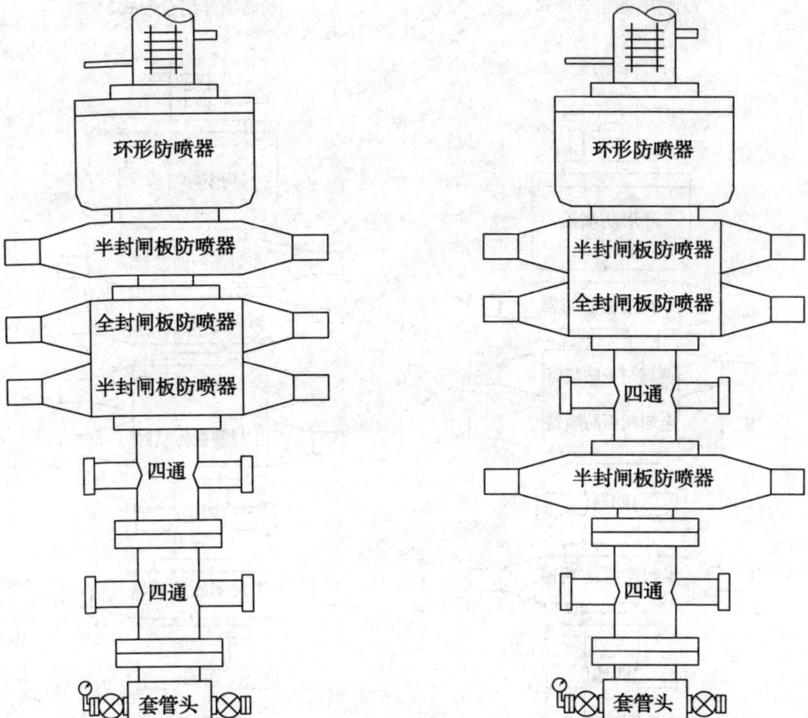

(c)防喷器组合形式3　　(d)防喷器组合形式4

注：环形防喷器的额定工作压力可比配套的闸板防喷器低一级。

图 4-5　压力等级为 70MPa 和 105MPa 的防喷器组合形式

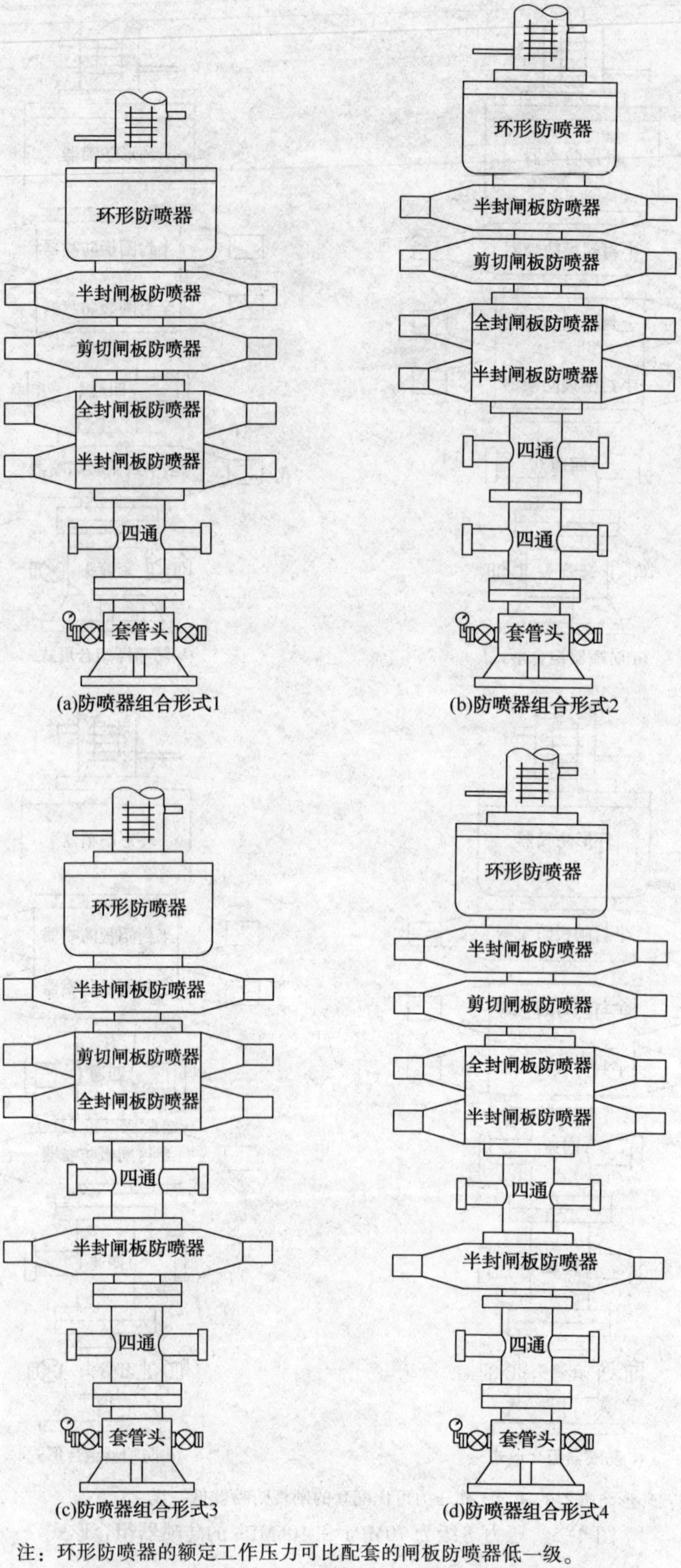

(a)防喷器组合形式1　(b)防喷器组合形式2

(c)防喷器组合形式3　(d)防喷器组合形式4

注：环形防喷器的额定工作压力可比配套的闸板防喷器低一级。

图 4-6　压力等级为 105MPa 和 140MPa 的防喷器组合形式

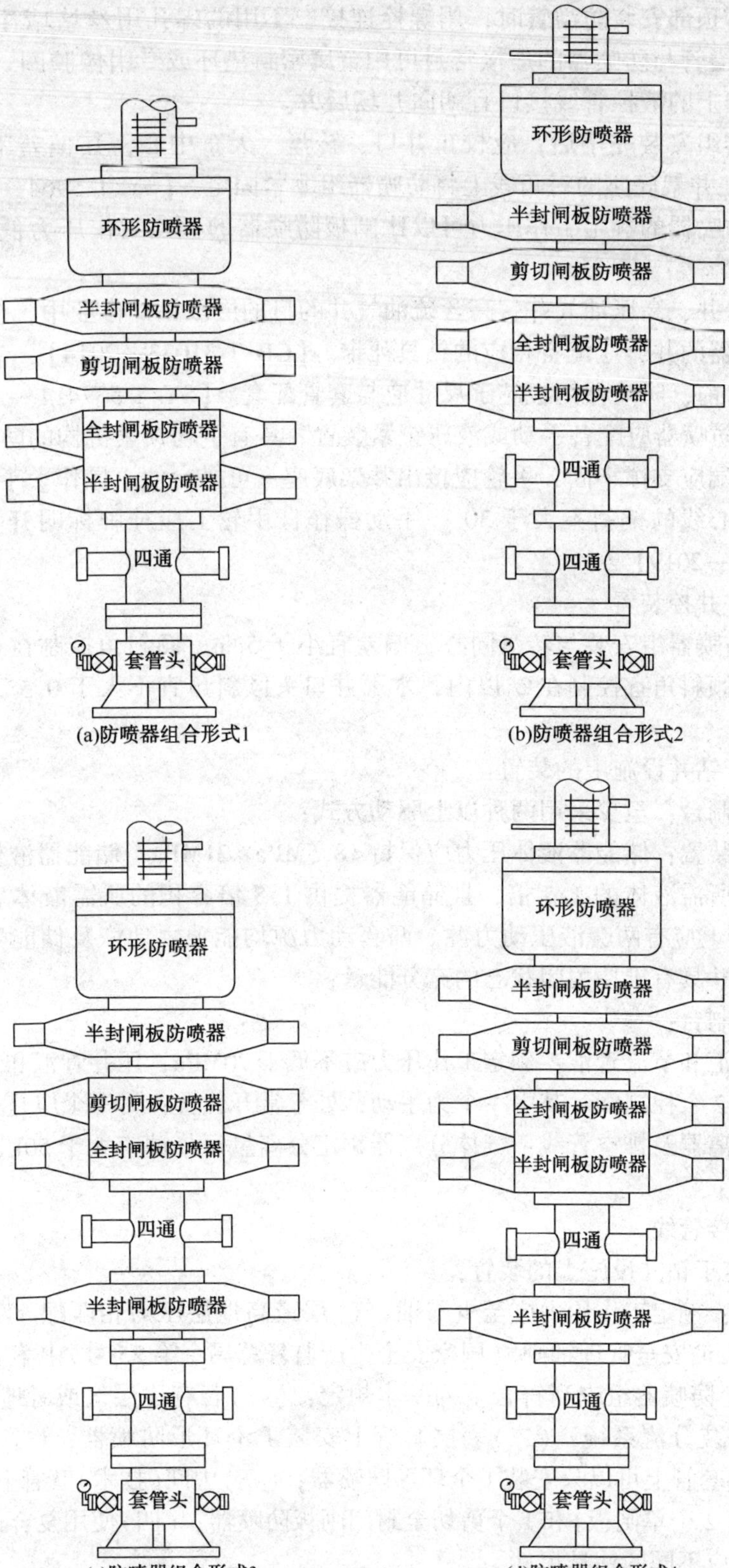

注：环形防喷器的额定工作压力可比配套的闸板防喷器低一级。

图 4-7　安装剪切闸板的防喷器组合形式

4.3.4.4 防喷器顶部安装防溢管时，用螺栓连接，不用的螺孔用丝堵堵住。防溢管宜采用两半组合式。防溢管与防喷器的连接密封可用金属密封垫环或专用橡胶圈。

4.3.4.5 防喷器上的液控管线接口宜朝向井场后方。

4.3.4.6 防喷器组安装完毕后，应校正井口、转盘、天车中心，其偏差不大于 10mm。用 16mm 的钢丝绳在井架底座的对角线上将防喷器组绷紧固定。【SY/T 5964—2019】

4.3.4.7 环形防喷器的额定工作压力可以比闸板防喷器的额定工作压力低。【SY/T 6868—2016】

4.3.4.8 区域探井、高压油气井、高含硫油气井的目的层段钻井作业中，应安装剪切闸板；配剪切闸板防喷器的井，应配备相应的钻具死卡。【GB/T 31033—2014】

4.3.4.9 下套管前，防喷器闸板芯子尺寸应与套管配套。【SY/T 5374.1—2016】

4.3.4.10 闸板防喷器应配备手动或液压锁紧装置。具有手动锁紧机构的防喷器应装齐手动操作杆，靠手轮端应支撑牢固，手轮应接出井架底座，可搭台便于操作。手动操作杆与防喷器手动锁紧轴中心线的偏斜不大于 30°。手动操作杆手轮上应挂牌标明开关圈数及开关方向。【SY/T 5964—2019】

4.3.5 浅海钻井井控装置

4.3.5.1 水上防喷器组安装与转盘同心，偏差宜小于 5cm，倾斜角控制在 0.5°以内；水下防喷器隔水管的倾斜角宜控制在 2°以内，水下井口头倾斜角宜不大于 0.5°。【SY/T 7453—2019】

4.3.5.2 固定于钻井设施上的装置：

——远程控制台：至少采用两种以上驱动方式；

——储能器装置：储能器液体压力应保持 18.5MPa～21MPa，储能器液体容积应至少为关闭全部防喷器所需液体的 1.5 倍，且储能器提供 1.5 倍容积的所需液体后的最小压力为 9.8MPa。储能器上应有两套液压动力源。两套动力源均能独立地恢复储能器的压力使之关闭全部防喷器，并具有维持关闭状态的充分能量；

——司钻控制台；

——压井管汇和节流管汇：额定工作压力应不低于 70MPa；压井管汇和节流管汇的防喷管线上分别安装 2 个控制阀。其中一个为手动，处于常开位置；另一个应是远程控制；

——气体分离器及排空管线：气体分离器额定分离量每分钟应大于 50L，放空管线直径应不小于 127mm；

——各种连接管线。

4.3.5.3 非固定于钻井设施上的装置：

——防喷器：额定工作压力应至少与油(气)层最高地层压力相匹配。防喷器的组合形式应符合《海洋石油安全管理细则》(国家安全生产监督总局令第 25 号)中第五十五条的规定[第五十五条水上防喷器组应当符合下列基本规定：(一)若有浅层气或者地质情况不清时，隔水(导)管上安装分流系统；(二)表层套管上安装 1 个环形防喷器，1 个双闸板防喷器；大于 13⅜in 表层套管上可以只安装 1 个环形防喷器；(三)中间(技术)套管上安装 1 个环形、1 个双闸板(或者 2 个单闸板)和 1 个剪切全封闭闸板防喷器；(四)使用复合式钻柱的，装有可变闸板，以适应不同的钻具尺寸]；

——导流器：对预测有浅层气的施工井，应采用导流器；

——套管头：额定工作压力应至少与油(气)最高地层压力相匹配；

——综合录井仪。【SY/T 6432—2019】

4.3.5.4 分流器系统（分流器、阀门及管线）

a. 分流器系统的设计应符合附录B的要求；

b. 可选配移动式或固定插入式两种型式的分流器；

c. 分流器应能封闭入井各种尺寸的钻具或套管的环空；

d. 分流器系统的额定工作压力不应低于3.45MPa（500psi）；

e. 应配置两条导流管线通往钻井装置两侧，如作业区域存在盛行风，根据风向可配置1条导流管线；

f. 导流管线宜采用刚性硬管，额定工作压力应与分流器相匹配，通径不应小于254mm（10in），且尽可能直地沿长度方向采取下坡形式延伸至舷外并刚性固定。如果导流管线需要变向，应采用曲率半径为$R/d \geqslant 20$的弯管，或采用在流体方向上设置冲蚀靶的90°弯头或T形管（注：R为中心线处测得的弯管曲率半径，d为弯管内径）；

g. 导流管线上的阀门应为全开式或全通径的遥控阀门，尺寸应与管线尺寸相匹配；

h. 导流管线进液口布置时宜高于钻井液回流管进液口，应保证至少一侧导流管阀门始终处于打开状态，并不影响正常作业钻井液回流。如果导流管线进液口不高于钻井液回流管线进液口，导流管线阀门与分流器应具有联动设计，保证在关闭分流器前，导流管线阀门打开；

i. 系统连接部分应符合GB/T 22513的要求，移动式分流器系统安装如图4-8所示。

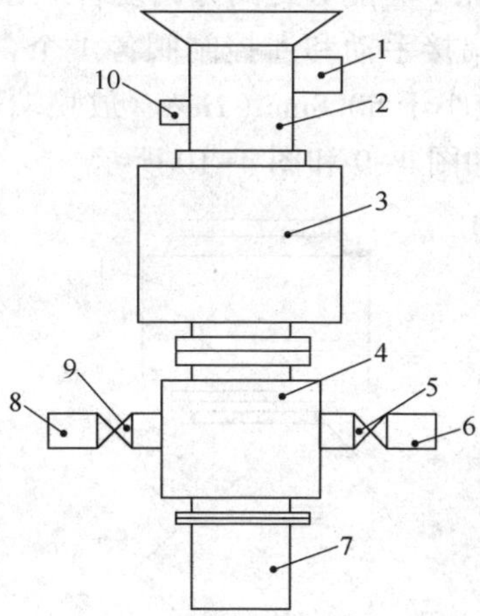

图4-8 移动式分流器系统安装示意图

1—回流管；2—喇叭管；3—分流器；4—钻井四通；5—遥控导流阀；6—导流管；7—隔水导管；8—导流管；9—遥控导流阀；10—灌注管

4.3.5.5 防喷器组

a. 基本功能

a）能够有效封闭井内的钻具、套管等管柱外部的环空；

b）能够剪断井内钻杆后封闭空井；

c）满足压井和节流放喷工艺要求；

d）能够悬挂井内的钻具；

e）关闭闸板后能锁定防喷器的闸板轴；

f）能够实施强行起下钻作业；

b. 配置数量

水上防喷器组合不应低于表 4-4 的要求，其他规格防喷器组可参考此要求。

表 4-4　水上防喷器组合

通径/mm（in）	压力等级/MPa（psi）	环形防喷器数量	闸板防喷器数量			钻井四通	手动放喷阀	遥控放喷阀	手动压井阀	遥控压井阀
			剪切密封闸板	管子闸板	小计					
≤346.1（13⅝）	35（5000） 70（10000）	1	1	2	3	1	1	1	1	1
	105（15000）	1	1	3	4		1	1	1	1
476.3（18¾）	70（10000） 105（15000）	1	1	3	4		1	1	1	1

注：压力级别高于 35MPa 时，环形防喷器压力级别可比闸板防喷器降低一个等级。

c. 组合形式

a）环形防喷器应位于防喷器组合的最顶端；

b）剪切密封闸板防喷器宜配置具有剪切电缆能力的闸板，且下部不应少于 1 个管子闸板防喷器；

c）压力等级大于或等于 35MPa（5000psi）的防喷器组，钻井四通下部宜安装 1 个管子闸板防喷器；

d）闸板防喷器组合中宜装配 1 套能够封闭井内复合尺寸钻杆环空的变径闸板；

e）压井和放喷端口应分别串接手动和遥控闸阀各 1 个，手动阀应靠近防喷器组一侧且保持常开位置。压井端通径不应小于 50.8mm（2in），放喷端通径不应小于 76.2mm（3in）；

f）推荐的水上防喷器组合如图 4-9 和图 4-10 所示。

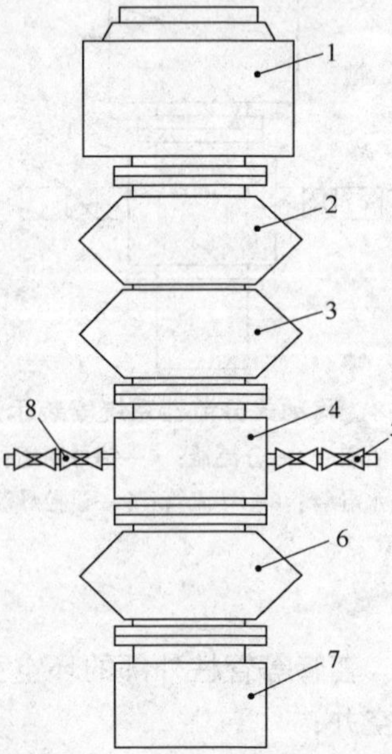

图 4-9　通径不大于 346.1mm 且压力等级不大于 70MPa 水上防喷器组合示意图

1—环形防喷器；2—剪切密封闸板防喷器；3—上管子闸板防喷器；4—钻井四通；5—遥控放喷阀；6—下管子闸板防喷器；7—井口头；8—手动压井阀

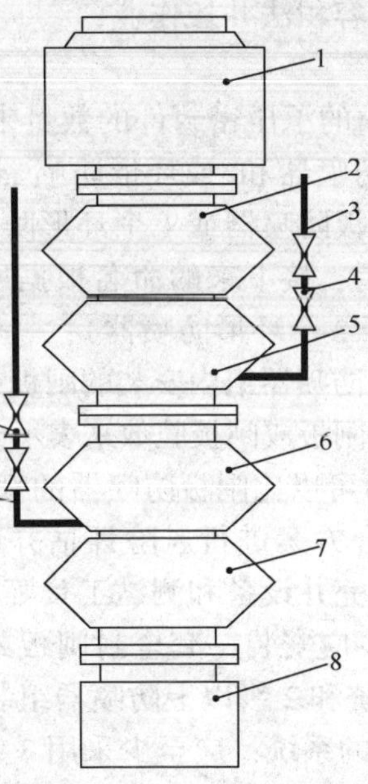

图 4-10 通径不大于 346. 1mm 且压力等级 105MPa 或通径为 476. 3mm 水上防喷器组合示意图

1—环形防喷器；2—剪切密封闸板防喷器；3—节流管线；4—手动放喷阀；5—上管子闸板防喷器；6—变径闸板防喷器；7—下管子闸板防喷器；8—井口头；9—压井管线；10—遥控压井阀

d. 安装要点

a）防喷器组各部件之间的密封钢圈不应重复使用；

b）法兰连接螺栓应对称均匀上紧并按照要求施加扭矩；

c）防喷器组安装后，应先进行功能试验，再进行压力试验，合格后校正井口并固定牢靠。【SY/T 6962—2018】

4. 3. 6 海洋钻井的配套与安装要求

4. 3. 6. 1 水上防喷器组的组合方案

a. 地面防喷器组压力等级

a）安装的每个闸板防喷器的最小工作压力应等于预期最大地面压力（MASP）；

b）防喷装置的额定工作压力（RWP）和压力等级见表 4-5。

表 4-5 地面防喷器组压力等级

压力等级	额定工作压力	压力等级	额定工作压力
2K	13. 8MPa（2000psi）	15K	103. 5MPa（15000psi）
3K	20. 7MPa（3000psi）	20K	138. 0MPa（20000psi）
5K	34. 5MPa（5000psi）	25K	172. 5MPa（25000psi）
10K	69. 0MPa（10000psi）	30K	207. 0MPa（30000psi）

b. 防喷器组分类

a）防喷器组的类别或“等级”与防喷器组内闸板防喷器和环形防喷器总数相对应；

b）防喷器组中的闸板防喷器和环形防喷器的位置和出口应提供可靠手段以处理潜在井控事件。该系统应提供一种手段以：

——关闭并密封钻柱、油管、套管或尾管，并允许循环；

——关闭并密封空井，允许容积法井控作业；

——起下钻柱。

c）利用防喷器组垂直井筒内的承压密封件的数量来确定安装的防喷器系统的类别或“等级”。6级指的是所安装的闸板防喷器和/或环形防喷器的总数为6的一种组合（例如，6级可以有2个环形防喷器和4个闸板防喷器或1个环形防喷器和5个闸板防喷器）；

d）在确定防喷器组的级别后，接下来的命名根据所安装的环形防喷器的数量，由字母加数字表示（例如A2表示安装了2个环形防喷器）；

e）最后的字母数字表示的是防喷器组内安装的闸板或闸板腔的数量（无论是否使用这些部件）。闸板或闸板腔采用“R”后接闸板或闸板腔数来表示（例如R4表示安装了4闸板防喷器）；

f）环形防喷器额定工作压力可以比闸板防喷器的额定工作压力低；

g）操作人员应对防喷器组合方案进行风险评估并记录，确定闸板的安装位置和配置。评估项目包括塔式钻柱、套管、完井设备和测试工具等；

h）安装闸板防喷器时，至少应安装一套全封闸板或全封剪切闸板（BSR）。该要求也适用于额定压力为3K或更低的系统和2级以上防喷器组装置；

i）对于额定压力等级为5K的系统，应至少采用3级防喷器组合方案。安装配备一套带全封闸板或全封剪切闸板和管子闸板的防喷器。第3个设备根据需要可以是闸板防喷器或环形防喷器；

j）4级防喷器的最少组合形式应至少包含一个环形防喷器、一个带全封闸板或BSR和管子闸板的防喷器。第4个设备根据需要可以是闸板防喷器或环形防喷器；

k）对于额定压力等级为10K的系统，应至少采用4级防喷器组合方案，该方案应至少包含一个全封闸板或BSR的防喷器，BSR在使用中能剪断井筒中的管柱后密封井筒；

l）对于额定压力等级为15K级和更高等级的系统，应安装5级或更高等级的防喷器组合。5级防喷器组装置至少应包括一个环形防喷器、一个BSR和两个管子闸板防喷器。第5个设备根据需要可以是闸板防喷器或环形防喷器。应进行风险评估，以确定闸板安装及配置情况，并考虑环形和大直径管柱以便于井控管理；

m）6级防喷器组合方案至少应包括一个环形防喷器、一个全封剪切闸板和两个管子闸板的防喷器。其余的设备可以是一个闸板（管子闸板、全封闸板、全封剪切闸板、套管剪切闸板、测试闸板或变径闸板）或环形防喷器或上述部件组合（根据风险评估进行确定）；

n）确定防喷器组的构成（节流管线、压井管线、闸板和环形防喷器等）应作为钻井程序的一部分。

4.3.6.2 水下防喷器组的组合方案

a. 水下防喷器组压力等级

a）防喷器装置根据其额定工作压力分为5K，10K，15K，20K，25K和30K，见表4-6；

b）安装的每台闸板防喷器的额定工作压力至少等于可能遇到的预期最大井口压力（MAWHP）。

表4-6 水下防喷器组压力等级

压力等级	额定工作压力	压力等级	额定工作压力
5K	34.5MPa（5000psi）	20K	138.0MPa（20000psi）
10K	69.0MPa（10000psi）	25K	172.5MPa（25000psi）
15K	103.5MPa（15000psi）	30K	207.0MPa（30000psi）

b. 防喷器组分类

a）防喷器组的类别或“等级”是防喷器组内闸板防喷器和环形防喷器的总数相对应；

b）利用防喷器组垂直井筒内的承压密封件的数量来确定安装的防喷器系统的类别或“等级”。6 级指的是所安装的闸板防喷器和/或环形防喷器的总数为 6 的一种组合（例如，6 级可以有 2 个环形防喷器和 4 个闸板防喷器或 1 个环形防喷器和 5 个闸板防喷器）；

c）在确定防喷器组的级别后，接下来的命名根据所安装的环形防喷器的数量，由字母和数字表示（比如 A2 表示安装了 2 个环形防喷器）；

d）最后的字母数字表示的是防喷器组内安装的闸板或闸板腔的数量。闸板或闸板腔采用“R”后接闸板或闸板腔数来表示（例如，R4 表示安装了 4 个闸板防喷器）。

注：安装有 2 个环形和 4 个闸板式防喷器的 6 级防喷器系统应被命名为“Class6 - A2 - R4”。【SY/T 6868—2016】

4.3.7 含硫油气井的配套与安装要求

4.3.7.1 材料和压力等级选择原则

a. 井控装置材料选择：

——含硫油气井井控装置的承压金属零部件应具有抗硫化氢应力开裂的性能，符合 GB/T 20972 规定的材料性能要求；其非金属材料零部件应满足硫化氢环境下的使用要求；

——井控装置需要更换的零部件，其材料牌号、力学性能及抗硫化氢性能应与原零部件的性能一致或更高；

——含硫油气井、高压高产油气井和区域探井，应安装剪切闸板防喷器，特殊情况下可以选择三个闸板防喷器进行组合。

b. 防喷器组压力等级的选用应与裸眼井段中最高地层压力相匹配。【SY/T 5964—2019】

4.3.7.2 配套与安装要求

防喷器组配套与安装应符合 SY/T 5964 的规定。

4.3.8 特殊地区配套与安装要求

4.3.8.1 防喷器的防腐要求应与地层含腐蚀性流体情况相匹配，高含硫化氢应选择 HH 抗腐蚀级，含硫化氢但同时含分压大于 0.021MPa 二氧化碳宜根据硫化氢含量选择 HH 或 FF 抗腐蚀级，低含硫化氢选择 EE 抗腐蚀级；新区第一口探井宜根据邻区参考井中含腐蚀性流体最高的情况选择相应抗腐蚀级。

4.3.8.2 压力等级选择应根据所钻地层最高地层压力，选用高于该压力等级的液压防喷器；对于地层压力高于 105MPa 的地区，井控装置可根据最大关井井口压力选择。

4.3.8.3 防喷器组合形式

压力等级为 70MPa 和 105MPa 的防喷器组合顺序为：环形防喷器+半封闸板防喷器+剪切闸板防喷器+全封闸板防喷器+半封闸板防喷器+四通+四通+套管头，具体形式见图 4-11；或环形防喷器+半封闸板防喷器+剪切闸板防喷器+全封闸板防喷器+四通+半封闸板防喷器+四通+套管头，具体形式见图 4-12；或用 2 个单闸板代替 1 个双闸板，具体形式见图 4-13。【Q/SH 0205—2009】

4.3.8.4 安装要求

a. 根据所钻地层最高地层压力，选用等于或高于该压力等级的液压防喷器等防喷装置及控制管汇。地层压力大于 105MPa 的井，可根据井口最大关井压力选择不低于 105MPa 的防喷装置及控制管汇级别。含硫化氢的天然气井要选用同压力级别的抗硫井口装置及控制管汇；

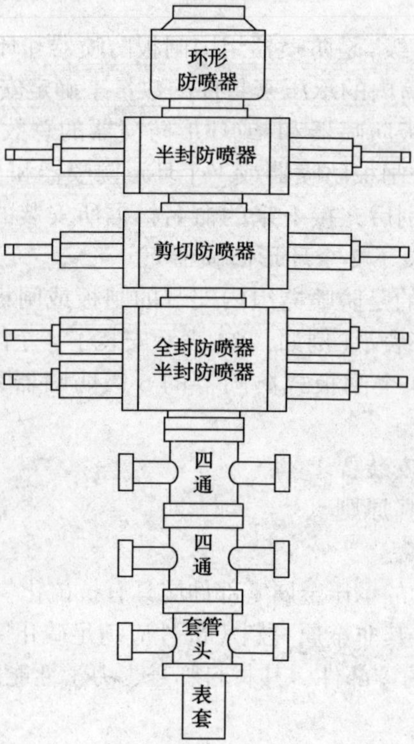

图 4-11　70MPa 和 105MPa 压力等级的防喷器组合 1

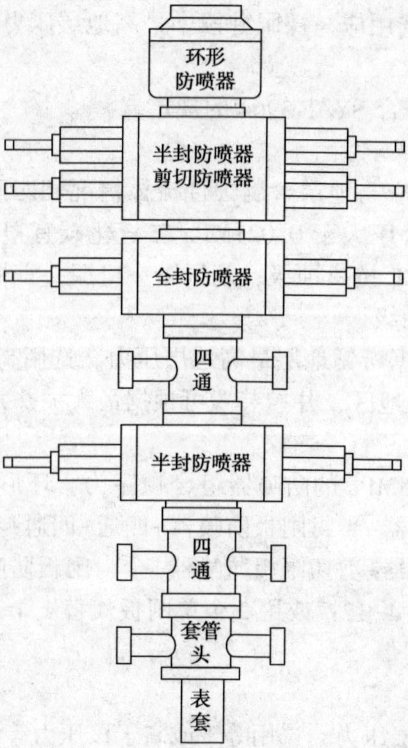

图 4-12　70MPa 和 105MPa 压力等级的防喷器组合 2

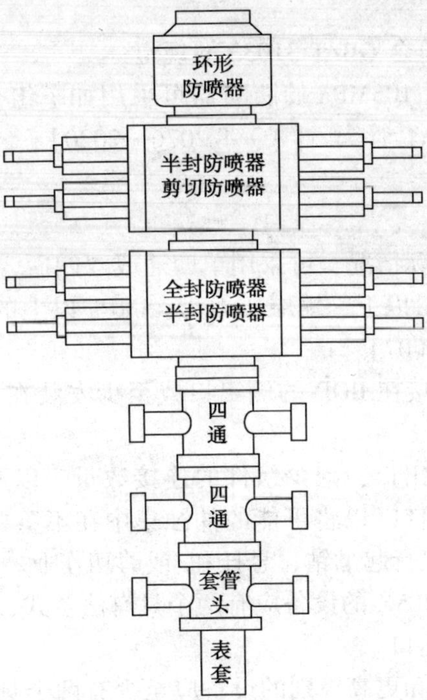

图 4-13　70MPa 和 105MPa 压力等级的防喷器组合 3

b. 高压天然气井（地层压力大于或等于 45MPa）、新区预探井、含硫化氢天然气井应符合 SY/T 5964 规定，并安装单作用剪切、全封闸板防喷器。剪切闸板应安装在全封闸板之上；

c. 控制剪切、全封闸板的三位四通换向阀，应安装防止误操作的安全装置，司钻控制台不应安装操作剪切、全封闸板防喷器的控制阀；

d. 现场备有与在用钻杆尺寸匹配的钻杆死卡。【Q/SH 0033—2009】

4.3.9　滩海陆岸配套与安装要求

4.3.9.1　钻井井口装置包括防喷器（分流器）、四通及套管头等。

4.3.9.2　四通、放喷管线、节流管汇和压井管汇的压力等级应与防喷器压力等级相匹配。

4.3.9.3　应装配一套至少包括一个环形防喷器、一个全封闸板防喷器、一个半封闸板防喷器和一个四通组成的防喷器组。

4.3.9.4　在探井和生产井中的气井、含硫化氢井、具有自喷能力的井应安装剪切闸板防喷器。

4.3.9.5　预测有浅层气的井，导管上应安装分流系统。

4.3.9.6　防喷器压力等级应与裸眼井段中最高地层压力相匹配（探井不低于 70MPa），防喷器闸板尺寸应与作业钻具或套管的外径相匹配。

4.3.9.7　闸板防喷器应配备锁紧机构。当采用手动锁紧装置时，锁杆尽可能接出钻机底座外，手轮上应标明开、关方向和到底圈数，靠手轮端应支撑牢固，操作杆与锁紧轴中心线的偏斜角不大于 30°，并安装计数装置。【SY 6984—2014】

4.3.10　页岩气钻井配套与安装要求

4.3.10.1　压力等级选择。开发井按预测最大关井井口压力，选用不低于该压力等级的液控防喷器等防喷装置及控制管汇。

4.3.10.2　防喷器的防腐要求应与地层含腐蚀性流体情况相匹配。

4.3.10.3　防喷器组合形式：

——防喷器组合形式应符合 GB/T 31033 的规定；

——压力等级为 70MPa、105MPa 的防喷器可采用如下组合：环形防喷器+全封闸板防喷器+半封闸板防喷器+四通+套管头。【AQ/T 2076—2020】

4.4　钻井四通

4.4.1　根据不同油气井的实际情况，可采用单四通或双四通。【SY/T 5964—2019】

4.4.2　井底静止温度为 120℃以上、地层压力为 45MPa 以上的高温高压含硫化氢天然气井应使用双四通。【AQ 2012—2007】

4.4.3　节流和压井管线可连接在 BOP 的侧出口或至少安装在一个能封闭钻杆的 BOP 下面的钻井四通上。

4.4.4　利用闸板防喷器的侧出口，减少组件的连接数量，以及防喷器组的总高度。然而，钻井四通能为防喷器组提供出口(以将可能的冲蚀集中在不重要的钻井四通上)，并增加防喷器之间的空间，以有利于强行起下钻、悬挂和/或剪切作业。

4.4.5　额定压力级别为 3K 和 5K 的设备应有两个具有法兰式、螺柱式或卡箍连接的公称通径不小于 50.8mm(2in)的侧出口。

4.4.6　额定压力级别为 10K 和更高级别的设备应至少有两个具有法兰式、螺栓式或卡箍式连接的侧出口，这两个侧出口的公称通径分别不小于 76.2mm(3in)和 50.8mm(2in)。

4.4.7　钻井四通的垂直通径与所配防喷器的内径相同，且至少等于顶部井口或井口装置的最大孔径。

4.4.8　钻井四通的 RWP(额定压力)等于所连接的闸板防喷器的 RWP。

4.4.9　钻井作业期间，节流管线或压井管线不应连接到井口或井口装置出口上。【SY/T 6868—2016】

4.5　套管头

4.5.1　配套要求

4.5.1.1　含硫油气井、高压油气井、天然气井、高气油比油井、探井、深井和复杂井，应安装使用标准套管头。

4.5.1.2　特殊工艺井和热采井应根据地质情况、钻井设计等要求，选择满足特殊要求的套管头。【SY/T 6789—2010】

4.5.1.3　套管头压力等级应与相应井段中的最高地层压力相匹配，其基本结构形式见图 4-14。【GB/T 31033—2014】

4.5.1.4　页岩气井套管头压力级别应满足增产改造压力需要。【NB/T 14019—2016】

4.5.2　主要结构

见附录 C。

4.5.3　压力和尺寸系列

见附录 C。

4.5.4　安装要求

4.5.4.1　应保证钻井四通与防喷管线在各次开钻中的高度位置基本不变，并确保完井时油管头本体上法兰面在地面以上。

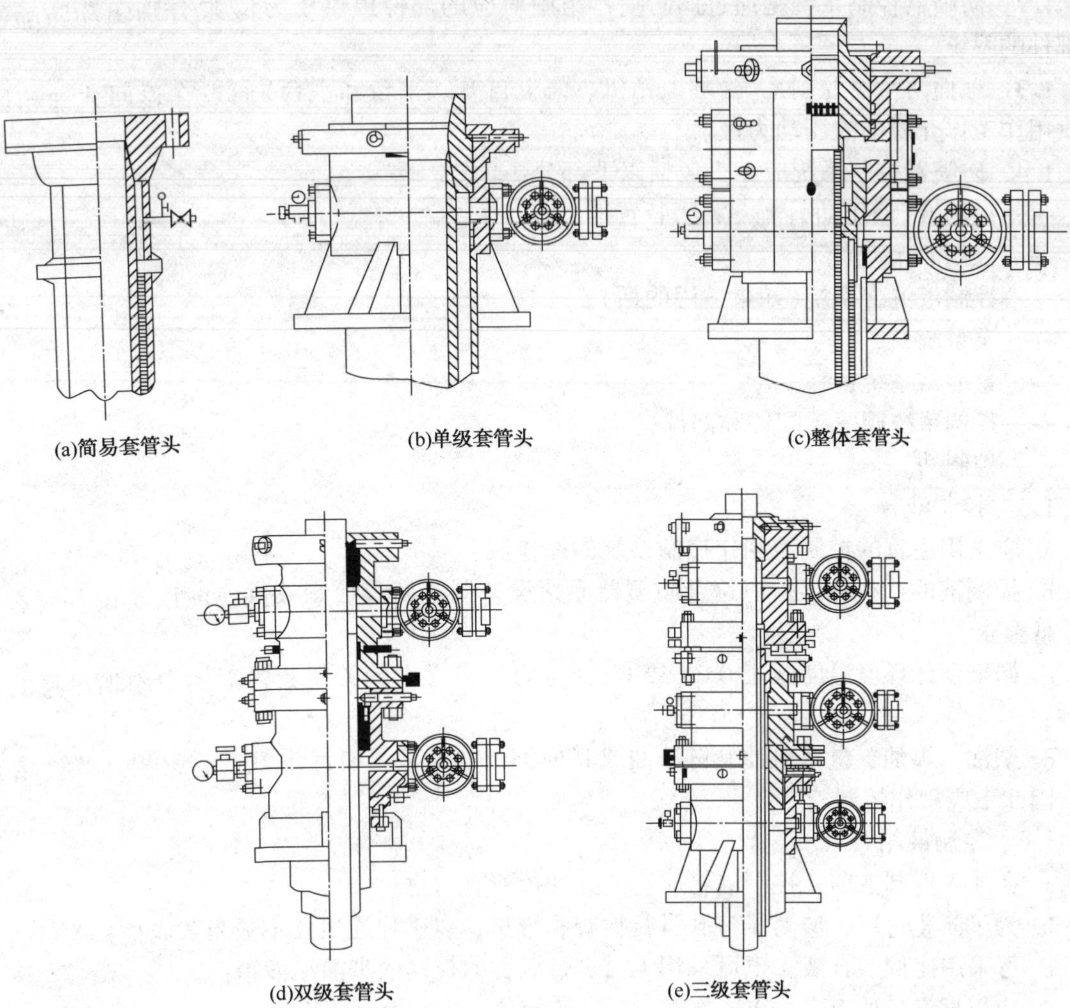

图 4-14　套管头结构图

4. 5. 4. 2　具有 BT 密封注脂结构的套管头应根据季节压注夏季或冬季用密封脂。【GB/T 31033—2014】

4. 5. 4. 3　其他要求见附录 C。【SY/T 6789—2010】

4. 5. 5　含硫井特殊要求

4. 5. 5. 1　应根据地质预测的硫化氢和二氧化碳的含量，选用相适应的材质。

4. 5. 5. 2　应采用分体式套管头并符合 GB/T 22513—2013 的相关规定。

4. 5. 5. 3　技术套管和油层套管宜采用芯轴式悬挂器，并备有应急卡瓦。

4. 5. 5. 4　应配相应尺寸的试压塞、防磨套和送取工具。【Q/SH 0206—2008】

4. 5. 5. 5　含硫化氢的天然气井应使用抗硫套管头，其压力等级要等于或大于最高地层压力，并考虑能满足进一步采取增产措施压力增高的需要。【Q/SH 0033—2009】

4. 6　液压控制系统

4. 6. 1　地面防喷器控制系统配套

4. 6. 1. 1　应根据 SY/T 5053. 2 对地面防喷器组控制系统进行设计、制造和配置。

4.6.1.2 防喷器控制系统是通过向防喷器组中对应的部件提供压力液来分别驱动防喷器组各部件的系统。

4.6.1.3 地面防喷器控制系统(陆上钻机、海上自升式平台和平台)通过在返回式油箱回路提供用作工作介质的液压动力液。

4.6.1.4 防喷器控制系统应至少包括以下部分:

——控制液(液压动力液、关闭装置液);

——控制液箱;

——控制液混合系统(如果适用的话);

——泵系统;

——蓄能器系统;

——控制系统阀门、配件和部件;

——控制站。

4.6.1.5 控制液

a. 应采用适宜的控制液用作控制系统的操作液;

b. 控制液的选择和维护应符合防喷器原始设备制造商和控制液供应商以及设备所有者的最低要求;

c. 如果预计环境温度低于0℃(32℉),应向任何含水的关闭装置液体中添加足量的乙二醇;

d. 柴油、煤油、电机机油、链条油或其他类似的油液具有易爆性或容易损坏弹性密封件,因此不应用作控制液。

4.6.1.6 控制液箱

a. 在加入控制液前,控制液箱应清洁并冲掉所有污物;

b. 为了防止过压,应对排气孔进行检查和维护,以确保通风孔不被阻塞或被遮盖;

c. 可采用比例混合液,也可采用无需进行混合的控制液来灌注液箱;

d. 应根据设备所有者的PM方案对所有液箱仪器进行测试,以确保它们正常工作;

e. 应根据原始设备制造商和设备所有者的PM方案对声光报警器进行测试,以确保各个液箱内的液位指示处于正常位置。

4.6.1.7 泵系统

a. 至少需要两套泵系统,每套泵系统可能包括一个或多个泵;

b. 每套泵系统应配备独立动力源。泵系统之间需要连通以便任一动力源失效时,不会影响整个泵系统的操作;

c. 在任何时候都至少应有一个泵系统可用;

d. 泵系统的总输出应能够在15min内将主蓄能系统从预充压力升至系统额定工作压力;

e. 一个泵系统或一个动力系统失效后,剩余的泵系统应能在30min内将主蓄能器系统从预充压力升至系统的额定工作压力;

f. 防喷器和分流器可使用同一泵系统提供控制液;

g. 各泵系统提供的排出压力应至少等于控制系统额定工作压力;

h. 在系统压力降低到系统RWP的90%之前,主泵系统应自动启动,升至系统RWP的97%~100%之间时应自动停止;

i. 在系统压力降低到系统RWP的85%之前,辅助泵系统应自动启动,在系统RWP的

95%～100%之间应自动停止；

j. 气泵应能够在0.52MPa(75psi)的最小气源压力下将蓄能器充压至系统工作压力；

k. 各泵系统至少应配备两个过压保护装置：

——一个装置(如压力开关)，用以限制泵的输出压力，确保其不超过控制系统的RWP；

——另一个装置如合格的溢流阀，应按SY/T 5053.2的要求来限制泵排出压力和流量。

l. 用于防止泵系统超压的装置不应配置隔离阀或任何使其丧失预期用途的装置；

m. 不得安装爆破片或不能自动复位的溢流阀。

4.6.1.8　蓄能器系统

a. 蓄能器是存储压力液的压力容器，它可以实现控制系统功能提供正常运行所需能量。利用液压动力装置(HPU)对惰性气体进行压缩，可达到工作目的；

b. 蓄能器可以向控制系统提供正常运行时所需的快速响应，且在泵失效时，起到输送备用液压液的作用；

c. 应使用氮或氦等易燃性低的非氧化(惰性)气体对蓄能器进行预充。不应使用压缩空气或氧气；

d. 使用的气体应符合蓄能器的设计要求。

4.6.1.9　控制系统响应时间

a. 响应时间指一项功能从开始执行到完成的时间，可按防喷器或阀门关闭和密封情况确定；

b. 关闭响应时间的测量是从该功能在任何一个控制面板上被启动开始到防喷器或阀门被关闭并密封时为止；

c. 当规定的工作压力初步恢复到公称压力或其他经认可的水平时(当调压阀出口压力恢复到其正常调定值时)，可认为此时防喷器已经关闭；

d. 防喷器控制系统应能够在30s或更短的时间内关闭每个闸板防喷器；

e. 环形防喷器的公称通径小于476.25mm(18¾in)时，关闭时间应不超过30s。环形防喷器的公称通径大于或等于476.25mm(18¾in)时，关闭时间应不超过45s；

f. 节流和压井阀(开或关)的响应时间应不超过已知闸板防喷器响应时间的最小值。

4.6.1.10　蓄能器预充压力

a. 为了实现系统功能，利用系统蓄能器中的预充气压推动储存在蓄能器中的液压液；

b. 预充压力是空液压蓄能器中的气压，一旦充入液压，改变预充压力将影响已充液蓄能器的可用液量和压力；

c. 专用剪切系统的快速排放应考虑到温度对预充气体的影响；

d. 预充压力应在防喷器组部署前进行测量，并根据制造商指定的SY/T 5053.2方法进行调整，使用控制系统制造商提供的地面基准压力，按所需的工作温度进行调整，应在钻井现场对其进行记录并保存。应对计算的预充压力和文件配备的非最佳预充压力(若被使用)与井况数据包一起存档；

e. 预充压力计算应考虑具体条件(如钻杆剪切压力、温度等)；

f. 根据防喷器设计、钻杆机械性能和井筒压力，需增大剪切操作时的关闭压力。

4.6.1.11　控制站

a. 控制系统应能够控制防喷器组所有功能，包括从至少两个不同的位置来调节和测量所有系统压力；

b. 所有控制站应满足安装区域的危险等级要求；

c. 一个控制站的位置应方便钻井队接近；

d. 其他控制站的放置应远离钻台，以便在紧急井控事件期间可安全接近来操作防喷器；

e. 应对操作全封或全封剪切闸板的控制手柄进行保护，以避免误操作，但应确保仍能不受干扰地通过远程面板控制全部操作；

f. 可在次要位置(如集合点或救生艇站)设置不包含全部防喷器功能的远程控制面板，用以补充另外两个全功能面板。【SY/T 6868—2016】

4.6.2 地面防喷器控制系统安装调试

4.6.2.1 安装在面对井架大门左侧、距井口不少于25m的专用活动房内，周围10m内不应堆放易燃、易爆、易腐蚀物品。【SY/T 5974—2020】

4.6.2.2 页岩气丛式井组远控台距井口距离应不小于15m，留有便于操作和逃生的通道。页岩气工厂化钻井作业远控台应放置在距任一口井25m以外合适的位置，摆放位置符合GB/T 31033—2014的规定。【NB/T 14012.2—2016】

4.6.2.3 管排架与防喷管线、放喷管线之间应保持一定距离，在穿越汽车道、人行道处用防护装置保护。不允许在管排架上堆放杂物和以其作为电焊接地线或在其上进行焊割作业。【SY/T 5974—2020】

4.6.2.4 气管束/电缆应沿管排架安放在其侧面的专门位置上，剩余的气管束/电缆应放在靠远程台附近的管排架上，不应强行弯曲和压折。

4.6.2.5 连接防喷器端的液控管线宜布置在靠钻机绞车一侧；应清洁干净液控管线内孔和接头处，连接时应确保远控台各三位四通换向阀的开关与控制对象的开关状况一致。

4.6.2.6 液压控制对象总数应大于实际控制防喷器和闸阀的总数。

4.6.2.7 所需电源应从发电房或配电房用专线直接引出，用单独的开关控制，并有标识。

4.6.2.8 所需气源应从专用气源排水分配器上接入。

4.6.2.9 全封闸板和剪切闸板控制换向阀应安装防止误操作的保护装置。

4.6.2.10 司钻控制台应安装在钻机司钻操作台侧，固定牢固。应在无液压情况下将其二次仪表调节到零位。【GB/T 31033—2014】

4.6.2.11 根据特殊要求，对重点井、含硫油气井和区域探井可配置防喷器辅助控制台。防喷器辅助控制台宜安装在平台经理或工程师值班房便于操作处。

4.6.2.12 宜安装防喷器/钻机刹车联动防提安全装置(钻机防提断装置)。该装置按钮盒安装在钻机操作台上，其气路与防碰天车气路并联。【SY/T 5964—2019】

4.6.2.13 在初次安装了防喷器组以后，对系统进行隔离或部分隔离的维修后，以及上一次测试之后每6个月，根据以下示例进行测试：

——在防喷器中放置一个尺寸合适的钻杆接头或试验芯轴；

——关闭蓄能器充压泵的动力源(压缩空气、电源等)；

——记录蓄能器的初始压力。管汇和环形调压阀应设置为制造商推荐的防喷器组工作压力；

——分别最多可关闭四个工作液量最小的管子闸板(全封或全封剪切闸板防喷器除外)，记录关闭时间；

——打开液压操作阀门，记录打开时间；

——关闭(最大工作液量)环形防喷器，记录关闭时间；

——记录蓄能器的最终压力。蓄能器的最终压力应至少比预充压力大 1.4MPa(200psi)。

【SY/T 6868—2016】

4.6.2.14 远程控制台应有足够的在停泵、井口无回压时关闭一套全开状态的环形防喷器和闸板防喷器组并打开液动闸阀的液体量，且剩余液压应不小于 1.4MPa。

4.6.2.15 通径小于 476mm 的环形防喷器，关闭时间不应超过 30s；通径等于或大于 476mm 的环形防喷器，关闭时间不应超过 45s。使用后的环形胶芯应在 30min 内恢复原状。闸板防喷器的关闭时间不应超过 10s，闸板总成打开后应完全退到壳体内。

4.6.2.16 检查防喷器/钻机刹车联动防提安全装置在关闭防喷器半封闸板时是否正常工作。

4.6.2.17 远程控制台蓄能器应充氮气压力 7MPa±0.7MPa，气源压力 0.65MPa~1MPa，电源电压 380V±19V。

4.6.2.18 远程控制台换向阀转动方向、司钻控制台换向阀转动方向与防喷器开关状况应一致。

4.6.2.19 关闭远程控制台的蓄能器，其电动泵和气动泵的总输出液量应在 2min 内使环形防喷器(不包括分流器)密封在用的最小尺寸钻具、打开所有液动闸阀，并使管汇具有不小于 8.4MPa 的压力。

4.6.2.20 启动远程控制台的电动泵和气动泵，在 15min 内应使蓄能器的液压从 7MPa±0.7MPa 升至 21MPa。

4.6.2.21 检查远程控制台的压力控制器，电源开关在“自动”位置，系统压力降至接近 18.5MPa 时应自动启动，当压力升到 21MPa 时应能自动停泵。

4.6.2.22 检查远程控制台的液气开关，系统压力降至 17.5MPa 应自动启动气泵，升压至 20MPa 时应能自动停止气泵工作。

4.6.2.23 检查远程控制台蓄能器溢流阀是否能在 23MPa 时全开溢流，闭合压力应不低于 21MPa。

4.6.2.24 将司钻控制台二次仪表在无液压情况下调节到零位。远程控制台压力变送器进气压力值范围按说明书调节。

4.6.2.25 在蓄能器压力为 21MPa、环形防喷器调压阀出口压力为 10.5MPa 和管汇压力为 21MPa 的情况下，用丝堵堵严液压油出口，使各三位四通换向阀分别在“中位”“开位”“关位”5min 后，检查 3min 内的压力降。处于“中位”时压力降应不大于 0.25MPa，处于“开位”“关位”时应不大于 0.6MPa。

4.6.2.26 液压控制管线现场安装后，应按 21MPa 做可靠性试压，试压时间应不少于 10min，试验期间无可见渗漏。

4.6.2.27 远程控制台气源压力 0.8MPa，切断气源后观察 3min 内司钻控制台各操作阀分别在“中位”“开位”和“关位”的压力降，在“中位”时应不大于 0.05MPa，在“开位”和“关位”时，压力降应不大于 0.20MPa。

4.6.2.28 调节压力变送器，使司钻控制台与远程控制台上的蓄能器压力误差不大于 0.6MPa、管汇压力及环形压力误差不大于 0.3MPa。

4.6.2.29 节流管汇及控制箱

a. 节流管汇控制箱气泵、变送器气源压力、蓄能器的充气压力和溢流阀的溢流压力，应符合表 4-7 的规定；

表 4-7 气动节流控制箱调压值

单位：MPa

部件	35MPa 节流控制箱	70MPa 节流控制箱
阀位变送器	0.35	0.35
压力变送器	0.35	0.35
气泵（停泵的工作压力）	1.05~1.10	3.05~3.10
蓄能器（氮气压力）	0.35±0.05	1.0±0.05
溢流阀	1.2	4.2

b. 蓄能器充压时间应不超过 4min；

c. 液动节流阀开关应无阻卡。用开关速度调节阀调节全开至全关应在 2min 以内完成；

d. 检查阀位开度表能否正常显示开关程度，并把开关位置调节到全程的⅜~½的位置。

e. 检查立压变送器、套压变送器的工作情况及二次仪表与立管和套管压力是否一致；

f. 对电动节流控制箱，按产品使用说明书规定的技术参数进行调试。【SY/T 5964—2019】

4.6.3 滩海陆岸钻井防喷器控制系统

4.6.3.1 防喷器控制系统应至少包括一个司钻控制台和一个远程控制台，且两个控制台均能单独关闭和开启防喷器组。远程控制台应安装在远离井口且人员易于到达的安全区域。

4.6.3.2 防喷器控制系统的控制能力应与防喷器组合及管汇等控制对象相匹配，控制换向阀应有一组备用。

4.6.3.3 蓄能器液体压力应保持在 18.5MPa~21MPa，蓄能器液体体积应至少为关闭全部防喷器所需液体容积的 1.5 倍。

4.6.3.4 远程控制台电源线应从井场总配电箱直接引出，单独控制。

4.6.3.5 司钻控制台和远程控制气源应从专用气源排水分离器上用管线分别连接，气源压力应保持在 0.65MPa~0.80MPa。

4.6.3.6 现场安装合格后，应对防喷器控制系统按 21MPa 做一次可靠性试压。【SY 6984—2014】

4.6.4 水下防喷器组控制系统

4.6.4.1 水下防喷器组分离式液压控制系统。

a. 概述

a）应依据 SY/T 5053.2 对水下防喷器组控制系统进行设计、制造和配置；

b）防喷器控制系统是通过向对应防喷器组部件提供压力液来分别驱动防喷器组各部件的系统；

c）水下安装的防喷器控制系统提供液压动力液作为工作介质，工作介质可直接排海或返回油箱回路；

d）通过先导式控制管线为安装在 LMRP 上面的控制盒中的阀门提供单独控制；

e）防喷器控制系统应至少包括以下部分：

——控制液；

——控制液箱；

——控制液混合系统；

——泵系统；

——蓄能器系统；
——控制系统阀门、配件和部件；
——控制站；
——管缆和卷筒；
——控制盒；
——应急系统；
——备用控制系统。

b. 控制液

a）应将适宜的控制液作为控制系统的操作液；

b）控制液的选择和维护应符合防喷器设备原始设备制造商和控制液供应商规定的特征以及设备所有者的最低要求；

c）如果预期环境温度低于 0℃（32℉），应向任何含水的关闭装置液体中添加足量的乙二醇。

c. 控制液箱

a）在加入控制液前，控制液箱应清洁并冲洗掉所有污物；

b）为了防止过压，应对排气孔进行检查和维护，以确保排气孔不被阻塞或遮盖；

c）可采用配比混合液，也可采用无需进行混合的控制液来灌注液箱；

d）应根据设备所有者的 PM 方案对所有液箱仪器进行测试，以确保它们正常工作；

e）应依据原始设备制造商和设备所有者的 PM 方案对液箱声光报警器进行测试，以确保各个液箱内液位指示处于正常位置。

d. 控制液混合系统

a）控制液混合系统应设计为自动运行；

b）应对控制液混合系统进行测试，以确保自动操作系统功能正常；

c）应对自动混合系统进行测试，以确保当水溶性润滑剂及乙二醇的配制比例超出制造商推荐的范围时，可选择手动；

d）应对自动混合系统的手动优先功能进行测试，以确保正常运行。

e. 泵系统

a）至少需要两套泵系统，每套泵系统可以包含一个或多个泵；

b）每套泵系统应配备独立动力源。应将这些泵系统连通以避免任一泵的动力源失效时，损害其他泵系统的操作；

c）在任何时候至少应有一个泵系统可用；

d）泵系统的总输出应能够在 15min 内将主蓄能系统从预充压力升至系统额定工作压力；

e）一个泵系统或一个动力系统失效后，剩余的泵系统应能在 30min 内将主蓄能器系统从预充压力升至系统的额定工作压力；

f）防喷器和分流器可使用同一泵系统提供控制液；

g）各泵系统提供的排出压力应至少等于控制系统的额定工作压力；

h）在系统压力降低到系统的 RWP 的 90%之前，主泵系统应自动启动，升至系统 RWP 的 97%～100%之间时应自动停止；

i）在系统压力降低到系统 RWP 的 85%之前，辅助泵系统应自动启动，在系统 RWP 的 95%～100%之间应自动停止；

j）气泵应能够在 0.52MPa（75psi）的最小气源压力时将蓄能器充压至系统工作压力；

k）各泵系统至少应配备两个过压防护装置：

——一个装置（如压力开关），用以限制泵的输出压力，确保其不超过控制系统的 RWP；

——另一个装置如合格的溢流阀，应按 SY/T 5053.2 的要求来限制泵排出压力和流量。

l）用于防止泵系统超压的装置上不应配置隔离阀或任何使其丧失预期用途的装置；

m）不得安装爆破片或不能自动复位的溢流阀；

n）液压动力装置应满足所安装地点的等级要求，并应设置在钻机底座外部；

o）应安装液压动力装置以防止连接至油箱的控制管线排出或回流过多液体。

f. 蓄能器系统

a）蓄能器是存储压力液的压力容器，它可为实现控制系统功能提供正常运行所需的能量；

b）蓄能器可以向控制系统提供正常运行时所需的快速响应，且在泵失效时，起到输送备用液压液的作用；

c）应使用氮或氦等易燃性低的非氧化（惰性）气体对蓄能器进行预充。不应使用压缩空气或氧气；

d）使用的气体应符合蓄能器的设计要求；

e）在将防喷器和 LMRP 回收到地面之前，水下蓄能器应能完全实现水下压力释放；

f）主蓄能器系统包括地面蓄能器系统和安装在防喷器组上的所有蓄能器，这些蓄能器是主控制系统的一部分（不是应急或备用系统的专用蓄能器）；

g）应提供止回阀或其他装置以防止控制液返回或回流到饮用水供应系统。这种隔离方法应自动防止主饮用水供应系统的污染；

h）专用蓄能器由主蓄能器系统或专用泵/蓄能器供液，但是如果主蓄能器系统或专用泵/蓄能器供应耗尽或丢失，专用蓄能器应不受影响。

g. 蓄能器压降要求

a）压降试验的目的是验证蓄能器系统是否能够支持在用防喷器的用液量和压力要求，是否能够在失去所有动力的情况下确保井安全；

b）主蓄能器系统必须能在泵停止运行时进行蓄能器压降试验。压降试验应包括井筒压力为零时的关井（从全开启位置）和开井（全行程）：

——最大用液量的环形防喷器；

——四个最小用液量的闸板式防喷器，不包括测试闸板。剩余的系统压力至少应高出预充压力 1.4MPa（200psi）。

h. 控制系统的响应时间

a）响应时间指一项功能从开始执行到完成的时间，可根据防喷器或阀门关闭和密封情况确定；

b）关闭响应时间的测量是从该功能在任何一个控制面板上被启动开始到防喷器或阀门被关闭并密封时为止；

c）当调压阀出口压力恢复到其调定值或用其他方式表明时，可认为防喷器已经关闭；

d）至少应有一种地面/水下动力源能满足下列响应时间：

——在 45s 或更短的时间内关闭每个闸板防喷器；

——在 60s 或更短的时间内关闭每个环形防喷器；
——在 45s 或更短的时间内打开隔水管(LMRP)连接器；
——节流阀和压井阀(打开或关闭)的响应时间应不超过观测到的闸板防喷器关闭响应时间的最小值。

i. 蓄能器预充压力

a）为了实现系统功能，利用系统蓄能器中的预充气压推动储存在蓄能器中的液压液。预充压力是蓄能器中没有压力液时的气压，一旦充入液压，改变预充压力将影响蓄能器的可用液量和压力；

b）若有必要，应按照设备所有者的 PM 方案对各蓄能器瓶的预充压力进行测量和调整；

c）预充压力应在防喷器组部署前进行测量，并根据制造商指定的 SY/T 5053.2(A，B 或 C)方法进行调整；

d）使用制造商提供的地面基准压力，按所需的工作温度进行调整，应在钻井现场对其进行记录并保存；

e）应将计算的预充压力和文件配备的非最佳预充压力(若被使用)与井况数据包一起存档；

f）根据防喷器设计、钻杆机械性能和井筒压力，可能需增大剪切操作时的关闭压力；

g）水下预充压力不得超过蓄能器的 RWP。

j. 蓄能器和压力表的要求

a）蓄能器瓶在使用时不能超过其 RWP；

b）若预充压力低于系统液压的 25%，则会增加损坏胶囊的风险；

c）应垂直安装囊式和浮子式蓄能器；

d）蓄能器系统应被设计成当一个或一组蓄能器失效所造成的容量损失不大于蓄能器系统总容量(不包括分流器蓄能器)的 25%；

e）每个蓄能器组上应安装隔离阀和泄荷阀，以便于检查预充压力或排放蓄能器流体到控制液箱中；

f）控制系统上的所有模拟压力计的校准周期应不超过 1 年，压力表应校准到满量程的 1%；

g）模拟压力测量时压力应在压力表总刻度值的 25%~75%之间；

h）电子压力测量装置应精确到满量程的 1%并在制造商的指定范围内使用。

k. 控制站

a）控制系统应能够控制防喷器组的所有功能，包括从至少两个不同位置来调节和监测所有系统压力；

b）所有控制站应满足安装区域的等级要求；

c）一个控制站的位置应方便钻井队接近；

d）其他控制站应远离钻台，以便在紧急井控事件期间可以安全接近来操作防喷器；

e）为避免误操作，应对以下功能加以保护：

——剪切闸板关闭；
——隔水管连接器一次和二次解锁(LMRP 连接器解锁)；
——井口连接器一次和二次解锁；
——节流和压井液压连接器和快速插头(若已安装)；

——控制盒快速插头功能(若已安装);

——紧急脱开程序(若已安装)。

f）应对操作全封剪切闸板的控制阀手柄进行保护，以避免误操作，但应确保仍能不受干扰地通过远程面板控制全部操作。

l. 管缆和卷筒

a）管缆控制的软管束通过地面液压控制管汇向水下防喷器控制盒输送主液压液和先导信号;

b）水下管缆可从软管卷筒放出、收回并储存;

c）应采用夹具将管缆固定到控制盒张力绳或隔水管上，以防止磨损和弯曲损伤;

d）应目视检查外护套在回收过程中产生的损伤;

e）每年应对管缆进行系统最大工作压力(MWP)测试，并进行记录;

f）应以制造商推荐的软管 RWP 测试翻新终端、修理件或接头;

g）通过一定长度的地面跨接软管束，从控制管汇的液压接线盒将光导信号送到软管卷筒;

h）收回后应检查终端;

i）终端应使用不锈钢配件;

j）应有两种或两种以上的方式供应地面—水下动力液;

k）软管卷筒用于储存、下放与回收软管束。这些软管束将传递主液压动力液和控制先导信号到水下防喷器控制盒;

l）软管卷筒可以装备由阀、调压阀和压力表组成的软管卷筒管汇，在控制盒或 LMRP 及防喷器组的下放和回收过程中，通过已选定功能的水下控制管束来维持控制功能;

m）软管卷筒应配备一个制动器和一个机械锁，当软管被卷绕到所需长度时进行制动;

n）软管卷筒驱动机构应安装防护装置，以防止旋转组件对人员造成意外伤害;

o）软管卷筒控制装置应清楚标明其所控制的卷筒;

p）每天应目视检查软管和卷筒的泄漏情况，或失效阀门、软管配件或压力表;

q）安装软管滑轮应通过月池从软管卷筒下放并回收水下软管束，同时支撑用于平衡船身升沉而布置的月池回路;

r）滑轮应保持比管缆 MBR 更大的半径;

s）软管滑轮应允许三个方向的位移，以防止在预计的位移范围内损坏管缆;

t）滑轮安装支架的承载能力应至少为滑轮的安全工作负荷;

u）安装滑轮应考虑偏离角和导入角。

m. 水下控制盒

a）水下防喷器组应配备完全冗余的控制盒;

b）每个控制盒应包含操作防喷器组和 LMRP 功能所需的阀和调压阀;

c）控制盒分可回收和不可回收两种;

d）为了隔离各个控制盒，各个控制盒出来的控制管线应接到一个梭阀上，这个梭阀连在需操作的各个功能元件上。

n. 紧急脱开系统/程序

a）在动力定位船上运行的水下防喷器组应配备紧急脱开系统(EDS)。锚泊船安装 EDS 不作强制规定;

b）EDS 是程序化的操作顺序：使防喷器组及其控制系统处于一种理想状态，并使

LMRP 与下部防喷器组脱开；

c）根据钻机和装备以及位置，制定特定的 EDS 操作顺序、脱开时间和功能要求；

d）激活 EDS 的位置至少为两处（例如：主控台和远程控制台）。

o. 自动剪切系统

a）自动剪切系统是一种在 LMRP 意外脱开情况下可自动关闭井筒的安全系统；

b）所有水下防喷器组应安装自动剪切系统；

c）防喷器组锁定井口时，应装备自动剪切系统。需具有证明文件 MOC 方可解除该系统，除非包含在设备所有者的标准操作规程（SOP）中；

d）专用蓄能器系统可同时用于自动剪切系统和自动停机系统，以及备用控制系统（例如 ROV 与声控系统）；

e）蓄能器系统可从主控制系统的供液来补充，但如果主供液丢失，应保持系统内压力。

p. 停机系统

a）停机系统用于在两个水下控制盒的液压供应和控制同时中断时自动关闭井筒；

b）所有水下防喷器组应安装停机系统；

c）防喷器组锁定到井口时，应装备停机系统。除非包含在设备所有者的标准操作规程（SOP）中，需具有证明文件 MOC 方可解除该系统；

d）专用紧急蓄能器系统可同时用于自动剪切系统和停机系统，以及备用控制系统（例如 ROV 与声控系统）；

e）专用紧急蓄能器系统由主控制系统提供动力，且如果主动力丢失，其动力应予以保持（例如止回阀）。

q. 备用控制系统

a）遥控潜水器（ROV）操作：

——防喷器组应配备 ROV 操作设备，该设备至少要求运行关键功能（每个剪切闸板、一个管子闸板、闸板锁紧及 LMRP 连接器的解锁）；

——液压液可由 ROV、防喷器组的蓄能器（可能是共享系统），或安装在井场的外部液压动力源供给。液压液应具有必要的压力和流速以运行这些功能；

——按照 API RP 17H 的规定，所有关键功能应装有单端口对接插座；

——如果使用多路插座类型，要有准确识别插座类型和功能的方法；

——所有关键的功能应满足 4.6.4.1 h 所要求的关闭时间。

b）声控系统：

——声控系统是可选择的备用控制系统，用以运行指定的防喷器组和 LMRP 功能，且在主控制系统无法使用时，可以使用该系统；

——声控系统应能运行关键功能；

——液压蓄能器系统可同时用于声控系统及紧急控制系统；

——蓄能器系统可由主控制供液来补充，但如果主供液丢失，应保持系统内压力；

——在将防喷器回收到水面前，声控蓄能器应能完全在水下泄压；

——响应时间不超过 90s。

4.6.4.2　水下防喷器组电—液和多路控制系统。

a. 概述

a）水下防喷器组控制系统应按照 SY/T 5053.2 进行设计、制造和安装；

b）防喷器控制系统是通过向对应防喷器组部件提供压力液来依次控制防喷器组开关的系统；

c）电控制信号操作水下电磁阀，反过来，电磁阀提供先导液压指令直接操作控制盒阀，控制盒阀释放动力液执行水下功能；

d）水下多路(MUX)防喷器控制系统提供液压动力液，工作介质可直接排海或采用返回式油箱的循环回路；

e）防喷器控制系统所需的最小组成部分应包括以下内容：

——控制液；

——控制液箱；

——控制液混合系统；

——泵系统；

——蓄能器系统；

——控制系统阀门、配件和部件；

——控制站；

——管缆和卷筒；

——刚性管；

——控制盒；

——应急系统；

——备用控制系统。

b. 控制液

a）应将适当的控制液用作控制系统的操作液；

b）控制液的选择和维护应符合防喷器设备原始设备制造商和控制液供应商规定的特征以及设备所有者的最低要求；

c）如果预期环境温度低于0℃(32℉)，应向任何含有水的闭合装置液体中加入足量乙二醇。

c. 控制液箱

a）在加入控制液前，应对控制液箱进行清洗并且冲洗掉所有污物；

b）为了防止过压，应对排气孔进行检查和维护，以确保排气孔不被阻塞或遮盖；

c）可采用配比混合液，采用无需进行混合的控制液来灌注液箱也可接受；

d）应根据设备所有者的PM方案对液箱上的所有仪表进行测试，以确保它们正常工作；

e）应依据原始设备制造商和设备所有者的PM方案对声光报警器进行测试，以确保各个液箱内的液面指示处于正常位置。

d. 控制液混合系统

a）控制液混合系统(若已安装)应设计为自动运行；

b）应对控制液混合系统进行测试，以确保自动操作系统的功能正常；

c）应对自动混合系统(若已安装)进行测试，以确保当水溶性润滑剂及乙二醇的配制比例超出制造商推荐的范围时可选择手动；

d）应对自动混合系统(若已安装)的手动优先功能进行测试，以确保正确运行。

e. 泵系统

a）至少应配备两套泵系统，每套泵系统可能由一个或多个泵组成；

b）每套泵系统应配备独立动力源。应将这些泵系统连通以避免任一泵的动力源失效时损害其他泵系统的操作；

c）在任何时候至少应有一个泵系统可用；

d）泵系统的总输出应能够在15min内将主蓄能系统从预充压力升至系统额定工作压力；

e）一个泵系统或一个动力系统失效时，剩余的泵系统应能在30min内将主蓄能器装置从预充压力充到系统的RWP；

f）防喷器和分流器可使用同一泵系统提供控制液。各泵系统应提供至少等于控制系统RWP的释放压力；

g）主泵应在系统压力降到系统RWP的90%时自动启动，在系统RWP的97%~100%之间自动停止；

h）辅助泵应在系统压力降低到系统RWP的85%之前自动启动，在系统RWP的95%~100%之间自动停止；

i）气动泵应能够在低至0.5MPa(75psi)的最小气源压力时将蓄能器压力升至系统工作压力；

j）每套泵系统至少应配备两个过压防护装置：

——一个装置(如压力开关)，用以限制泵的输出压力，确保其不超过控制系统的RWP；

——另一个装置(如合格的溢流阀)，应按SY/T 5053.2的要求来限制泵排出压力和流量。

k）用于防止泵系统超压的装置上不应配备隔离阀或任何阻止其达到预期用途的装置；

l）不得安装爆破片或不能自动复位的溢流阀；

m）液压动力装置(HPU)应满足所安装地点的等级要求，并应设置在钻机底座的外部；

n）应安装液压动力装置以防止连接至油箱的控制管线排出或回流过多液体。

f. 蓄能器系统

a）蓄能器是存储压力液的压力容器，它可为实现控制系统功能提供正常运行所需的能量；

b）蓄能器可以向控制系统提供正常运行时所需的快速响应，且在泵失效时，起到输送备用液压液的作用；

c）应使用氮或氦等易燃性低的非氧化(惰性)气体对地面蓄能器进行预充。不应使用空气或氧气；

d）使用的气体应符合蓄能器的设计要求；

e）将防喷器和LMRP回收到水面前，水下蓄能器应能完全实现水下压力释放；

f）主蓄能器系统包括地面蓄能器系统和LMRP蓄能器，LMRP蓄能器是控制系统的一部分(如适用)；

g）应提供止回阀或其他装置以防止控制液返回或回流到饮用水供应系统。这种隔离方法应自动防止主饮用水供应系统的污染；

h）专用蓄能器由主蓄能器系统或专用泵/蓄能器供液，主蓄能器系统或专用泵/蓄能器供应耗尽或丢失，专用蓄能器应不受影响；

i）先导控制系统应配有专用蓄能器系统，这可能通过止回阀从主液压供应提供；

j）压降测试的目的是验证蓄能器系统是否能支持在用防喷器的液量和压力要求，是否能在失去所有动力的情况下确保井的安全；

k）主蓄能器系统必须能在泵停止运行时进行蓄能器压降试验。压降试验应包括井筒压力为零时的关井（从全开启位置）和开井（全行程）：

——最大用液量环形防喷器；

——四个最小用液量闸板式防喷器，不包括测试闸板。剩余的系统压力至少应高出预充压力1.4MPa（200psi）。

g. 控制系统的响应时间

a）响应时间指一项功能从开始执行到完成的时间，可按防喷器或阀门关闭和密封情况确定；

b）在任何一个控制面板上，当启用关闭功能时，关闭响应时间的测量开始，当防喷器或阀门被关闭并形成密封时停止；

c）当调压阀出口压力恢复到其调定值或用其他方式表明时，可认为防喷器已经关闭；

d）至少应有一种地面/水下动力源满足下列响应时间：

——在45s或更短的时间内关闭每个闸板防喷器；

——在60s或更短的时间内关闭每个环形防喷器；

——在45s或更短的时间内解开立管（LMRP）连接器；

——节流阀和压井阀（打开或关闭）的响应时间应不超过观测到的闸板防喷器关闭响应时间的最小值。

h. 蓄能器预充压力

a）为了实现系统功能，利用系统蓄能器中的预充气压推动储存在蓄能器中的液压液。预充压力是蓄能器中没有压力液时的气压，一旦充入液压，改变预充压力将影响蓄能器的可用液量和压力；

b）若有必要，应按照设备所有者的PM方案对每个蓄能器瓶的预充压力进行测量和调整；

c）预充压力应在防喷器组部署前进行测量，并根据制造商指定的SY/T 5053.2方法进行调整；

d）应按要求使用制造商提供的控制系统地面基准压力，以调整水的深度和工作温度。测量和调整记录应保留在钻井现场；

e）应将计算的预充压力和文件配备的非最佳预充压力（若被使用）与井况数据包一起存档；

f）根据防喷器设计、钻杆机械性能和井筒压力，可能需增大剪切操作时的关闭压力；

g）水下预充压力不得超过蓄能器的RWP。

i. 蓄能器压力表的要求

a）蓄能器在使用时不能超过其RWP。如果预充压力小于系统液压的25%，则会增加损坏蓄能器胶囊的风险；

b）应垂直安装囊式和浮子式蓄能器；

c）地面蓄能器系统应被设计成当一个或一组蓄能器失效所造成的容量损失不大于蓄能器系统总容量（不包括分流器蓄能器）的25%；

d）每个地面蓄能器组上应安装隔离阀和泄荷阀，以便于检查预充压力或将蓄能器流体排回到控制液箱内；

e）控制系统上的所有模拟压力计的校准周期应不超过 1 年，压力计应校准到满量程的 1%；

f）模拟压力测量时压力范围应在压力表总刻度值的 25%~75%之间；

g）电子压力测量装置应精确到总刻度值的 1%并在制造商的指定范围内使用；

h）应提供用于测量蓄能器预充压力的压力表。这些压力表应校准至总刻度值的 1%，并且应在不小于压力表总刻度值的 25%或大于 75%的情况下使用。

j. 控制站

a）控制系统应清楚地识别每种功能和功能状态(例如，打开、关闭等)；

b）应对以下功能加以保护，以避免误操作：

——剪切闸板关闭；

——隔水管连接器一次和二次解锁(LMRP 连接器解锁)；

——井口连接器一次和二次解锁；

——节流和压井液压连接器解锁和缩回快速插头(若已安装)；

——控制盒快速插头功能(若已安装)；

——紧急脱开程序(若已安装)。

c）控制系统应能控制防喷器组的所有功能，包括从至少两个不同位置来调节和测量所有系统压力的压力；

d）所有控制站应满足安装区域的等级要求；

e）一个控制站的位置应方便钻井队接近；

f）其他控制站应远离钻台，以便在紧急井控事件期间可以安全接近来操作防喷器；

g）中央控制装置应配备不间断动力供应；

h）具有防喷器功能的所有控制站应有不间断动力供应；

i）主控制装置应设在安全、干燥的地方。所有功能应在位于钻台上的远程控制面板进行操作和监控，并与中央控制装置相连；

j）在动力和/或通讯中断的情况下，控制单元应保持功能状态记忆；

k）恢复动力后，系统应显示动力和/或通信中断前所有功能的状态。

k. 管缆和卷筒

a）应有两种或两种以上地面—水下动力液供应方式。刚性管固定到隔水管上并为水下控制盒提供主要液压供给；

b）热线软管从地面供应动力液至安装在 LMRP 上的水下控制盒。热线在软管卷筒上运行、回收和存储；

c）应采用夹具将热线和 MUX 电缆固定到隔水管上，以防止磨损和弯曲损伤。应目视检查收回过程中对外护套产生的损伤；

d）每年应对热线进行系统最大工作压力(MWP)测试，并进行记录；

e）应以制造商推荐的软管 RWP 测试端部、备件或接头；

f）MUX 电缆为水下控制盒提供电力和通信。MUX 电缆在电缆卷筒上运行、回收和存储；

g）在电缆总成中，电导体和电绝缘材料不得用作承载部件；

h）应对所有水下电缆终端进行密封处理，以防止在连接器出现故障或泄漏时水进入电缆，并在水侵入到电缆的情况下，防止水从电缆进入水下连接器终端；

i）每个连接器终端应实行物理隔离，以防海水倒灌引起电路短路；

j）软管/MUX 卷筒应配备刹车和机械锁，当软管/MUX 电缆被卷绕到所需长度时进行制动；

k）软管/MUX 卷盘驱动装置应安装防护装置，以防止旋转组件对人员造成意外伤害；

l）软管/MUX 卷盘控制装置应清楚标明其所控制的卷筒；

m）每天应目视检查软管、电缆和卷筒的损坏情况及正常运行情况；

n）安装软管滑轮应通过月池从软管卷筒下放并回收热线，同时支撑用于平衡船身升沉而布置的月池回路；

o）滑轮应保持比管缆的 MBR 更大的半径；

p）软管/电缆滑轮的安装应允许三个方向的位移，以防止在预计的位移范围内损坏软管；

q）滑轮安装支架的承载能力应至少为滑轮的安全工作负荷(SWL)；

r）安装滑轮时，应考虑偏离角和导入角。

l. 水下控制盒

a）水下防喷器组应配备完全冗余的控制盒；

b）每个控制盒应包含操作防喷器组和 LMRP 功能所需的阀门和调压阀；

c）控制盒分为可回收和不可回收两种；

d）从控制盒出来的控制管线必须连接到一个梭阀上，这个梭阀连接到需操作的功能元件上；

e）与防喷器控制系统不直接相关的水下辅助电子设备的连接方式，应确保当水下辅助电子设备发生故障时避免防喷器控制系统也失去控制功能。

m. 紧急脱开系统/程序

a）在动态定位船上运行的水下防喷器组应配备紧急脱开程序(EDS)。对锚泊船安装 EDS 不作强制规定；

b）EDS 是程序化的操作顺序，使防喷器组及其控制系统处于一种理想状态，并与下部防喷器组脱开；

c）根据钻机和装备以及位置，制定特定的 EDS 操作顺序、脱开时间和功能要求；

d）激活 EDS 的位置至少为两处(例如主控台和远程控制台)。

n. 自动剪切系统

a）自动剪切系统是一种在 LMRP 意外脱开情况下可自动关闭井筒的安全系统；

b）所有水下防喷器组应安装自动剪切系统；

c）防喷器组锁定井口时，应装备自动剪切系统。需具有证明文件的 MOC 方可解除该系统，除非包含在设备所有者的标准操作规程(SOP)中；

d）专用紧急蓄能器系统可同时用于自动剪切系统和停机系统，以及备用控制系统；

e）专用紧急蓄能器系统可从主控制系统或专用泵/蓄能器得到供液补充，但如果主供液丢失，应保持系统内压力(例如止回阀)。

o. 停机系统

a）停机系统用于在两个水下控制盒的液压供应和控制同时中断时自动关闭井筒；

b）所有水下防喷器组应安装停机系统；

c）防喷器组锁定到井口时，应装备停机系统。除非包含在设备所有者的标准操作规程

(SOP)中，需具有证明文件 MOC 方可解除该系统；

d）专用紧急蓄能器系统可同时用于自动剪切系统和停机系统，以及备用控制系统(例如 ROV 与声控系统)；

e）专用紧急蓄能器系统由主控制系统进行动力补充，且如果主动力丢失，其动力应予以保持(例如止回阀)。

p. 遥控潜水器(ROV)操作

a）防喷器组应配备 ROV 操作设备，该设备至少要求运行关键功能(各剪切闸板、一个管子闸板、闸板锁及 LMRP 连接器的解锁)；

b）液压液可由 ROV、蓄能器组(可能是共享系统)或保留在井场的外部液压动力源供给。液压液应具有必要的压力和流速来运行这些功能；

c）按照 API RP 17H 的规定，所有关键功能应装有单端口对接插座；

d）如果使用多路插座类型，要有明确识别插座类型和功能的方法；

e）所有关键功能应满足 4.6.4.2 g 所要求的关闭时间。

q. 声控系统

a）声控系统是可选择的备用控制系统，用以运行指定的防喷器组和 LMAP 功能，且在主控制系统无法使用时，可以使用该系统；

b）声控系统应能运行关键功能；

c）液压蓄能器系统可同时用于声控系统及紧急控制系统；

d）蓄能器系统可由主控制系统供液补充，但如果主供液丢失，应保持充满(例如止回阀)；

e）在将防喷器回收到水面前，声控蓄能器应能完全在水下泄压。【SY/T 6868—2016】

4.6.5 高压、含硫井还应满足以下要求

4.6.5.1 选用的远程控制台蓄能器应有足够的容量，保证在停电、断气工况下能有效关闭一套全开状态的防喷器组并打开液动阀；控制对象备用数量不少于 1 个。

4.6.5.2 全部电器、开关、电机应具备隔爆性能，并有单独电源控制。

4.6.5.3 根据特殊要求，可配置防喷器辅助控制装置。【Q/SH 0206—2008】

4.6.5.4 远程控制台上全封、剪切闸板的三位四通阀操作手柄处应安装防误操作的安全装置，全封闸板的安全操作装置应不影响司钻控制台操作，司钻控制台上不应安装防喷器剪切闸板的控制阀。【Q/SH 0205—2009】

4.7 井控管汇

4.7.1 一般要求

4.7.1.1 井控管汇包括防喷管汇、节流管汇、压井管汇和放喷管线等。【SY/T 5964—2019】

4.7.1.2 节流管汇、压井管汇压力等级与井口防喷器压力等级相匹配。【GB/T 31033—2014】

4.7.1.3 井控管汇配置的闸阀应符合附录 D 的规定，闸阀应挂牌编号，并标明其开、关状态。【SY/T 5964—2019】

4.7.2 防喷管汇

4.7.2.1 采用单四通的防喷管汇包括：

——1#、4#闸阀接出井架底座以外的防喷管汇，包括1#~4#闸阀及其闸阀间相连的管线、螺栓、密封垫环和法兰等零部件，如图4-15(a)所示；

——1#、4#闸阀接在井架底座以内的防喷管汇，包括1#~4#闸阀及与节流管汇、压井管汇相连的管线、螺栓、密封墊环和法兰等零部件，如图4-15(b)所示。

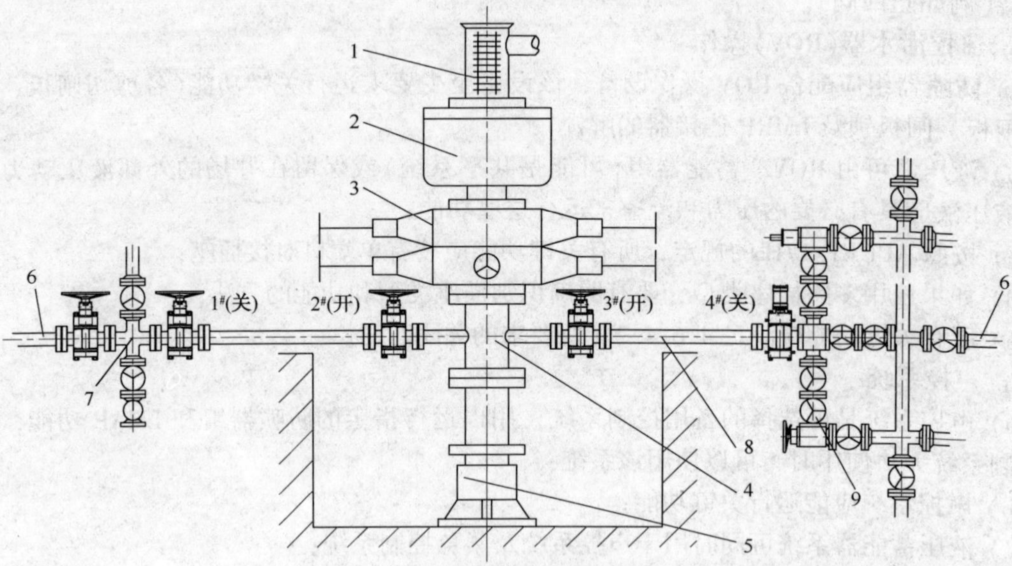

(a)1#、4#闸阀接出井架底座以外

1—防溢管；2—环形防喷器；3—闸板防喷器；4—四通；5—套管头；
6—放喷管线；7—压井管汇；8—防喷管线；9—节流管汇

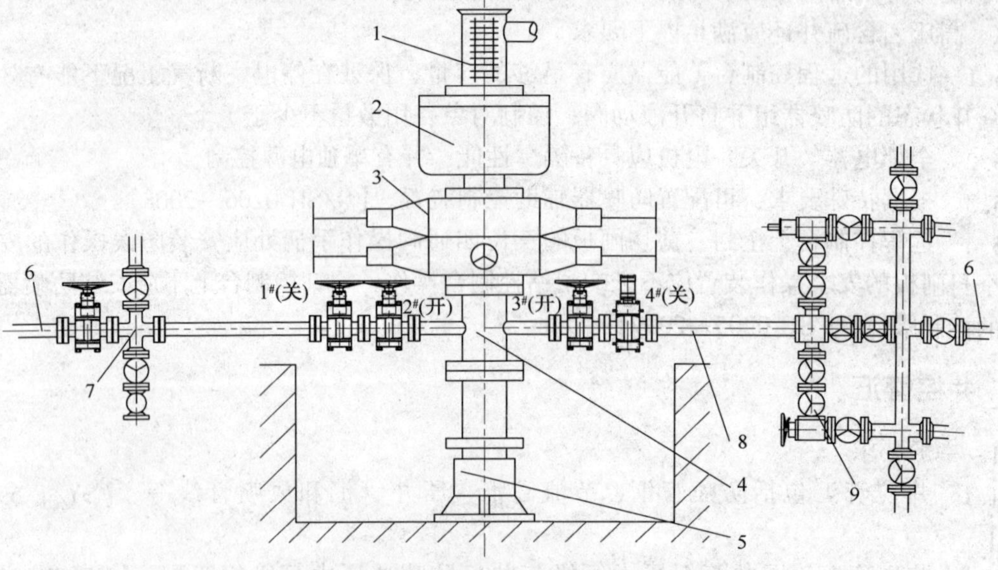

(b)1#、4#闸阀接在井架底座以内

1—防溢管；2—环形防喷器；3—闸板防喷器；4—四通；5—套管头；
6—放喷管线；7—压井管汇；8—防喷管线；9—节流管汇

图4-15 单四通井口井控管汇示意图

4.7.2.2 采用双四通的防喷管汇包括：

——1#、4#、5#、8#闸阀接出井架底座以外的防喷管汇，包括1#~8#闸阀及其闸阀间相连的管线、螺栓、密封垫环和法兰等零部件，如图 4-16(a)所示；

——$1^{\#}$、$4^{\#}$、$5^{\#}$、$8^{\#}$闸阀接在井架底座以内的防喷管汇，包括$1^{\#}$~$8^{\#}$闸阀及与节流管汇、压井管汇相连的管线、螺栓、密封垫环和法兰等零部件，如图 4-16(b)、(d)所示。

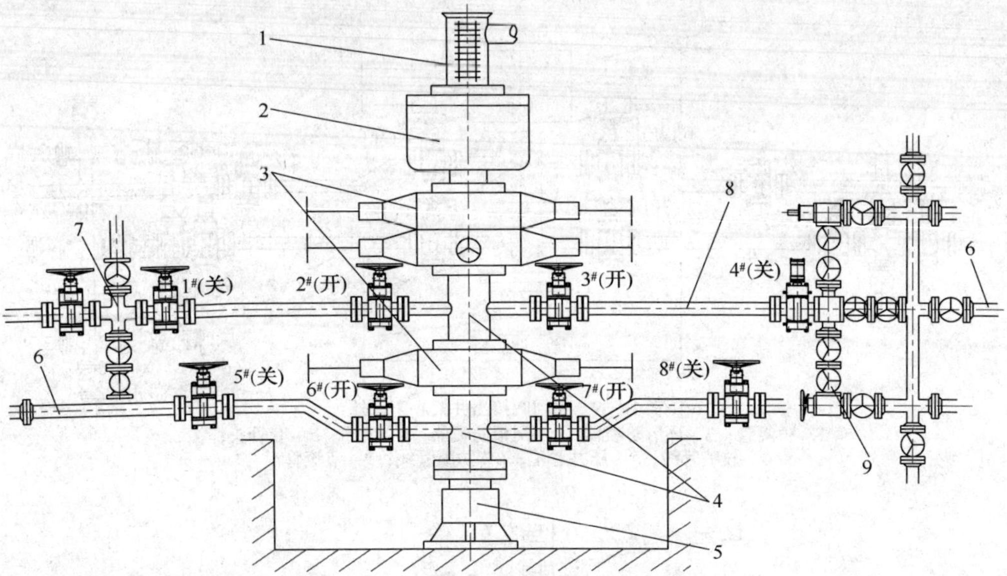

(a)$1^{\#}$、$4^{\#}$、$5^{\#}$、$8^{\#}$闸阀接出井架底座以外

1—防溢管；2—环形防喷器；3—闸板防喷器；4—四通；5—套管头；
6—放喷管线；7—压井管汇；8—防喷管线；9—节流管汇

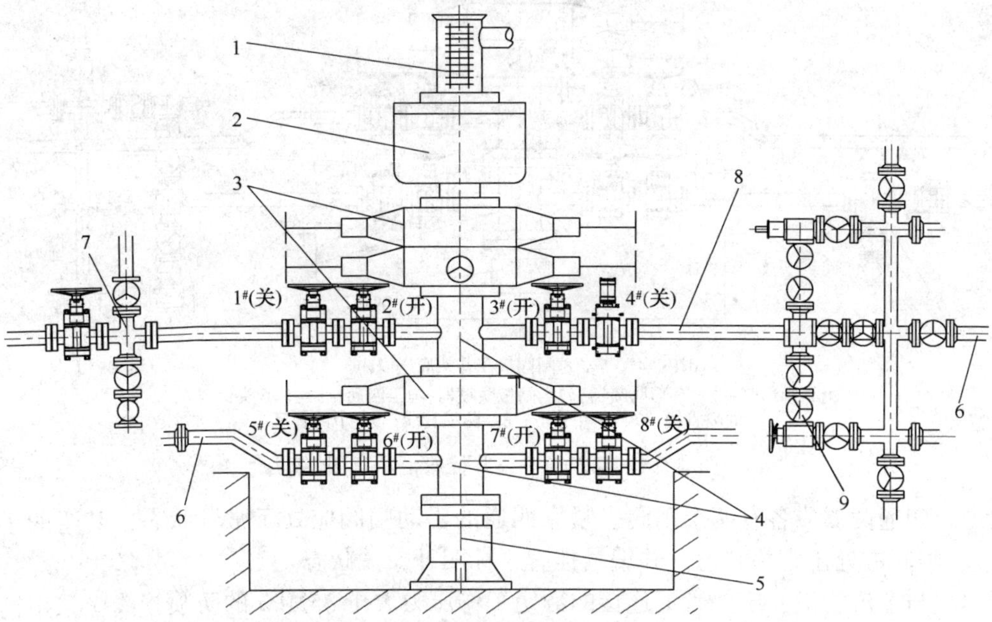

(b)$1^{\#}$、$4^{\#}$、$5^{\#}$、$8^{\#}$闸阀接在井架底座以内

1—防溢管；2—环形防喷器；3—闸板防喷器；4—四通；5—套管头；
6—放喷管线；7—压井管汇；8—防喷管线；9—节流管汇

图 4-16　双四通井口井控管汇示意图

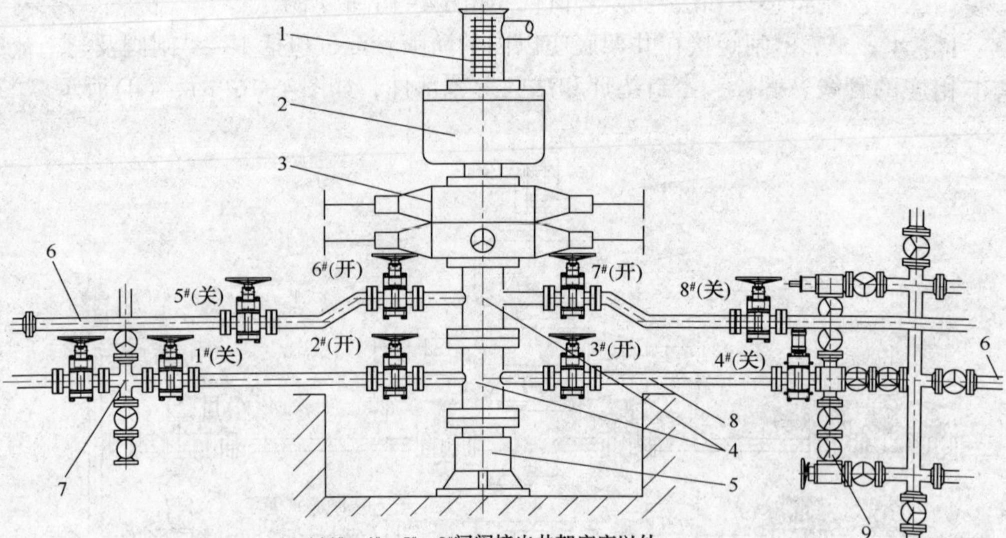

(c)1#、4#、5#、8#闸阀接出井架底座以外
1—防溢管；2—环形防喷器；3—闸板防喷器；4—四通；5—套管头；
6—放喷管线；7—压井管汇；8—防喷管线；9—节流管汇

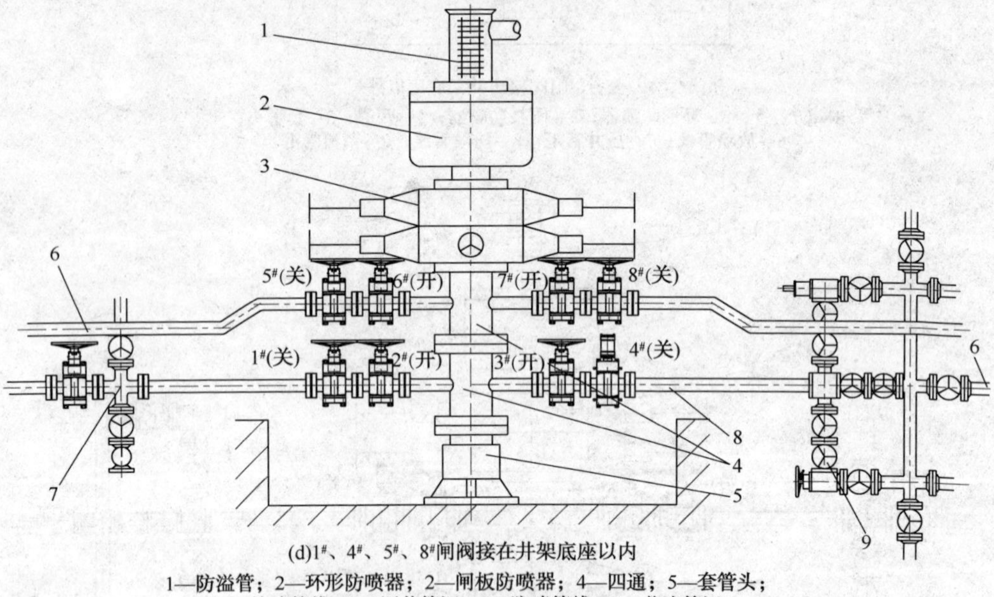

(d)1#、4#、5#、8#闸阀接在井架底座以内
1—防溢管；2—环形防喷器；2—闸板防喷器；4—四通；5—套管头；
6—放喷管线；7—压井管汇；8—防喷管线；9—节流管汇

图 4-16　双四通井口井控管汇示意图(续)

4.7.2.3　四通两翼应各有两个闸阀。紧靠四通的手动闸阀应处于常开状态，其余的手动闸阀和液动闸阀应处于常关状态。并编号挂牌，标明开、关状态。

4.7.2.4　与节流管汇、压井管汇连接的额定工作压力大于 35MPa 的防喷管线应采用钢制管线。【SY/T 5964—2019】

4.7.2.5　防喷管线额定压力大于 35MPa 宜采用钢制管线，两端法兰与管材宜为整体式结构，管线不应现场焊接连接。【GB/T 31033—2014】

4.7.2.6　防喷管线及闸阀通径应不小于 78mm。

4.7.2.7　防喷管汇上的液动闸阀，应由防喷器控制装置控制。

4.7.2.8　采用双四通连接时，应考虑上、下防喷管线能从钻机底座工字梁下(或上)顺利穿过。转弯处应采用相同压力等级的角度不小于120°的预制铸(锻)钢弯头或90°带缓冲短节的弯头。防喷管线等不允许在现场进行焊接。【SY/T 5964—2019】

4.7.2.9　防喷管线长度若超过7m应固定牢固，转弯处应采用相同压力等级的120°夹角预制铸(锻)钢弯头或90°带缓冲短节的弯头。【GB/T 31033—2014】

4.7.2.10　在寒冷地区冬季作业时，应考虑防喷管汇等所用材料的低温性能，各组件可通过加热、排放、充填适当的流体等方式防冻。【SY/T 5964—2019】

4.7.2.11　防喷管线、放喷管线和钻井液回收管线应使用经探伤合格的管材，预测地层压力大于35MPa的防喷管线应采用金属材料，35MPa及以下压力等级防喷器所配套的防喷管线及钻井液回收管线可以使用同一压力等级的高压耐火软管。【SY/T 5974—2020】

4.7.2.12　防喷管线上压力表安装要求：

——配套安装截止阀；

——使用高、低量程抗震压力表，低压量程表处于常关状态。【GB/T 31033—2014】

4.7.2.13　页岩气井防喷管线可采用不低于防喷器压力等级的高压耐火软管连接，软管应使用保险绳或安全链，长度超过7m应固定。【NB/T 14010—2016】

4.7.3　节流压井管汇

4.7.3.1　配置的节流管汇和压井管汇应符合SY/T 5323的规定。

4.7.3.2　节流管汇的压力级别应与防喷器压力级别相匹配，并按图4-17～图4-22的组合形式进行选择。

4.7.3.3　压井管汇组合形式如图4-23、图4-24和图4-25所示，其压力级别应与防喷器压力级别相匹配。

4.7.3.4　安装要求

a. 节流压井管汇水平安装在井口液动闸阀端井架底座外的基础上。若基础坑低于地平面，应排水良好；

b. 节流管汇控制台应安装在节流管汇上方的钻台上，套管压力表及压力变送器应安装在节流管汇五通上。立管压力变送器在立管上应垂直于钻台平面安装。泵冲计数器、传感器应按说明书的要求安装在钻井泵上；【SY/T 5964—2019】

c. 节流控制箱宜安装在节流管汇上方的钻台上，所需气源应从专用气源排水分配器上接入；

d. 节流管汇和压井管汇上压力表安装要求：

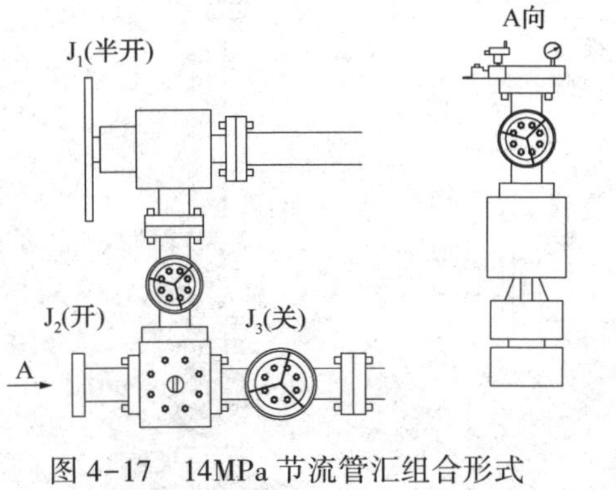

图4-17　14MPa节流管汇组合形式

J_1—手动节流阀；J_2、J_3—手动闸阀

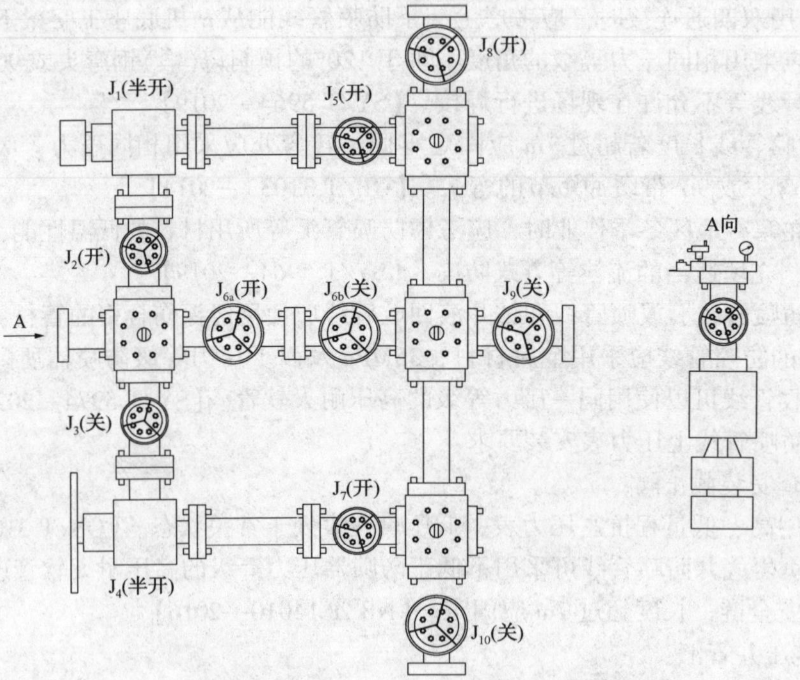

图 4-18　21MPa 节流管汇组合形式

J_1—手(液)动节流阀；J_4—手动节流阀；J_2、J_3、J_5、J_{6a}、J_{6b}、J_7、J_8、J_9、J_{10}—手动闸阀

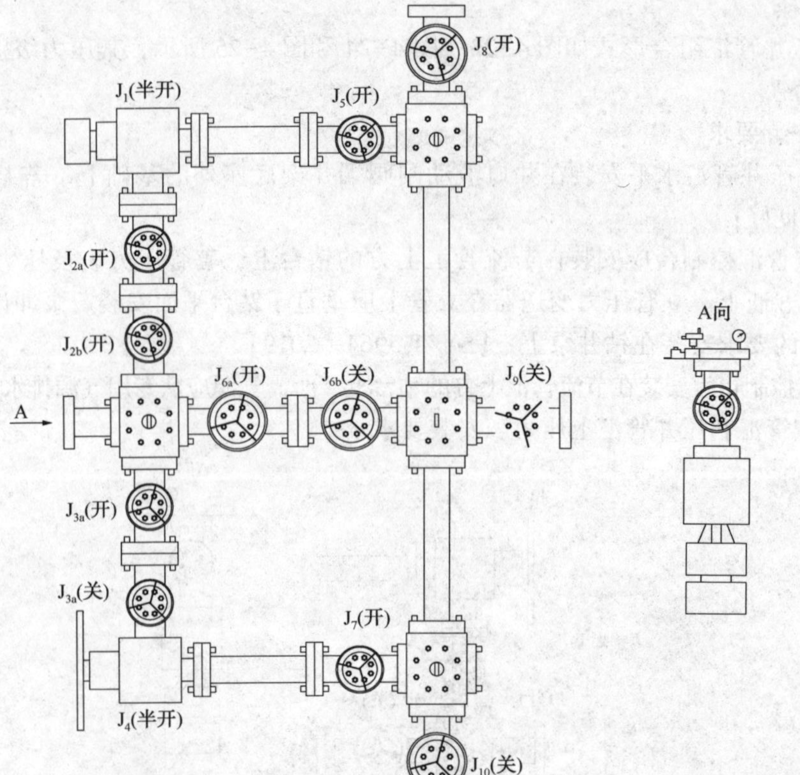

图 4-19　35MPa 和 70MPa 节流管汇组合形式

J_1—液动节流阀；J_4—手动节流阀；J_{2a}、J_{2b}、J_{3a}、J_{3b}、J_5、J_{6a}、J_{6b}、J_7、J_8、J_9、J_{10}—手动闸阀

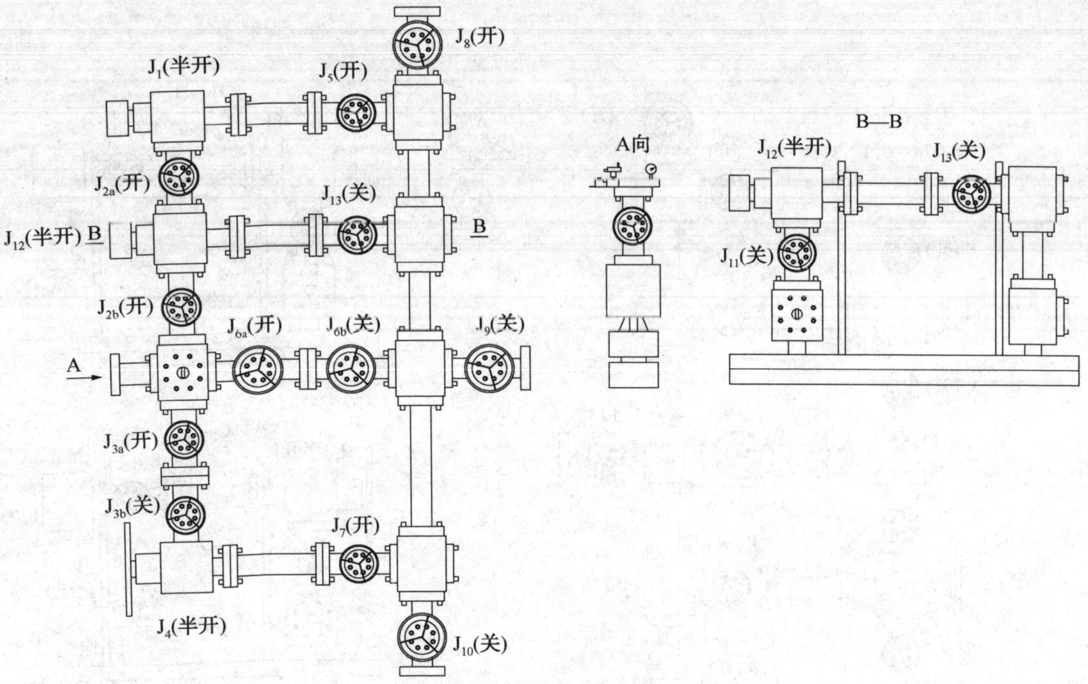

图 4-20　70MPa 和 105MPa 节流管汇组合形式

J_1、J_{12}—液动节流阀；J_4—手动节流阀；J_{2a}、J_{2b}、J_{3a}、J_{3b}、J_5、J_{6a}、J_{6b}、J_7、J_8、J_9、J_{10}、J_{11}、J_{13}—手动闸阀

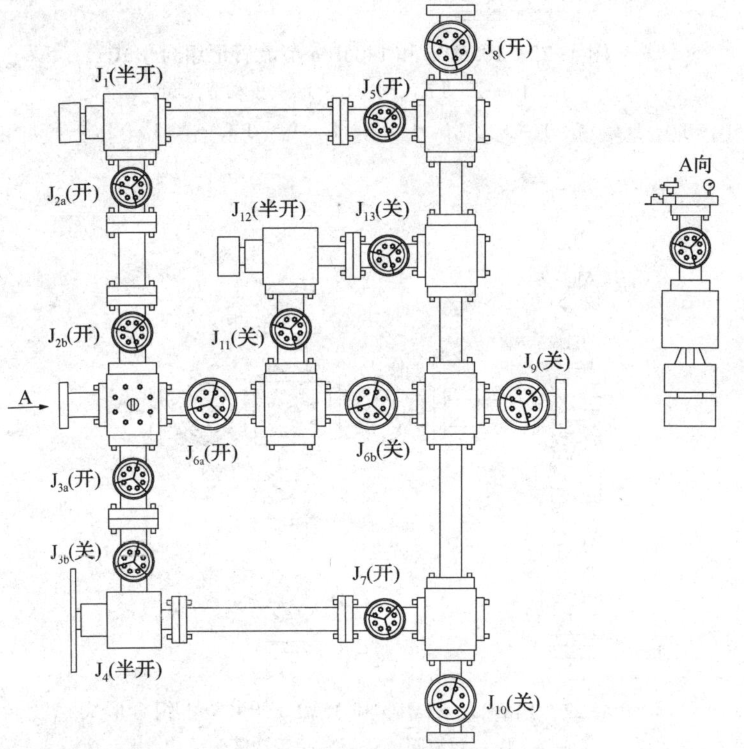

图 4-21　70MPa 和 105MPa 节流管汇组合形式

J_1、J_{12}—液动节流阀；J_4—手动节流阀；J_{2a}、J_{2b}、J_{3a}、J_{3b}、J_5、J_{6a}、J_{6b}、J_7、J_8、J_9、J_{10}、J_{11}、J_{13}—手动闸阀

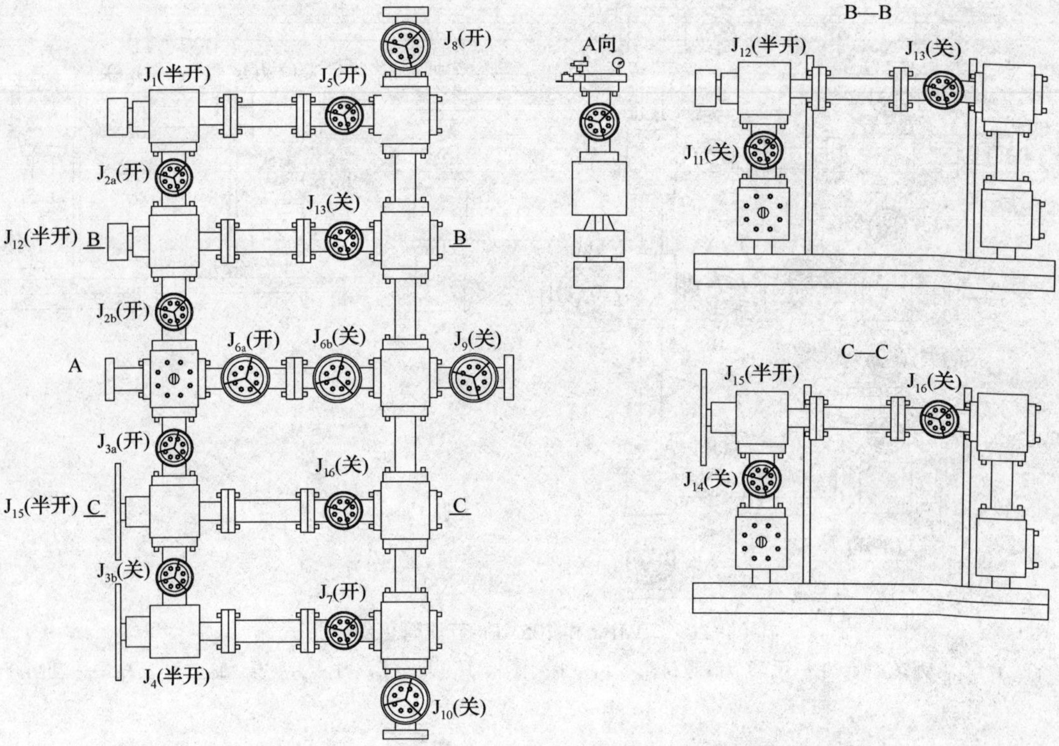

图 4-22　105MPa 和 140MPa 节流管汇组合形式

J_1、J_{12}—液动节流阀；J_4、J_{15}—手动节流阀；

J_{2a}、J_{2b}、J_{3a}、J_{3b}、J_5、J_{6a}、J_{6b}、J_7、J_8、J_9、J_{10}、J_{11}、J_{13}、J_{14}、J_{16}—手动闸阀

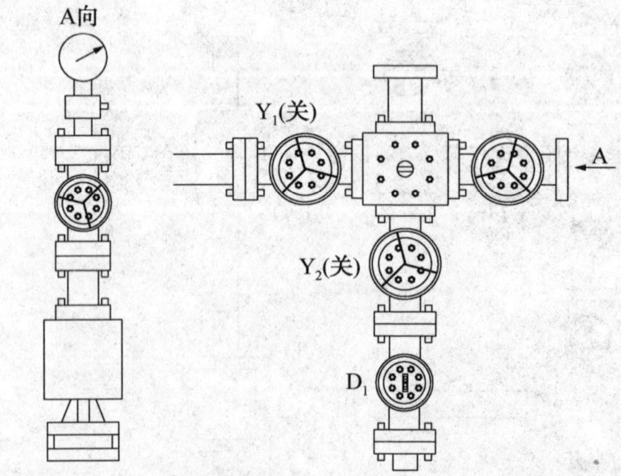

图 4-23　14MPa、21MPa 和 35MPa 压井管汇组合形式

D_1—单流阀；Y_1、Y_2—手动闸阀

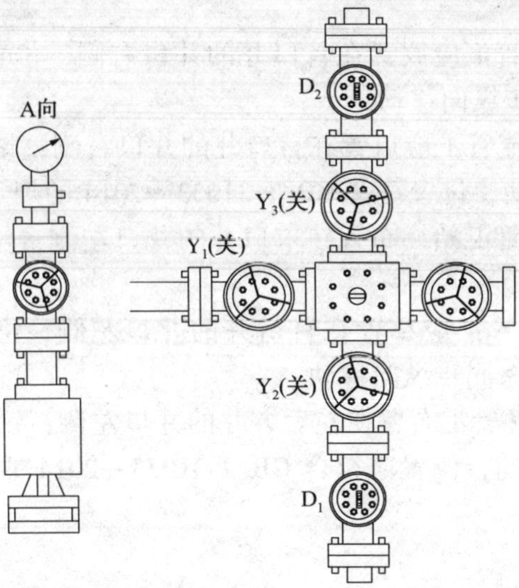

图 4-24　70MPa 和 105MPa 压井管汇组合形式

D_1、D_2—单流阀；Y_1、Y_2、Y_3—手动闸阀

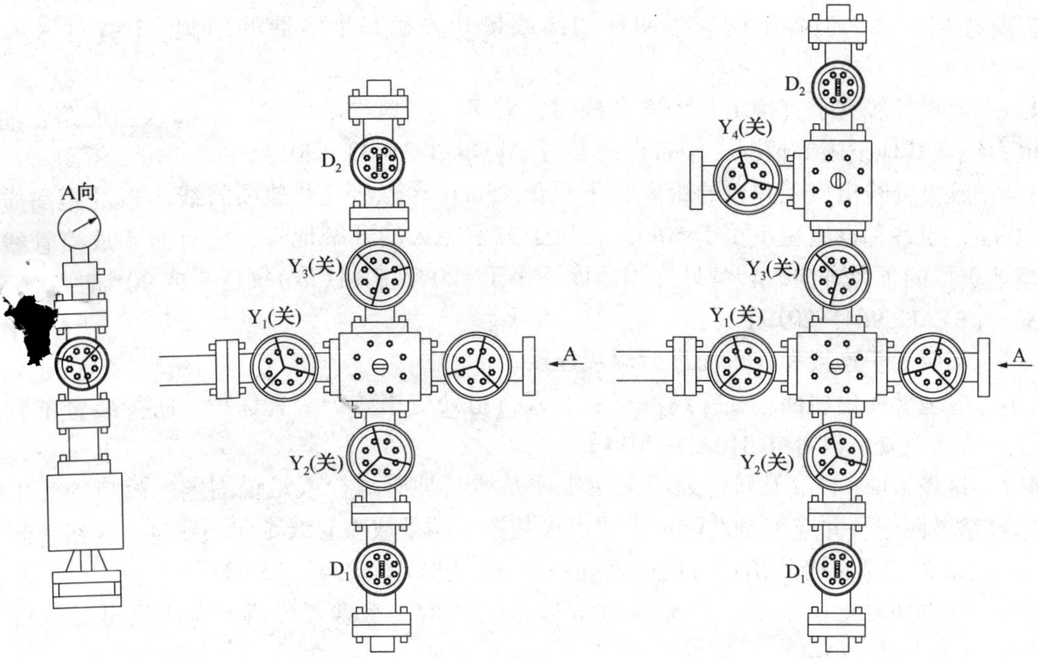

图 4-25　105MPa 和 140MPa 压井管汇组合形式

D_1、D_2—单流阀；Y_1、Y_2、Y_3、Y_4—手动闸阀

——配套安装截止阀；

——使用高、低量程抗震压力表，低压量程表处于常关状态；【GB/T 31033—2014】

e. 供给控制台的气源管线应用专门的闸阀控制，所有液气管线应用快换接头连接。【SY/T 5964—2019】

4.7.3.5　页岩气井安装要求

a. 横向移动钻机的节流管汇始终放置在首口井的井口右侧，位置应符合 GB/T 31033—

2014 的规定；

b. 纵向移动钻机的节流管汇应放置在首口井的井口右侧，位置符合 GB/T 31033—2014 的规定，钻机纵向移动时同步纵向移动；

c. 步进式移动钻机的节流管汇应放置在首口井的井口右侧；钻机横向移动时位置不变，钻机纵向移动时同步纵向移动，位置符合 GB/T 31033—2014 的规定；

d. 横向移动钻机的压井管汇始终布置在末口井的井口左侧，位置应符合 GB/T 31033—2014 的规定；

e. 纵向移动钻机的压井管汇应布置在首口井的井口左侧，位置应符合 GB/T 31033—2014 的规定；钻机纵向移动时同步纵向移动；

f. 步进式移动钻机的压井管汇布置在左后方井的井口左侧；钻机横向移动时位置不变，钻机纵向移动时同步纵向移动，位置应符合 GB/T 31033—2014 的规定。【NB/T 14012. 2—2016】

4. 7. 4　放喷管线

4. 7. 4. 1　放喷管线是指节流管汇和压井管汇后的管线，其通径应不小于 78mm，布局应考虑当地季节风向、居民区、道路、油罐区、电力线及各种设施等情况。

4. 7. 4. 2　含硫油气井至少应安装两条放喷管线，其布局夹角为 90°~180°，放喷管线上可以根据需要连接闸阀，但各闸阀应为明杆闸阀或带开关状态指示器的闸阀。【SY/T 5964—2019】

4. 7. 4. 3　放喷管线宜平直接出井场安全地带，并考虑当地季节风向、居民区、道路、油罐区、电力线及其他设施等情况，配备点火装置。【GB/T 31033—2014】

4. 7. 4. 4　放喷管线出口距井口的距离宜不小于 75m。含硫油气井放喷管线出口的距离应不小于 100m，距各种设施应不小于 50m，且位于方便点火的开阔地带，应有两条放喷管线安装在当地季风的下风方向。转弯处应用角度不小于 120°预制铸(锻)钢弯头或 90°带缓冲短节的弯头。【SY/T 5964—2019】

4. 7. 4. 5　不应油壬连接和在现场进行焊接连接。

4. 7. 4. 6　应全部露出地面；在穿越汽车道、人行道处应用防护装置保护，防护装置不宜覆盖管线连接法兰处。【GB/T 31033—2014】

4. 7. 4. 7　每隔 10m~15m 及转弯处应采用水泥基墩与地脚螺栓或地锚固定。放喷管线出口处应用双基墩固定，并应配备性能可靠的点火装置。两条放喷管线走向一致时，管线之间保持大于 0. 3m 的距离，管线出口方向应朝同一方向。【SY/T 5964—2019】

4. 7. 4. 8　悬空处要支撑牢固；若跨越 10m 以上的河沟、水塘等障碍，应架设金属过桥支撑。【GB/T 31033—2014】

4. 7. 4. 9　水泥基础坑的长×宽×深的尺寸为 0. 8m×0. 8m×1. 0m，遇地表松软时，基础坑体积应大于 1. 2m^3。放喷管线应有防冻、防堵措施，确保放喷时畅通。【SY/T 5964—2019】

4. 7. 4. 10　高压天然气井的放喷管线应不少于两条，夹角不小于 120°。

4. 7. 4. 11　放喷管线应使用专用标准管线，高产高压天然气井采用标准法兰连接，不应使用软管线，且不应现场焊接。

4. 7. 4. 12　井控状态下应至少保证两种有效点火方式。应有专人维护、管理点火装置和实施点火操作。

4. 7. 4. 13　水泥基墩的预埋地脚螺栓直径不小于 20mm，长度大于 0. 5m。

4.7.4.14　钻井液回收管线和放喷管线应使用经探伤合格的管材。

4.7.4.15　钻井液回收管线出口应接至钻井液罐并固定牢靠，转弯处应使用角度大于120°的铸(锻)钢弯头，其通径不小于78mm。【AQ 2012—2007】

4.7.4.16　井控管汇所配置的平板阀应符合GB/T 22513中的相应规定。【SY/T 5974—2020】

4.7.4.17　页岩气井

a. 节流管汇端接一条放喷管线至燃烧池或燃烧装置，压井管汇端放喷管线及相关配件备用于井场；

b. 同平台多钻机可共用一个燃烧池或燃烧装置，燃烧池距离井口不小于50m，燃烧装置距离井口不小于30m。【NB/T 14010—2016】

4.7.5　含硫油气井特殊要求

4.7.5.1　防喷管线、放喷管线不应在现场焊接。【SY/T 5087—2017】

4.7.5.2　防喷、放喷管线应使用专用标准管线，采用标准法兰连接，不准现场焊接。管线、闸门通径一致且不小于103mm。使用大于120°整体式锻钢弯头，不准用软管线，含硫天然气井井控管汇应采用抗硫材质管线。【Q/SH 0033—2009】

4.7.5.3　放喷管线至少应接两条，布局要考虑当地季节风向、居民区、道路、油罐区、电力线及各种设施等情况，其夹角为90°~180°，保证当风向改变时至少有一条能安全使用；管线转弯处的弯头夹角不小于120°；管线出口应接至距井口100m以上的安全地带；地层压力不小于70MPa、日产量不小于$50\times10^4 m^3$的油气井，管线出口处不允许有弯角。【SY/T 5087—2017】

4.7.5.4　放喷管线固定压板尺寸为：宽度不小于100mm，厚度不小于10mm。【Q/SH 0205—2009】

4.7.5.5　安装单节流管汇、单压井管汇时，应与井口四通平齐连接。特殊情况下，节流管汇、压井管汇的安装位置可以互换。

4.7.5.6　新区第一口探井和具有特殊井控风险的井应安装双节流管汇、双液气分离器。【Q/SH 0033—2009】

4.7.5.7　节流管汇应具有1个放喷主通道，至少3个节流通道(其中至少1个液动节流通道)。

4.7.5.8　压井管汇采用双翼压井结构。

4.7.5.9　节流管汇、压井管汇的主通径不小于103mm，副通径不小于78mm。

4.7.5.10　防喷管线与节流管汇间安装一个液动平板阀，与压井管汇间安装一个手动平板阀；不与节流压井管汇连接的放喷管线和防喷管线之间安装一个手动平板阀。【Q/SH 0206—2008】

4.7.5.11　高压含硫化氢天然气井应使用双四通、放喷管线应不少于四条，并相互为大于90°夹角的两个方向接出。两条放喷管线方向一致时，管线之间应保持大于0.3m的距离。放喷管线出口应接至距井口100m以远的放喷池内。放喷管线出口距民宅不小于50m，防火带按放喷池周边50m设置，并在钻开含硫化氢油气层前，疏散放喷口100m内所有居民。放喷口应保证包括自动电子点火装置在内的三种以上有效点火方式。【Q/SH 0033—2009】

4.8　其他井控装置

4.8.1　钻具内防喷工具

4.8.1.1　配套及安装的一般要求：

a. 钻具内防喷工具的额定压力与设计中要求的防喷器额定压力相匹配；

b. 钻台上配备与钻具扣型相符的钻具止回阀或旋塞阀，并配备抢装专用工具；使用转盘钻进的井钻台上应准备一根防喷钻杆，使用顶驱钻进的井应准备一柱防喷立柱；【SY/T 5974—2020】

c. 采用转盘驱动时，应安装方钻杆上旋塞和下旋塞；采用顶部驱动时，应安装液动和手动旋塞；【GB/T 31033—2014】

d. 油气层钻进作业中，应在钻柱底部安装钻具止回阀，其额定工作压力宜不低于所使用的闸板防喷器的压力等级，对于配套使用额定工作压力 105MPa 防喷器及以上的井，允许使用工作压力为 70MPa 及以上压力等级的钻具止回阀。外径、强度应与相连接钻柱的外径、强度相匹配；【SY/T 5964—2019】

e. 方钻杆旋塞阀应符合附录 E 的规定；【SY/T 5525—2020】

f. 钻具止回阀应符合附录 F 的规定；【GB/T 25429—2019】

g. 钻具旁通阀应按井控设计要求配备。额定工作压力、外径、强度应和钻具止回阀一致。安装位置如下：

a）应安装在钻铤与钻杆之间；

b）无钻铤的钻具组合，应安装在距钻具止回阀 30m~50m 处；

c）水平井、大斜度井，应安装在井斜 50°~70°井段的钻具中。【SY/T 5964—2019】

4.8.1.2　海洋钻井的配套及安装要求：

a. 旋塞阀

a）旋塞阀的技术要求应符合 SY/T 5525 的要求；

b）旋塞阀的额定工作压力不应低于在用闸板防喷器的额定工作压力，其尺寸及连接螺纹应与钻柱相匹配；

c）应在顶驱中心管或方钻杆底部至少安装 1 个手动钻杆旋塞阀，并配齐操作扳手且放于钻台易取放的明显固定位置；

d）钻台上应至少配置 1 个备用钻杆旋塞阀。

b. 钻杆防喷阀

a）钻杆防喷阀的技术规范应符合 GB/T 25429 的要求；

b）钻台上应至少配置 1 个带有常开位置锁紧机构和装卸手柄的钻杆防喷阀，且放于钻台易取放的明显固定位置。

c. 钻具浮阀

a）钻具浮阀的技术规格应符合 GB/T 25429 的要求；

b）油气层井段入井的钻具中应至少安装 1 个钻具浮阀，且位于钻头附近的位置；

c）应在钻台至少配置 1 个备用钻具浮阀。

d. 投入式止回阀

a）投入式止回阀的技术规格应符合 GB/T 25429 的要求；

b）目的层井段入井的钻具中宜安装投入式止回阀阀体且位于加重钻杆底部，阀芯应存放于钻台易取放的明显固定位置。【SY/T 6962—2018】

4.8.1.3　滩海陆岸钻井的配套及安装要求：

a. 钻具内防喷工具包括：方钻杆上下旋塞或顶驱旋塞阀、应急旋塞、浮阀、钻具止回阀、防喷钻杆单根或立柱及相应配套工具等；

b. 钻具内防喷工具的额定工作压力与井口防喷器额定工作压力相匹配；

c. 钻台上配备与钻具尺寸相符的备用旋塞阀和钻具止回阀，止回阀带顶开装置；

d. 配备与钻铤螺纹相匹配的防喷钻杆单根或防喷立柱。使用复合钻杆时，应配齐与闸板直径相应的防喷单根。下套管作业时，应配备变扣接头和防喷单根；

e. 区域探井、气油比高于 300 的高产油气井应加装近钻头钻具止回阀，但下列情况除外：

a）堵漏钻具组合；

b）下尾管前的称重钻具组合；

c）处理卡钻事故中的爆炸松扣钻具组合；

d）穿心打捞测井电缆及仪器钻具组合；

e）传输测井钻具组合；

f）取心钻具组合。【SY 6984—2014】

4.8.2 钻井液容积监测系统

4.8.2.1 配套及安装要求：

a. 所有钻机应安装并使用钻井液容积监测系统；

b. 应安装具有液面监测系统和声光报警器的钻井液池容积测量系统。该系统将钻井液池中传感器发出的信号传送给钻机上的仪器。在循环钻井液时，这些仪器可有效地检查钻井液量的变化；

c. 钻井作业期间声光报警器应处于工作状态；【SY/T 6868—2016】

d. 自浮式液面报警器应固定牢靠，标尺清楚，气路畅通，气开关和喇叭正常；

e. 感应式液面报警器应固定牢靠，反应灵敏，电路供电可靠，蜂鸣器灵活好用；【SY/T 5974—2020】

f. 含硫油气井、气油比高的油井应配备相应的气体监测装置。【GB/T 31033—2014】

4.8.2.2 海洋钻井计量罐的配套及安装要求：

a. 应采用无盖的敞开式罐体结构，罐体容积不应大于 $15m^3$，并宜分隔为大小两个罐体；

b. 计量罐的尺寸和结构应满足可直观目测出罐内液体产生 79.5L(0.5bbl) 体积变化的刻度要求；

c. 罐体内应装有探测液位、液体容积的测量装置，应配备机械式和电子式两种测量装置，测量数据能在计量罐、司钻控制台处读取，并应具有液位高低位报警功能；

d. 罐体底部应装有排放阀，并配置专用灌注泵；

e. 计量罐内液面宜便于直接观察。【SY/T 6962—2018】

4.8.2.3 高风险区域钻井还应满足以下要求：

a. 钻井液循环罐、起钻灌泥浆罐和处理胶液罐均应安装液面直读标尺；

b. 应配备能够连续工作的液面监测报警仪，能够测量泥浆循环罐和起钻灌泥浆罐的单罐钻井液体积、总体积及总体积的变化量，终端系统能显示并打印相关数据，可同时对单罐和多罐液面变化进行监测和报警。【Q/SH 0206—2008】

4.8.3 钻井液自动灌注系统

4.8.3.1 钻井液自动灌注系统应能：

——定时定量自动灌注作业；

——对井涌、井漏或异常情况进行监测报警；

——对灌注钻井液瞬时排量、累积流量进行记录和显示。

4.8.3.2　钻井液自动灌注系统应有强制性人工灌注保障措施，确保当自动灌注系统失效时，用人工完成钻井液灌注等作业。【SY/T 5964—2019】

4.8.4　钻井液液气分离器

4.8.4.1　一般要求：

a. 按设计要求配齐钻井液净化装置，探井、气井及气油比高的油井还应配备钻井液气体分离器和除气器，并将液气分离器排气管线（按设计通径）接出井口 50m 以上；【AQ 2012—2007】

b. 液气分离器的压力等级和处理量的选择应满足钻井工程设计要求；【SY/T 5964—2019】

c. 液气分离器应安装在井口右侧距井口 11m~14m 的地方；【SY/T 5466—2013】

d. 钻井液液气分离器安装在节流管汇汇流管出口一侧。用直径 16mm 钢丝绳四角固定或使用 3 根直径 16mm 钢丝绳相隔 120°固定，保证主体与地面垂直；【Q/SH 0713—2017】

e. 钻井液液气分离器安装在节流管汇汇流管出口一侧，与节流管汇之间用专用管线连接；【GB/T 31033—2014】

f. 钻井液液气分离器排气管线走向应沿当地季风的下风方向，按设计通径接出井场 50m 以远，并应配备性能可靠的点火装置；

g. 液气分离器钻井液进出口管线、排气管线应采用法兰连接，通径应不小于设计进出口尺寸，转弯处应有预制铸（锻）钢弯头，各管线出口处应固定牢固；【SY/T 5964—2019】

h. 罐体不应在现场进行焊接作业；

i. 安全泄压阀出口应朝向井场外侧，不应连接泄压管线；

j. 排液管线接至循环罐上的振动筛前的分配箱上，悬空长度超过 6m 应支撑固定；不应将管口埋于箱内液体中，出口处固定牢固；【GB/T 31033—2014】

k. 液气分离器额定工作压力不应小于 1.6MPa，并用地脚螺栓及直径 16mm 的钢丝绳固定牢固。进液管线应用法兰及金属垫环连接；

l. 排气管线应使用水泥基墩（0.8m×0.8m×1m）加装地脚螺栓固定；

m. 液气分离器安全阀出口不应接管线、不应正对振动筛。【Q/SH 0198.1—2020】

4.8.4.2　高风险区域的特殊要求：

a. 川东北天然气井液气分离器罐体内径不小于 1200mm，进液管线内径不小于 152.4mm，排液管线内径应大于进液管线内径，排气管线内径不小于 203.2mm。进液管线用法兰、钢圈连接；

b. 液气分离器排气管线应接出井口 75m 以远，离井场边缘大于 30m，排气管线内径一致，尽量减少弯头，管线长期处于畅通状态。排气管出口使用专用的火炬燃烧器并安装自动点火装置；

c. 液气分离器用地脚螺栓及钢丝绳固定牢固。排气管线应使用水泥基墩（0.8m×0.8m×1m）、地脚螺栓固定；

d. 含硫化氢天然气井液气分离器及管线应使用防硫材质。【Q/SH 0033—2009】

4.8.4.3　海洋钻井的配套及安装要求：

a. 宜选用常压立式结构液气分离器；

b. 罐体通径不应小于 762mm，处理液量不应小于 $180m^3/h$；

c. 进液管线通径不应小于节流管汇通径，排气管线通径不应小于152mm(6in)，排液管线通径应大于进液管线；

d. 应设置液面控制和沉积物排放装置，并安装压力表和压力传感器，应能在司钻控制台处观察到压力读数；

e. 应位于钻台外缘靠近节流管汇一侧并固定牢靠，进液、排液及排气管线应采用法兰连接方式并加以固定。排气管线宜引至井架顶部，并高出天车至少3m，也可引至燃烧臂处；

f. 对于使用U形管型式进行液面控制的液气分离器，U形管液封高度宜不低于3m，并应在U形管顶部安装二次排放管线，避免虹吸效应，排放管线应引至井架并不低于二层台的安全区域；

g. 安装后应进行通液功能试验。【SY/T 6962—2018】

4.8.4.4 欠平衡钻井流体分离装置的特殊要求：

a. 液气分离器包括罐体、进浆管线、出浆管线、排渣管线、排气管线、压力表和安全阀等；

b. 液气分离器与节流管汇连接管线可根据现场情况选择高压钢管或高压软管连接，软管两端安装安全链；

c. 高压钢管连接应采用壁厚不小于9mm、通径不小于100mm的硬管，转弯处应采用耐冲蚀的铸(锻)钢弯头；

d. 高压软管连接应采用通径不小于100mm的高压软管，管线中部用基墩固定；

e. 液气分离器额定工作压力不低于1MPa，处理量不小于井口返出流体流量的1.5倍~2倍，气体分离能力应大于预计井最大压差下的最大产气量；当一个液气分离器的处理量满足不了要求时，允许采用两台以上的液气分离器并联使用。为了提高分离效率，可采用两台以上的液气分离器串联使用。【SY/T 6543—2019】

4.8.5 钻井液除气器

4.8.5.1 除气器应安装在钻井液循环罐上。设备和管线应固定牢固，避免吸入或排出钻井液时产生太大的震动。除气器排气管线应接出15m以远。【SY/T 5964—2019】

4.8.5.2 海洋钻井的相关要求：

a. 除气器的处理液量不应小于180m^3/h，除气效率应大于80%；

b. 除气器的其他要求应符合SY/T 5612的要求；

c. 除气器工作流程应位于振动筛与除砂器工作流程之间，吸入口与罐(舱)底距离应控制在300mm~550mm范围，且位于钻井液充分搅拌的区域并设有滤网。出液口应控制在液面以下200mm~350mm范围内；

d. 排气管线应朝向舷外方向或延伸至井架并不低于二层台的安全区域，设备和管线应固定牢靠。【SY/T 6962—2018】

4.8.6 放喷点火系统

4.8.6.1 配套及安装：

a. 井控状态下应至少保证两种有效点火方式。应有专人维护、管理点火装置和实施点火操作；【AQ 2012—2007】

b. 井场应配备自动点火装置，并备用手动点火器具。点火人员应佩戴防护器具，在离火口距离不少于30m处点火，禁止在下风方向进行点火操作；【SY/T 5087—2017】

c. 所有火炬/排气管线应达到规定的长度以满足不同风向点火的要求；

d. 火炬线和排气管线应尽可能平直，且被安全固定。【SY/T 6868—2016】

4.8.6.2 含硫油气井相关要求：

a. 含硫化氢天然气井放喷管线出口应接至距井口 100m 以外的安全地带，放喷管线应固定牢靠，排放口处应安装自动点火装置；【AQ 2012—2007】

b. 硫化氢含量大于 1500mg/m^3(1000ppm)的油气井应确保三种有效点火方式，其中包括一套电子式自动点火装置。有条件的可配置可燃气体应急点火装置；【SY/T 5087—2017】

c. 从进入油气层前 200m 开始，每天检查一次，确保工作正常。【SY/T 5964—2019】

4.8.6.3 欠平衡钻井相关要求：

a. 气体燃烧处理装置包括排气管线(排屑管线)、防回火装置、点火装置和火炬等；

b. 排屑管线直径不小于 203mm。排气管线的通径应不小于液气分离器气体出口通径，或根据最大产气量和液气分离器的额定压力确定排气管线直径。【SY/T 6543—2019】

5 井控装置试压

5.1 井控车间试压

5.1.1 在井控车间(基地)，闸板防喷器应作1.4MPa~2.1MPa的低压试验；环形防喷器(封闭钻杆，不封空井)、闸板防喷器、四通、防喷管线、内防喷工具和压井管汇等应做额定工作压力试压；节流管汇按各控制元件的额定工作压力分别试压；试验要求应符合GB/T 20174、GB/T 22513、GB/T 25429、SY/T 5323、SY/T 5525等有关规定。

5.1.2 在井控车间(基地)的试压记录应使用压力计和图表记录器。压力试验测量装置应有低压传感器(准确度等级至少为0.25级，量程不大于10MPa)，且与高压传感器分开设置，压力测试范围不允许小于压力计最大量程的25%，且不允许超过压力计最大量程的75%。【SY/T 5964—2019】

5.1.3 高压含硫化氢天然气井井口装置出厂前应进行气密封检验。【Q/SH 0033—2009】

5.1.4 耐火软管总成的试验压力为额定工作压力的1.5倍。【SY/T 7387—2017】防喷器组应在井控车间按井场连接形式组装试压。【AQ 2012—2007】

5.2 钻井现场试压

5.2.1 在钻井现场安装好后，在不超过套管抗内压强度80%的前提下，环形防喷器的高压试验值应为封闭钻杆试压到额定工作压力的70%；闸板防喷器、四通、防喷管线、压井管汇和节流管汇的各控制元件应试压到额定工作压力；其后的常规试验压力值应大于地面预计最大关井压力。放喷管线密封试压应不低于10MPa。【SY/T 5964—2019】

5.2.2 各级套管头安装后的密封试验压力应为套管抗外挤强度的80%与套管头连接法兰额定压力二者中的最小值。【GB/T 31033—2014】

5.2.3 每一级套管头本体安装完毕，应按套管头使用说明书要求对悬挂器与套管头本体、悬挂器与套管、套管与套管头本体以及套管头上部本体和下部本体法兰钢圈槽的密封进行密封性能试验。试验压力应为套管抗外挤强度的80%与套管头连接法兰额定工作压力两者的最小值，稳压10min，压降应不大于0.7MPa。【SY/T 6789—2010】

5.2.4 放喷管线、排气管线连接后应试压检查连接密封情况。

5.2.5 钻开油气层前及更换井口装置部件后试压要求。

5.2.5.1 钻开油气层前及更换井口装置部件后，井口装置应进行压力密封试验。【GB/T 31033—2014】

5.2.5.2 开钻前、钻开油气层前50m~100m和更换井控装置部件后，现场应采用堵塞器或试压塞进行低压及额定压力的静水压力试验。【Q/SH 0206—2008】

5.2.6 上述压力试验稳压时间不少于10min，低压试验压降不超过0.07MPa，高压试验压降不超过0.7MPa，密封部位无渗漏为合格。【GB/T 31033—2014】

5.2.7 除防喷器控制系统采用规定压力油试压外，其余均为清水，寒冷地区冬季可加防冻

剂。【SY/T 5974—2020】

5.2.8 井控装置试压应由具有资质的专职试压队伍进行，试压合格后为井队出具试压单并同时出具自动记录压力曲线。【Q/SH 0033—2009】

5.3 防喷器控制装置试压、调试

5.3.1 防喷器控制系统现场安装调试完成后应对各液控管路进行21MPa压力检验(环形防喷器液控管路只试10.5MPa)，稳压10min，管路各处不渗不漏，压降不大于0.7MPa为合格。

5.3.2 通径小于476mm的环形防喷器，关闭时间不应超过30s；通径大于或等于476mm的环形防喷器，关闭时间不应超过45s。使用后的环形胶芯应在30min内恢复原状。闸板防喷器的关闭时间不应超过10s，闸板总成打开后应完全退到壳内。

5.3.3 检查防喷器/钻机刹车联动防提安全装置在关闭防喷器半封闸板时是否正常工作。

5.3.4 远程控制台蓄能器应充氮气压力7MPa±0.7MPa，气源压力0.65MPa~1MPa，电源电压380V±19V。

5.3.5 远程控制台换向阀转动方向、司钻控制台换向阀转动方向与防喷器开关状况应一致。

5.3.6 关闭远程控制台的蓄能器，其电动泵和气动泵的总输出液量应在2min内使环形防喷器(不包括分流器)密封在用的最小尺寸钻具、打开所有液动闸阀，并使管汇具有不小于8.4MPa的压力。

5.3.7 启动远程控制台的电动泵和气动泵，在15min内应使蓄能器的液压从7MPa±0.7MPa升至21MPa。

5.3.8 检查远程控制台的压力控制器，电源开关在“自动”位置，系统压力降至接近18.5MPa时自动启动，当压力升到21MPa时应自动停泵。

5.3.9 检查远程控制台的液气开关，系统压力降低至17.5MPa应自动启动气泵，升压至20MPa时应能自动停止气泵工作。

5.3.10 检查远程控制台蓄能器溢流阀是否能在23MPa全开溢流，闭合压力应不低于21MPa。

5.3.11 将司钻控制台二次仪表在无液压情况下调节到零位。

5.3.12 远程控制台压力变送器进气压力值范围按说明书调节。

5.3.13 在蓄能器压力为21MPa、环形防喷器调压阀出口压力为10.5MPa和管汇压力为21MPa的情况下，用丝堵堵严液压油出口，使各三位四通换向阀分别在“中位”“开位”和“关位”5min后，检查3min内的压力降。处于“中位”时压力降应不大于0.25MPa，处于“开位”“关位”时应不大于0.6MPa。

5.3.14 液压控制管线现场安装后，应按21MPa做可靠性试压，试压时间应不少于10min后，试验期间无可见渗漏。

5.3.15 远程控制台气源压力0.8MPa，切断气源后观察3min内司钻控制台各操作阀分别在“中位”“开位”和“关位”的压力降，在“中位”时应不大于0.05MPa，“开位”和“关位”时应不大于0.20MPa。

5.3.16 调节压力变送器，使司钻控制台与远程控制台上的蓄能器压力误差不大于0.6MPa，管汇压力及环形压力误差不大于0.3MPa。

5.4 节流管汇控制箱试压、调试

5.4.1 节流阀控制箱气泵、变送器气源压力、蓄能器的充气压力和溢流阀的溢流压力，应符合表5-1的规定。

表5-1 气动节流控制箱调压值 单位：MPa

部件	35MPa节流控制箱	70MPa节流控制箱
阀位变送器	0.35	0.35
压力变送器	0.35	0.35
气泵(停泵的工作压力)	1.05~1.10	3.05~3.10
蓄能器(氮气压力)	0.35±0.05	1.00±0.05
溢流阀	1.2	4.2

5.4.2 蓄能器充压时间应不超过4min。

5.4.3 液动节流阀开关应无阻卡。用开关速度调节阀调节全开至全关应在2min以内完成。

5.4.4 检查阀位开度表能否正常显示开关程度，并把开关位置调节到全程的3/8~1/2位置。

5.4.5 检查立压变送器、套压变送器工作情况及二次仪表与立管和套管压力是否一致。

5.4.6 对电动节流控制箱，按产品使用说明书规定的技术参数进行调试。【SY/T 5964—2019】

5.5 欠平衡钻井设备试压

5.5.1 在不超过套管抗内压强度80%和井口其他设备额定工作压力的前提下，对旋转控制头(旋转防喷器)静密封试压不低于额定工作压力的70%或动密封试压不低于额定工作压力的70%，稳定时间不少于10min，压降不大于0.7MPa。充气钻井液钻井和气相欠平衡钻井，对注气管线进行气密封试压。【SY/T 6543—2019】

5.5.2 主动式旋转防喷器通径小于或等于228.6mm时，试验钻具外径为88.9mm，带18°斜坡接头，接头外径为127.0mm；主动式旋转防喷器通径大于或等于279.4mm时，试验钻具外径为127.0mm，带18°斜坡接头，接头外径为168.3mm。被动式旋转防喷器试验钻具为密封胶芯所能密封的最大钻具尺寸，试验钻具带18°斜坡接头，接头外径为该尺寸S135级钻杆接头外径。

5.5.3 旋转试验：加压至规定的注油压力和井压差值后，旋转芯轴至5r/min，运转10min后，按间隔5min依次递增至30r/min、60r/min、120r/min和额定转速，测量并确定初始扭矩，扭矩不超过1500kNm。

5.5.4 低压静压试验：加压至1.4MPa~2.1MPa，稳压10min无渗漏。

5.5.5 低压动压试验：加压至1.4MPa~2.1MPa，稳压3min后旋转芯轴，稳压10min无渗漏。

5.5.6 额定动压试验：加压至额定动压，稳压3min后旋转芯轴，逐步加速至额定动压下最高转速，稳压10min无渗漏。

5.5.7 额定静压试验：加压至额定静压，稳压10min无渗漏。【Q/SH 0413—2011】

5.5.8 气体钻井设备安装完毕后应进行试压。增压机上游试压到压缩机的额定压力，试压

10min 不降为合格；增压机下游试压到增压机额定压力的 80%，稳压时间 10min，允许压降 0. 2MPa。【Q/SH 0010—2019】

5. 6　海上井控装置试压

5. 6. 1　井控车间试压：防喷器在井控车间用清水进行试压。环形防喷器(封闭钻杆、不试空井)、闸板防喷器试压到额定工作压力，稳压时间不少于 15min，允许压降不超过 0. 7MPa。

5. 6. 2　现场初次安装试压

5. 6. 2. 1　对压井、节流管汇采用试压泵试压；对防喷器使用堵塞器或试压塞进行清水试压。

5. 6. 2. 2　全套井控装备在井上安装好后，进行清水试压。在不超过所下套管抗内压强度 80%的情况下，环形防喷器封钻杆试压到额定工作压力的 70%，闸板防喷器试压到额定工作压力，稳压时间不少于 15min。允许压降不超过 0. 7MPa。

5. 6. 2. 3　应对环形防喷器、闸板防喷器、节流压井管汇的闸门逐个进行试压。【SY/T 6432—2019】

5. 6. 2. 4　放喷管线连接后应试压不少于 10MPa，稳压时间不少于 10min；排气管线应做充水泄漏性试验，密封部位无渗漏为合格。

5. 6. 2. 5　深水作业试压值应考虑试压介质与海水的压差。试压的时间间隔不超过 14d。

5. 6. 2. 6　防喷器控制系统采用规定的防喷器控制液试压；井控装置作业前和初次安装的试压介质应使用水或含添加剂的水；作业中的试压介质应使用钻井液、完井液，以减少水的静水压力所导致的溢流风险。

5. 6. 2. 7　套管四通、油管四通的试验压力应为套管四通、油管四通额定工作压力的 80%和套管、油管抗外挤强度的 80%两者中的最小值，稳压时间应不少于 15min，压降不超过 0. 7MPa。

5. 6. 2. 8　在钻穿套管鞋前，应对套管柱进行压力密封试验，在试验压力不大于套管抗内压强度的 80%前提下，套管直径小于或等于 244. 5mm(9⅝in)的套管柱试压值为 20MPa；套管直径大于 244. 5mm(9⅝in)的套管柱试压值为 10MPa，稳压时间应不少于 15min，压降不超过 0. 5MPa。【SY/T 7453—2019】

5. 6. 3　过程试压。钻井施工过程中，应对防喷器组定期试压，试压时间为：

——每次固井后，钻水泥塞之前；

——钻开油气层前 50m；

——局部拆修。【SY/T 6432—2019】

6 井控装置运行管理

6.1 井控装置使用要求

6.1.1 环形防喷器

6.1.1.1 环形防喷器不应长时间关井，非特殊情况下不能用来封闭空井。

6.1.1.2 套压不大于 7MPa 的情况下，用环形防喷器进行不压井起下钻作业时，应使用 18°斜坡接头的钻具，起下钻速度不得大于 0.2m/s。

6.1.1.3 环形防喷器或闸板防喷器关闭后，在关井套压不超过 14MPa 情况下，允许以不大于 0.2m/s 的速度上下活动钻具，但不准转动钻具或过钻具接头。【AQ 2012—2007】

6.1.2 闸板防喷器

6.1.2.1 当井内有钻具时，不应关闭全封闸板防喷器。

6.1.2.2 不应用打开防喷器的方式来泄井内压力。

6.1.2.3 现场检修装有铰链侧门的闸板防喷器或更换其闸板时，两侧门不应同时打开。【SY/T 5974—2020】

6.1.2.4 具有手动锁紧机构的闸板防喷器关井后，应手动锁紧闸板。打开闸板前，应先手动解锁，锁紧和解锁都应先到底，然后回转 1/4 圈 ~ 1/2 圈（编者注：锁紧时不应回旋）。【AQ 2012—2007】

6.1.2.5 井场应备有与在用半封闸板同规格的半封闸板和相应的密封件及其拆装工具和试压工具。

6.1.2.6 有二次密封的闸板防喷器和平板阀，只能在其密封失效至严重漏失的紧急情况下才能使用其二次密封功能，且止漏即可，待紧急情况解除后，立即清洗更换二次密封件。【SY/T 5974—2020】

6.1.2.7 钻开油气层前、后，定期对闸板防喷器进行开、关活动及在钻开油气层前使用环形防喷器进行一次试关井（在有钻具的条件下）。【Q/SH 0205—2009】

6.1.3 剪切闸板防喷器

6.1.3.1 使用剪切闸板防喷器剪断井内钻具/油管宜按以下程序操作：

a. 确保钻具/油管接头不在剪切闸板防喷器剪切位置后，锁定钻机刹车系统；

b. 关闭剪切闸板防喷器上面的环形防喷器；

c. 打开放喷管线闸阀泄压；

d. 在转盘面以上的钻具/油管适当位置处安装相应的钻具死卡，并与钻机底座连接固定；

e. 打开剪切闸板防喷器上面和下面的半封闸板防喷器；

f. 打开防喷器远程控制台蓄能器旁通阀，关闭剪切闸板防喷器，直到剪断井内钻具/油管；

g. 关闭全封闸板防喷器，控制井口；

h. 手动锁紧全封闸板防喷器和剪切闸板防喷器；

i. 关闭防喷器远程控制台蓄能器旁通阀，将防喷器远程控制台管汇压力调整至常规值。

【GB/T 31033—2014】

6.1.3.2 安全注意事项：

a. 钻井队应加强对防喷器远程控制台的管理，避免因误操作而导致钻具事故或更严重的事故；

b. 操作剪切闸板时，除远程控制台操作人员外，其余人员全部撤至安全位置；

c. 恢复正常工作后，剪切闸板应及时更换。

6.1.3.3 全封闸板防喷器失效时，可采用剪切闸板防喷器封闭空井。【SY/T 5964—2019】

6.1.4 浅海用井控装置

6.1.4.1 半封闸板防喷器每天活动一次。

6.1.4.2 全封闸板防喷器在每次起钻后活动一次。若每日多次起钻，只开关活动一次即可。

6.1.4.3 环形防喷器每周活动一次。

6.1.4.4 节流管汇闸门、方钻杆旋塞、钻杆内防喷工具每周活动一次。

6.1.4.5 每起下钻一次，2 个防喷器控制台交换动作一次。如果控制台失去动作功能，在恢复功能后，才能进行钻井作业。【SY/T 6432—2019】

6.1.4.6 钻开油气层后，定期(不超过 7d)对闸板防喷器开关活动及环形防喷器试关井(井内有钻具条件下)。闸板防喷器每次起下钻进行一次开关活动，若每日多次起钻，只开关活动一次即可。【SY/T 7453—2019】

6.1.5 井控管汇

6.1.5.1 平行闸板阀开、关到底后，应回转 1/4 圈至 1/2 圈。其开、关应一次完成，不应半开半闭和作节流阀用。

6.1.5.2 压井管汇不能用作日常灌注钻井液用；防喷管线、节流管汇和压井管汇应采取防堵、防漏、防冻措施；最大允许关井套压值在节流管汇处以明显的标示牌标示。

6.1.5.3 井控管汇上所有闸阀都应挂牌编号，并标明其开、关状态。【AQ 2012—2007】

6.1.5.4 应在司钻房、节流控制盘、节流管汇等处明显标示所钻井段的最大允许关井套压值，并根据钻井液密度变化及时更新。【SY/T 7453—2019】

6.1.6 控制系统用耐火软管总成

耐火软管总成应能在火焰温度为 704℃(1300℉)的条件下承受额定工作压力至少 5min，不得有泄漏或变形。【SY/T 7387—2017】

6.1.7 钻井液液气分离器

6.1.7.1 分离器使用后，应及时排出分离器内残留的钻井液并清理干净。

6.1.7.2 分离器发生下列异常现象之一时，应立即停止使用：

——排液管口有气体排出；

——分离器出现裂缝、鼓包、变形、泄漏等缺陷；

——安全附件失效；

——进液管线、排液管线、排气管线、紧固件等损坏；

——分离器与管线发生剧烈振动。

6.1.8 钻具内防喷工具

6.1.8.1 在用的旋塞阀应每天开关活动各一次，保持旋塞阀开关灵活；旋塞阀开关扳手应放在钻台上方便取用的地方。

6.1.8.2 钻具止回阀每次入井前，检查有无堵塞、刺漏及密封情况；备用钻具止回阀及抢接工具每次起钻前检查一次，并做好记录。

6.1.8.3 接单根卸扣时，不能采取关下部旋塞阀的方法来控制方钻杆内钻井液的流出。

6.1.8.4 使用钻具止回阀下钻时，应坚持每下 20 柱～30 柱钻杆向钻具内灌满一次钻井液（采用专用灌注钻井液装置小排量灌注）；下钻至主要油气层顶部前应灌满钻井液，再循环一周排出钻具内的剩余压缩空气后方可继续下钻。

6.1.8.5 抢接钻具止回阀工具应放在钻台上方便取用的地方。

6.1.8.6 钻具止回阀和旁通阀的使用管理，应建立记录卡，详细记录入井使用的时间及有关参数；每次下钻前，由技术员、司钻检查钻具止回阀和旁通阀有无堵塞、刺漏和密封失效等问题。

6.1.8.7 钻具底部装有钻具止回阀时，起下钻发生溢流或井喷时仍按关井程序控制井口。【SY/T 5964—2019】

6.1.9 旋转控制头（旋转防喷器）

6.1.9.1 安装套管阀的起下钻作业：

a. 通过旋转控制头（旋转防喷器）胶芯密封起立柱，当起至钻具止回阀时，应放掉钻具内的压力，才能卸扣；

b. 起钻时应控制上提速度并及时灌浆；

c. 当钻头起至套管阀以上 20m 左右的位置时停止起钻作业，打压关闭舌板；

d. 起出旋转控制头（旋转防喷器）轴承总成，进行正常起钻；

e. 下钻至套管阀以上 20m 左右的位置时停止下钻作业，安装旋转控制头（旋转防喷器）轴承总成，打压打开舌板；

f. 按正常程序继续向套管阀开启管线打压开启套管阀；当套管阀完全开启后继续下钻作业。

6.1.9.2 安装强行起下钻装置的起下钻作业：

a. 当起钻至钻具悬重与流体上顶力差值为 50kN 时，启用强行起下钻装置；

b. 钻头起过闸板全封位置后，关闭全封；

c. 起出旋转控制头（旋转防喷器）轴承总成，更换；

d. 钻具止回阀出井后应检查是否失效，更换钻头；

e. 安装旋转控制头（旋转防喷器）轴承总成，下钻；

f. 钻头下至全封上部，启用强行起下钻装置，打开全封，控压下钻；

g. 下钻至钻具浮重超过井压所产生的上顶力后，终止使用强行起下钻装置。

6.1.9.3 接单根（立柱）：

a. 接单根（立柱）起下钻柱接箍过旋转控制头（旋转防喷器）时，严格控制起下速度；

b. 接单根（立柱）后应将钻杆接头上的毛刺锉平；向旋转控制头胶芯加适量润滑液。

6.1.9.4 更换旋转控制头轴承总成应按照以下要求操作：

a. 无油气显示时，直接更换旋转控制头轴承总成；

b. 有油气显示时，关闭环形防喷器，然后更换旋转控制头轴承总成；（编者注：适用于液相欠平衡钻井）

c. 有油气显示时，关闭环形防喷器，通过放喷管线点火，然后更换旋转控制头轴承总成。（编者注：适用于气相欠平衡钻井）【SY/T 6543—2019】

6.1.10 气体钻井井控装置特殊要求

6.1.10.1 每天应检查一次防喷器组。

6.1.10.2 氮气钻井时当监测单位监测天然气出气量达到 $8\times10^4 m^3/d$ 以上，应立即发出井控警报，停止钻进作业，上提方钻杆直到接头出转盘面。气体钻井管汇操作人员迅速打开空气管线旁通阀，关闭通向钻台立管气路，继续空转压缩机，直至得到现场监督通知或防喷器关住后，方可停止。【Q/SH 0034—2007】

6.1.10.3　每趟钻至少应使用喷射接头对防喷器冲洗一次。

6.1.10.4　当地层有天然气产出时：

a. 如果排屑管刺漏，应先关闭半封闸板防喷器，并通过节流管汇中路导流，然后再修排屑管；

b. 当全封关闭后，应通过节流管汇中路导流；

c. 需换旋转控制头胶芯时，应关闭环形防喷器，并通过节流管汇中路导流；或通过主喷管抽真空，并用可燃气体检测仪检查，确保井口无天然气溢出。【Q/SH 0010—2019】

6.2　井控装置日常管理

6.2.1　一般要求

6.2.1.1　井控装置应有专门机构负责管理、维修和定期现场检查工作。

6.2.1.2　钻井队井控装置的管理、操作应落实专人负责，并明确岗位责任。

6.2.1.3　应设置专用配件库房和橡胶件空调库房，库房温度应满足配件及橡胶件储藏要求。【SY/T 5974—2020】

6.2.1.4　防喷器胶芯在含硫化氢工况下，连续使用达到3个月应更换。高压高产气井目的层连续使用达到6个月、常规油气井目的层连续使用12个月时予以更换。更换应在安全的前提下进行。【Q/SH 0198.1—2020】

6.2.2　橡胶配件贮存条件

6.2.2.1　温度。

a. 贮存温度宜低于25℃。制品宜避开如炉具、散热器和直射阳光等直接热源；

b. 如果贮存温度低于15℃，在搬运时要小心，因为这时贮存的制品可能已经变硬，搬运不当就易变形。从低温下取出的制品，其整体温度宜升高到大约30℃后，才可投入使用。

6.2.2.2　湿度。

在给定的贮存温度范围内要控制相对湿度，使之不发生水汽凝结。在任何情况下，贮存环境中的相对湿度都宜低于70%；如果贮存聚氨酯，则宜低于65%。

6.2.2.3　光。

橡胶宜避开光源，尤其是直射阳光或具有高紫外含量的强人工光源。

（注：建议贮存室的任何窗户都用红色或橙色涂料涂盖，或者用红色或橙色遮帘。）

6.2.2.4　辐射。

宜采取防范措施保护贮存的制品避开所有可能引起制品损害的离子辐射源。

6.2.2.5　臭氧。

由于臭氧对橡胶特别有害，贮存室不宜有任何能产生臭氧的设备，如水银蒸气灯及能产生电火花或无声放电的高压电器等。宜避免燃烧气体及有机蒸气进入贮存室，因为它们经光化学过程会产生臭氧。

6.2.2.6　变形。

橡胶宜以无叠加张力和压缩应力或其他引起变形的因素的方式贮存。当制品是在无应力的状态下进行包装的，制品就宜在其原包装中贮存。如有疑问，宜寻求制造厂的建议。

（注：建议大内径的密封圈形成三个相等的重叠环，以避免皱折或扭曲。仅形成两个环是不可能获得这种状态的。）

6.2.2.7 与液体和半液体材料接触。

在贮存期间的任何时候橡胶都不允许与液体、半液体材料（如汽油、润滑油、酸、消毒剂、清洗液体）或其蒸气相接触，除非这些材料是制品设计要求的一部分或制造厂的包装。当橡胶制品在接收时就涂有工作介质，则宜贮存在这种状态下。

6.2.2.8 与金属接触。

已知某些金属及其合金（尤其是铜和锰）对某些橡胶具有有害作用。橡胶不宜在与这样的金属接触的情况下贮存，除非已被粘合到这些金属上，但也宜按 GB/T 20739—2006 第 5 章规定用适当材料如纸或聚乙烯包裹或隔离进行保护。

6.2.2.9 与隔离剂接触。

隔离剂仅宜用于橡胶制品包装以防止粘连（见 HG/T 2715）。在这种情况下，粉剂的使用量宜为能防止粘连的最小用量。

所用的任何粉剂都不宜含有对橡胶或其随后使用具有有害影响的组分。

6.2.2.10 不同制品相互接触。

宜避免由不同配方制造的橡胶制品之间的接触，包括仅颜色不同的制品。

6.2.2.11 橡胶与金属粘接的制品。

橡胶与金属粘接的制品中的金属件不宜与其他制品的橡胶接触。金属上所使用的防腐剂对橡胶或粘合的有害影响程度不会使制品不符合该制品的标准。

6.2.2.12 涂覆织物和橡胶片材。

面积约小于 $1m^2$ 或长度约小于 2m 的涂覆织物和橡胶片材宜平放贮存，理想做法是各层之间用 GB/T 20739—2006 中的 5.2 规定的适当材料做隔层。面积更大或长度更长的材料宜卷成卷，各层之间用 GB/T 20739—2006 中的 5.2 规定的适当材料做隔层。

6.2.2.13 库存周转。

制品宜以严格的周转方式从库存中出货，以保证库存中剩余的制品是那些最近制造或交付的制品。

6.2.2.14 贮存期限。

除制品标准中另有规定外，初始贮存期和扩展贮存期宜为表 6-1 中给出的期限。其中：

——A 组：中等老化敏感性的橡胶，列于表 6-2；

——B 组：低老化敏感性的橡胶，列于表 6-3；

——C 组：高度耐老化的橡胶，列于表 6-4。

表 6-1 未组合部件的初始贮存期和扩展贮存期

分　类	初始贮存期/年	扩展贮存期/年
A 组橡胶	5	2
B 组橡胶	7	3
C 组橡胶	10	5

注：如果贮存温度高于或低于 25℃都会影响贮存时间。在高 10℃的温度下贮存会减少约 50%的贮存时间，在低 10℃的温度下会增加贮存时间约 100%。

表 6-2　A 组橡胶

缩　写	GB/T 5576—1997 的化学名称	通用名称
BR	丁二烯橡胶	聚丁二烯
NR	天然异戊二烯橡胶	天然橡胶
IR	合成异戊二烯橡胶	聚异戊二烯
SBR	苯乙烯-丁二烯橡胶	丁苯橡胶
AU	聚酯型聚氨酯橡胶	聚氨酯
EU	聚醚型聚氨酯橡胶	聚氨酯

表 6-3　B 组橡胶

缩　写	GB/T 5576—1997 的化学名称	通用名称
NBR	丙烯腈-丁二烯橡胶	丁腈橡胶
NBR/PVC	丁腈橡胶和聚氯乙烯共混物	丁腈/PVC
XNBR	羧基丙烯腈-丁二烯橡胶	羧化橡胶
HNBR	氢化 NBR(有一定不饱和度)	氢化丁腈
CO，ECO	聚氯甲基环氧乙烷和共聚物	氯醚橡胶
ACM	乙基丙烯酸酯(或其他丙烯酸酯)和少量有助于硫化的单体的共聚物	丙烯酸橡胶
CR	氯丁二烯橡胶	氯丁橡胶
IIR	异丁烯-异戊二烯橡胶	丁基橡胶
BIIR	溴化异丁烯-异戊二烯橡胶	溴化丁基胶
CIIR	氯化异丁烯-异戊二烯橡胶	氯化丁基胶

表 6-4　C 组橡胶

缩　写	GB/T 5576—1997 的化学名称	通用名称
CM	氯代聚乙烯	氯代聚乙烯
CSM	氯磺酰基聚乙烯	氯磺化聚乙烯
EPM	乙烯-丙烯共聚物	EPM，EPR
EPDM	乙烯、丙烯和在侧链上带有二烯类剩余不饱和键的三聚体	EPDM
FKM	在聚合物链上含有氟、过氟烷基或过氟烷氧基取代基团的橡胶	氟碳化合物
Q	硅橡胶	硅橡胶
FMQ	在聚合物链上含有甲基和氟取代基的硅橡胶	
PMQ	在聚合物链上含有甲基和苯基取代基的硅橡胶	
PVMQ	在聚合物链上含有甲基、苯基和乙烯基取代基的硅橡胶	
MQ	在聚合物链上只含有甲基取代基的硅橡胶，如二甲基聚硅氧烷	
VMQ	在聚合物链上含有甲基和乙烯基取代基的硅橡胶	

【GB/T 20739—2006】

6.2.3　高含硫天然气井特殊要求

6.2.3.1　井控装置在使用过程中，钻井队和井控车间应对井控装置进行现场检测和维护，具体要求应符合 SY/T 5964—2006(编者注：该标准已被 SY/T 5964—2019 替代)的相关规定。

6.2.3.2　每施工完一口井，井控装置都应运至井控车间或厂家进行检测和维修，并进行压力试验(包括气密封试验)；送井时提供检测报告。【Q/SH 0206—2008】

7 钻开油气层前的准备和检查验收

7.1 钻开油气层前的准备

7.1.1 井筒条件准备

7.1.1.1 应加强地层对比，及时提出可靠的地质预报。探井在进入目的层前50m～100m，对裸眼地层进行承压能力试验。

7.1.1.2 在调整区块钻井，应检查邻近注水、注气(汽)井停注、泄压情况。【GB/T 31033—2014】

7.1.1.3 检查地层漏失压力，若漏失压力不能满足井控要求，应采取提高地层承压能力的措施或变更设计方案。【SY/T 7453—2019】

7.1.2 井控能力准备

7.1.2.1 钻井监督或钻井队技术人员向钻井现场所有工作人员进行工程、地质、钻井液、井控装置和井控措施等方面的技术交底，提出具体要求，并应组织进行防喷、防火演习，含硫化氢地区钻井还应进行防硫化氢演习，直至合格为止。【AQ 2012—2007】

7.1.2.2 钻井现场所有人员应熟悉井控溢流报警信号，溢流报警信号为汽笛长鸣15s～30s。

7.1.2.3 各岗位应熟练掌握相应的井控操作技能，定期进行井控装备的检查。一个月内每个钻井班按不同钻井工况至少进行一次防喷演习，并记录在案。防喷、防硫化氢演习应由钻井队统一组织指挥，井场所有施工单位参加，做到溢流发生时能及时正确关井。【Q/SH 0198.1—2020】

7.1.2.4 以班组为单位，落实井控责任制。作业班每月不少于四次不同工况的防喷或防硫化氢演习。钻进作业和空井状态应在3min内控制住井口，起下钻作业状态应在5min内控制住井口，并将演习情况记录于“防喷演习记录表”中。此外，在各次开钻前、特殊作业(取心、测试、完井作业等)前，都应进行防喷演习，达到合格要求。【Q/SH 0205—2009】

7.1.3 井控制度落实

7.1.3.1 实行钻井队干部在生产现场24h带班制度，负责检查、监督各岗位严格执行井控岗位责任制，发现问题立即组织整改。

7.1.3.2 实行“坐岗”制度，指定专人观察和记录循环罐液面变化及起下钻灌入或返出钻井液情况，及时发现溢流显示。

7.1.3.3 钻开含硫油气层前，应对井场的硫化氢防护措施(含应急预案及演练等)进行检查。

7.1.4 井场条件准备

7.1.4.1 应检查钻井设备、仪器仪表、井控装置、防护设备及专用工具、消防器材、防爆电路和气路的安装是否符合相关规定，功能是否正常，发现问题及时整改。【GB/T 31033—2014】

7.1.4.2 钻台、机房、泵房、净化系统、井控装置的电气设备、照明灯具应分设开关控制。

7.1.4.3 井控远程控制台、井控专用探照灯应设专线。

7.1.4.4 钻台、井架、机房、泵房、净化系统、井控装置的电气设备及照明器具应符合 GB 3836.1 的防爆要求。【SY/T 6202—2013】

7.1.4.5 钻井液密度及其他主要性能符合设计要求，并按设计储备加重钻井液、加重剂、堵漏材料和其他处理剂，对储备的加重钻井液定期循环处理，保持其性能符合要求。【GB/T 31033—2014】

7.1.4.6 高温高压井进入高温高压井段前，应预先配好不少于 $60m^3$ 的备用高密度钻井液；应每天测量一次备用钻井液性能，并检查加重材料的储备情况。【SY/T 7453—2019】

7.2 钻开油气层前的检查验收

7.2.1 检查验收基本原则

7.2.1.1 钻井队通过全面自检，确认准备工作就绪后，向建设单位汇报自检情况，并申请检查验收。

7.2.1.2 检查验收组按钻开油气层的要求进行检查验收合格后，经建设单位批准方可钻开油气层。【GB/T 31033—2014】

7.2.2 含硫油气井检查验收要求

7.2.2.1 在钻开含硫化氢油气层前，施工单位和建设方应分别对施工前的准备工作进行检查和验收。

7.2.2.2 检查验收情况记录于“钻开油气层检查验收书”中；如存在隐患应当场下达“隐患整改通知书”，钻井队按“隐患整改通知书”限期整改。检查合格并经检查人员在检查验收书上签字，由双方二级单位主管生产技术的领导或其委托人签发“钻开油气层批准书”后，方可钻开油气层。【SY/T 5087—2017】

8　油气层钻进过程中的井控管理

8.1　一般要求

8.1.1　钻井队应严格按工程设计选择钻井液类型和密度值。当发现设计与实际不相符合时，应按审批程序及时申报更改设计，经批准后才能实施；若遇紧急情况，已经危及到安全生产时，钻井队可先处理，再及时上报。

8.1.2　对探井、预探井、资料井应采用地层压力随钻监测技术，根据监测和实钻结果，及时调整钻井液密度。【GB/T 31033—2014】

8.1.3　初探井钻开油气层 3m 内应停钻，采取循环、短起下钻或再循环等方式观察井中钻井液气侵情况，在确认满足油气层安全钻井的情况下方可恢复钻进作业。【SY/T 7453—2019】

8.1.4　发生卡钻需泡油、混油或因其他原因需适当调整钻井液密度时，应确保井筒液柱压力不小于裸眼段中的最高地层压力。

8.1.5　每只新入井的钻头开始钻进前以及每日白班开始钻进前，以 1/3~1/2 钻进流量检测循环压力，并做好泵冲数、流量、循环压力记录。当钻井液性能或钻具组合发生较大变化时应补测。

8.1.6　下列情况应进行短程起下钻检查油气侵和溢流：

a. 钻开油气层后第一次起钻前；

b. 井内钻井液密度降低后起钻前；

c. 钻进中曾发生严重油气侵起钻前；

d. 溢流压井后起钻前；

e. 钻开油气层井漏堵漏后起钻前；

f. 需长时间停止循环进行其他作业(电测、下套管、下油管、中途测试等)起钻前。【GB/T 31033—2014】

8.1.7　短程起下钻的两种基本做法：

a. 一般情况下试起 10 柱~15 柱钻具，再下入井底循环一周，若钻井液无油气侵，则可正式起钻；否则，应循环排除受侵污钻井液并适当调整钻井液密度后再起钻；

b. 特殊情况时(需长时间停止循环或井下复杂时)，将钻具起至套管鞋内或安全井段，停泵检查一个起下钻周期或需停泵工作时间，再下回井底循环一周观察。【SY/T 5974—2020】

8.1.8　起、下钻中防止溢流、井喷的技术措施：

a. 保持钻井液有良好的造壁性和流变性；

b. 起钻前充分循环井内钻井液，使其性能均匀，进出口密度差不大于 0.02g/cm^3；

c. 起钻中及时向井内灌满钻井液，并做好记录、核对，及时发现异常情况；

d. 钻头在油气层中和油气层顶部以上 300m 井段内起钻速度不大于 0.5m/s；

e. 在疏松地层，特别是造浆性强的地层，遇阻划眼时应保持足够的循环流量，防止钻头泥包；

f. 起钻完应及时下钻，检修设备时应保持井内有一定数量的钻具，并观察出口管钻井液返出情况；严禁在空井情况下进行设备检修；

g. 下钻中应控制钻具下放速度，避免因井下压力激动导致井漏；静止或下钻时间过长，必要时应分段循环钻井液。【GB/T 31033—2014】

8.1.9 加强溢流预兆及溢流显示的观察，做到及时发现溢流；"坐岗"人员发现溢流、井漏及油气显示等异常情况，应立即报告司钻。【SY/T 5974—2020】

8.1.10 改善钻井液的脱气性能，发现气侵应及时排除，气侵钻井液未经排气不应重新注入井内。

8.1.11 发生气侵后若需对钻井液加重，应在停止钻进、对气侵钻井液循环除气后进行加重，严禁边钻进边加重。【GB/T 31033—2014】

8.1.12 钻进中发生井漏应将钻具提离井底、方钻杆提出转盘。采取定时、定量反灌钻井液措施，保持井内液柱压力与地层压力平衡，其后采取相应措施处理井漏。【SY/T 5974—2020】

8.1.13 钻进中应监测钻井液出口流量、钻井液池液面或总量、钻井液性能，探井还应监测气测全量、气体含量及组分和 dc 指数的变化。

8.1.14 发现气侵应及时排除，气侵钻井液未经排气不得重新注入井内。若需对气侵钻井液加重，应在对气侵钻井液排完气后停止钻进的情况下进行，不应边钻进边加重。

8.1.15 钻进中发生井漏应将钻具提离井底，监测漏失速度和漏失量，注意观察，并采取防止井涌的措施。【SY/T 7453—2019】

8.2 含硫化氢地层钻井特殊要求

8.2.1 应严格按规定程序和操作规程进行操作，选择合理的钻具组合。

8.2.2 在含硫化氢油气层钻进中，若因检修设备需短时间(小于 30min)停止作业时，井口和循环系统观察溢流的岗位不能离人，并佩戴好硫化氢监测仪；若因检修设备需较长时间(大于 30min)停止作业时，应坐好钻具，关闭半封闸板防喷器，井口和循环系统仍需坐岗观察，同时采取可行措施防止卡钻。

8.2.3 钻进过程中硫化氢浓度达到 30mg/m^3(20ppm)时，立即暂时停止钻进，并采取控制和处理措施。

8.2.4 钻进过程中，施工作业人员应携带便携式硫化氢监测设备。

8.2.5 含硫化氢油气层钻进中不宜使用有线随钻仪进行随钻作业。

8.2.6 在钻开含硫化氢油气层后，起钻前应先进行短程起下钻。短程起下钻后的循环钻井液观察时间应达到一周半以上，进出口钻井液密度差不超过 0.02g/cm^3；短程起下钻应测油气上窜速度，满足安全起下钻作业要求。

8.2.7 含硫化氢油气层的水平井段钻进中，每次起钻前循环钻井液的时间不得少于两个循环周。

8.2.8 钻头在含硫化氢油气层中和油气层顶部以上 300m 长的井段内起钻，速度应控制在 0.5m/s 以内。

8.2.9 起钻中每起出 3 柱钻杆或 1 柱钻铤应及时向井内灌满钻井液，具备条件的连续灌注

钻井液，并做好记录，校核地面钻井液总量，发现异常情况及时报告司钻。【SY/T 5087—2017】

8.2.10 起钻应连续或每起3柱~5柱灌满环空和钻具内的钻井液。起下钻应控制速度，同时记录钻井液变化量，及时发现溢流。在溢流突然发生、抢接回压阀无法实现、内防喷失效情况下，根据不同工况可扔掉或剪断井内钻具、工具、电缆等，以达到迅速关井控制井口的目的。【Q/SH 0033—2009】

8.2.11 起下钻过程中，设备检修应安排在下钻至套管鞋进行；若起钻过程中因故必须检修设备时，检修中应采取相应的防喷措施，检修完后立即下钻到井底循环一周半，正常后再起钻。严禁在空井情况下进行设备检修。【SY/T 5087—2017】

8.2.12 应及时发现溢流，快速控制井口，做到溢流 $1m^3$ 报警、$2m^3$ 关井。

8.2.13 下列任一情况应进行短程起下钻，检查气侵，控制油气上窜速度在安全范围内、不超过30m/h：

a. 钻开气层后每次起钻前；

b. 溢流压井后起钻前；

c. 井漏堵漏或尚未完全堵住起钻前；

d. 钻进中曾发生严重气侵但未溢流起钻前；

e. 钻头在井底连续长时间工作后；

f. 长时间停止循环进行其他作业(电测、下套管、下油管、中途测试、设备维修、更换等)起钻前；

g. 钻井液性能发生变化，调整处理循环三周后起钻前。

8.2.14 起钻换钻头后应立即下入钻铤和部分钻杆。起钻中途检修等情况下，应将钻具重新下至井底，循环处理好泥浆后再起钻。

8.2.15 钻井中在钻铤与钻杆之间，应装旁通阀。气层钻进中紧靠钻头之上应装钻具回压阀，特殊情况不能安装时应经上级主管部门批准。

8.2.16 钻复杂地层井段时，下井钻头应选用较大水眼，防止水眼堵塞造成事故。天然气井使用PDC钻头应防止抽吸井喷。气井钻井应注意由漏转喷等复杂情况。

8.2.17 对裸眼井段中存在不同压力体系时，应通过承压试验，达到下部裸眼压力要求强度后，才能钻开下一层高压层，否则应下套管封隔或采取其他特殊措施。

8.2.18 含硫天然气井宜使用抗硫钻杆。

8.2.19 含硫化氢地层，不应进行欠平衡钻井。

8.2.20 处理卡钻泡解卡剂时，应保证井内液柱压力高于地层压力。【Q/SH 0033—2009】

8.3 海上石油作业钻开油气层后的井控要求

8.3.1 进行地层压力监测。

8.3.2 坐岗监测溢流并认真填写井控坐岗记录，每15min填写一次，特殊作业时应加密填写。【SY/T 6432—2019】

8.3.3 每个班次、更换钻头、钻具重新组合、钻井液密度变化时，应进行低泵冲泵压试验，并记入专用记录簿中作为压井时参考依据。

8.3.4 每个倒班次应按规定进行防喷演习。【AQ 2012—2007】

8.3.5 从钻开油气层前100m开始至油气层被封隔前，每天应做低泵速实验，并记录相应

排量和循环压力。【SY/T 6432—2019】

8.3.6 如钻速突然加快，在钻井进尺 1.5m 内，应停钻循环观察并立即汇报平台经理和钻井总监，如井下情况正常，恢复钻进，如发现溢流应立即处理。

8.3.7 在油气层钻进过程中，司钻岗位操作者应注意掌握钻井参数及钻井液密度和量的增减变化情况，若有异常，应立即报告平台经理和钻井总监，同时根据井下情况采取相应的处理措施。【AQ 2012—2007】

8.3.8 钻进中发现钻速突然加快、放空、井漏、蹩跳钻、气测值、油气显示等异常，应停钻观察。发现溢流应迅速关井。关井最高压力不得超过井控装置额定工作压力、套管抗内压强度的 80%和地层破裂压力三者中的最小值。【SY/T 6432—2019】

8.3.9 钻开油气层后要及时掌握井下油气上窜速度。起钻前含气量不超过 10%，起钻时油气上窜速度不超过 50m/h。

8.3.10 钻开油气层后的起、下钻作业中，由于修理设备和其他原因，要中断起、下钻作业，钻柱上要接好回压阀。【AQ 2012—2007】

8.3.11 含硫化氢的油气井，在打开硫化氢地层前，应储备防硫化氢材料，施工人员应采取必要的防范措施。【SY/T 6432—2019】

8.3.12 加强可燃气体的监测和火源、热源的管理，必要时可禁止热工和冷工作业。【AQ 2012—2007】

8.4 地层孔隙压力预(监)测方法

8.4.1 dc 指数法见附录 G。

8.4.2 实测地层孔隙压力

8.4.2.1 电缆式地层测试器实测地层孔隙压力做法见附录 H。

8.4.2.2 常规地层测试实测地层孔隙压力做法见附录 I。

8.4.2.3 关井求压

关井后，通过实测立管压力计算得到地层孔隙压力。

8.5 地层破裂压力预测及试验方法

地层破裂压力预测及试验方法见附录 J。【SY/T 5623—2009】

9 溢流关井与压井

9.1 陆上钻井

9.1.1 溢流报警关井原则

9.1.1.1 发现溢流立即关井，疑似溢流关井检查。关井方式可采用软关井或硬关井，其关井操作程序见附录K。【GB/T 31033—2014】

9.1.1.2 溢流量达到1m^3时报警，溢流量达到2m^3时关井并报警。【Q/SH 0205—2009】

9.1.2 最大允许关井套压不应超过井口装置额定压力、套管抗内压强度的80%和薄弱地层破裂压力所允许关井套压三者中的最小值。

9.1.3 关井后应及时求得关井立压、关井套压和溢流量，并根据关井立压和套压的不同情况，分别采取相应处理措施。

9.1.4 天然气溢流关井后若不能及时压井，应采取相应处理措施防止井口压力过高。

9.1.5 空井溢流关井后，可采用强行下钻分段压井法、置换法、压回法等方法进行处理；高含硫油气井发生溢流，宜选用压回法进行处理。【GB/T 31033—2014】

9.1.6 起下钻中发生溢流，应尽快抢接钻具止回阀或旋塞。只要条件允许，控制溢流量在允许范围内，尽可能多下一些钻具，然后关井。

9.1.7 电测时发生溢流应尽快起出井内电缆。若溢流量将超过规定值，则立即砍断电缆按空井溢流处理，不应用关闭环形防喷器的方法继续起电缆。

9.1.8 关井后应根据关井立管压力和套压的不同情况，分别采取如下的相应处理措施。

9.1.8.1 关井立管压力为零时，溢流发生是因抽汲、井壁扩散气、钻屑气等使钻井液静液柱压力降低所致，其处理方法如下：

——当关井套压也为零时，保持原钻进时的流量、泵压，以原钻井液控制回压敞开井口循环，排除侵污钻井液即可；

——当关井套压不为零时，应在控制回压维持原钻进流量和泵压条件下排除溢流，恢复井内压力平衡；再用短程起下钻检验，决定是否调整钻井液密度，然后恢复正常作业。

9.1.8.2 关井立管压力不为零时，可采用工程师法、司钻法、边循环边加重法等常规压井方法压井：

——所有常规压井方法应遵循在压井作业中始终控制井底压力略大于地层压力的原则；

——根据计算的压井参数和本井的具体条件(溢流类型、钻井液和加重剂的储备情况、加重能力、井壁稳定性、井口装置的额定工作压力等)，结合常规压井方法的优缺点选择压井方法。

9.1.9 天然气溢流不应长时间关井而不做处理。在等候加重材料或在加重过程中，视情况间隔一段时间向井内灌注加重钻井液，同时用节流管汇控制回压，保持井底压力略大于地层压力排放井口附近含气钻井液；若等候时间长，则应及时实施司钻法第一步排除溢流，防止井口压力过高。

9.1.10 压井施工前应进行技术交底、设备安全检查、人员操作岗位落实等工作。施工中安排专人详细记录立管压力、套压、钻井液泵入量、钻井液性能等压井参数，对照压井作业单进行压井。压井结束后，认真整理压井作业单。【Q/SH 0205—2009】

9.2 海上钻井

9.2.1 发现溢流征兆应启动关井程序。关井操作程序见附录 K。

9.2.2 发生溢流时宜采取硬关井，情况紧急可关闭剪切防喷器。

9.2.3 若需排气，应确定排气方案；根据现场风向和是否含有毒有害气体情况选择冷排放或燃烧排放方式，燃烧排放应使用燃烧臂。

9.2.4 最大允许关井套压不应超过井口装置额定工作压力、套管抗内压强度的 80%和薄弱地层破裂压力所允许关井套压三者中的最小值。在允许关井套压内不应放喷。

9.2.5 气井溢流不应长时间关井而不做处理。若等候时间长，则应及时实施司钻法第一步排除溢流，防止井口压力过高。【SY/T 7453—2019】

9.2.6 关井后，在尽可能短的时间内实施压井。【SY/T 6432—2019】

10 欠平衡钻井井控特殊要求

10.1 作业基本条件

10.1.1 地层压力剖面、岩性剖面和油、气、水性质清楚。
10.1.2 井身结构合理，裸眼井段不应存在多个压力系统和高产水层。
10.1.3 地层稳定性好，不易发生垮塌。
10.1.4 地层流体中硫化氢含量应小于 $75mg/m^3$(50ppm)。
10.1.5 探井不宜采用欠平衡钻井。
10.1.6 安装、使用溢流控制和处理装置。
10.1.7 施工作业队伍经过专业技术培训。【SY/T 5974—2020】
10.1.8 含硫化氢层段不应开展欠平衡钻井作业和气体钻井作业。【SY/T 5087—2017】

10.2 培训要求

10.2.1 施工前，所有参加施工的人员应进行防硫化氢知识培训，其中副司钻以上人员应按 SY/T 6277 的规定取得合格证。
10.2.2 施工前，应向所有参与施工作业的人员进行欠平衡工艺技术和应急计划交底，并进行应急演习。

10.3 现场准备

10.3.1 施工前，施工单位应制定详细的应急预案，由本单位主管安全的领导审核并报业主审批。
10.3.2 面对大门右侧距井口 100m 远应挖一燃烧池，其容积由钻井工程设计提出。
10.3.3 燃烧池应进行防渗和防垮塌处理。
10.3.4 从井场到燃烧池铺设一条通道，便于架设燃烧管线。
10.3.5 井场应设立风向标，安装风向标的位置是：绷绳、工作现场的立柱、临时安全区、道路入口处、井架上、器材室等。
10.3.6 井场应配备有足够数量的正压式空气呼吸器(钻台 5 套、值班房 5 套、操作间 3 套、地质值班房 5 套、钻井液值班房 2 套)；配备与空气呼吸器配套的空气压缩机，空气压缩机应安放在上风口处。
10.3.7 应储备足量的除硫剂、硫化氢及可燃气体检测仪(固定式和便携式)及硫化氢气体中毒抢救医疗器械及药品。
10.3.8 现场应备有足够的清水。

10.4 气体监测

10.4.1 欠平衡钻井期间应有专人进行井下气体燃爆监测。

10.4.2　可燃气体监测仪宜采用固定式；固定可燃气体监测仪应由专业人员进行安装、调试。还应配备便携式的可燃气体和硫化氢监测仪。

10.4.3　固定式可燃气体监测仪的安装、检查、维护、维修、检定及报废按照 SY/T 6503 的规定执行。

10.4.4　固定式可燃气体监测仪探头应安装在钻台上和振动筛等位置。

10.4.5　现场应连续 24h 监测可燃气体的浓度变化。

10.4.6　可燃气体监测仪一年鉴定一次，校验应由有资质的机构进行。

10.5　接单根和起下钻作业

10.5.1　钻台应准备有水管线。

10.5.2　接单根和起下钻作业时，应保证斜坡钻杆接头本体光滑，无毛刺等缺陷，减轻对旋转头胶芯的损坏。

10.5.3　从起钻至油气层以上 300m 井段内，起钻速度应控制在 0.5m/s 以内。

10.6　应急要求

10.6.1　施工期间，宜有专兼职医护人员值班。

10.6.2　钻进期间，宜有消防车和消防人员在现场值班。

10.6.3　发生意外时，应启动应急程序。【SY/T 5974—2020】

10.7　欠平衡钻井井控要求

见附录 L。【SY/T 6543—2019】

10.8　气体钻井井控要求

见附录 M。【Q/SH 0034—2007】【Q/SH 0010—2019】

11　完井井控

11.1　测井井控

11.1.1　生产准备

11.1.1.1　应根据危险源辨识、风险评估，编制测井施工方案和应急预案，并按审批程序审批。

11.1.1.2　测井设备、地面系统、下井仪器等应完好无损。对含硫化氢井，应配备足够数量的正压式空气呼吸器及便携式硫化氢检测仪。

11.1.1.3　各种井口带压设备应定期进行试压，合格后方可使用。【SY/T 6432—2019】

11.1.1.4　电测前井内情况应正常、稳定；若电测时间长，应考虑中途通井循环再电测。【SY/T 5974—2020】

11.1.2　现场作业

11.1.2.1　测井作业前，应召开由钻井、地质录井、测井等参加的作业协调会，明确配合事项，制定安全防护措施。【SY/T 6432—2019】

11.1.2.2　测井前应安装满足要求的电测专用井口防喷设备。【SY/T 5087—2017】

11.1.2.3　测井作业时，钻井队应有专人观察井口，保持井内液面符合井控要求。【SY/T 6432—2019】

11.1.2.4　空井或电测时，应及时灌浆，保证液面在井口，坐岗人员不间断观察井口，定时做好记录。【SY/T 5087—2017】

11.1.2.5　下井仪器应正确连接，牢固可靠。出入井口时，应有专人在井口指挥。绞车到井口的距离应大于25m并设置有紧急撤离通道。【AQ 2012—2007】

11.1.2.6　若电测时间长，不能满足油气上窜速度的安全条件时，应考虑中途通井循环。【GB/T 31033—2014】

11.1.2.7　在高压油气层电测时，井内钻井液静止时间一般不超过24h，超过则应采取通井后再测井。

11.1.2.8　裸眼井段电缆静止不应超过3min(特殊施工除外)。仪器起下速度要均匀，不应超过4000m/h，距井底200m要减速慢下；进套管鞋时，起速不应超过600m/h，仪器上起离井口约300m时，应有专人在井口指挥，减速慢起。【AQ 2012—2007】

11.1.2.9　电测时发生溢流应尽快起出井内电缆。若溢流量将超过规定值，则立即剪断电缆按空井溢流处理，不允许用关闭环形防喷器的方法继续起电缆；海上应立即关井，观察并采取措施。【SY/T 5087—2017】

11.1.2.10　遇有突发事件，需要撤离时，应服从平台统一指挥。【SY/T 6432—2019】

11.1.3　含硫化氢天然气井测井井控特殊要求

11.1.3.1　施工前应有测井施工设计，并按程序审批。

11.1.3.2　测井车辆应停放在井架大门口25m以外，在含硫化氢井测井时，每人应至少配备1套正压式空气呼吸器(且留有备用)和便携式硫化氢检测仪。

11.1.3.3 在含硫化氢气井测井，入井仪器应具有抗硫化氢性能。

11.1.3.4 测井施工时，测井队、钻井队应分别委派专人观察井口，并及时灌满泥浆。钻台上应备有1根带回压阀并与防喷器闸板尺寸相符的钻杆。如发生溢流，应服从井队井控安排。【Q/SH 0033—2009】

11.2 固井井控

11.2.1 井眼准备

11.2.1.1 下套管前，应换装与套管尺寸匹配的防喷器闸板。【GB/T 31033—2014】

11.2.1.2 下套管前应按如下要求通井：

a. 通井到底，井眼畅通无阻；

b. 按设计排量循环钻井液不少于两周，进出口密度差小于0.02g/cm³，保持井眼清洁干净；

c. 设专人观察振动筛处岩屑返出情况，判断井壁是否稳定；

d. 调整好钻井液性能，达到井口无溢流和井筒不漏失。对油水井，上窜速度不大于10m/h；对气井，上窜速度不大于15m/h；

e. 对于定向井、水平井、大位移井应分段循环，在全角变化率大的井段反复大幅度活动钻具，彻底清除岩屑床，到底后大排量循环钻井液并活动钻具；起钻前在大斜度井段、裸眼井段或水平井段注入含润滑剂的钻井液。

11.2.1.3 在钻井过程中发生漏失的井或有潜在漏失层的井，下套管前应设法提高地层承压能力，使其满足下套管或注水泥期间的最高当量循环密度。【SY/T 5412—2016】

11.2.1.4 下套管前通井，应用大排量循环洗井2周以上，环空上返速度不宜低于1.2m/s，同时应转动钻具防黏卡。【SY/T 5374.1—2016】

11.2.2 下套管作业

11.2.2.1 控制套管柱下放速度，主要以环空返速、地层承压等参数来确定。

11.2.2.2 下套管时应专人观察和记录井口钻井液返出情况，记录灌钻井液后悬重变化情况，如发现异常情况，应采取相应措施。

11.2.2.3 装有非自灌浮箍(浮鞋)，应按下套管技术措施和固井设计要求及时灌钻井液。

11.2.2.4 装有自灌型浮箍(浮鞋)，应定期检查灌浆情况，一旦发现自灌装置失败，立即按照11.2.2.3的规定执行。

11.2.2.5 下完套管灌满钻井液后方可开泵，观察泵压变化，排量由小到大，确认泵压无异常变化和井下无漏失后，将排量逐渐提高到固井设计要求。【SY/T 5412—2016】

11.2.3 固井施工作业

11.2.3.1 固井队在注水泥前应召开参加施工人员会议，对施工过程的各个环节交底并明确注意事项。

11.2.3.2 钻井队在注水泥前也应召开固井施工会议，对各个配合作业岗位人员安排做好部署。

11.2.3.3 注水泥作业应连续施工，指定有经验的工程师任施工指挥，各配合方应及时将注水泥施工参数汇总到固井指挥。

11.2.3.4 注水泥前，注水泥管线试压值应大于预计最高施工压力的1.2倍。

11.2.3.5 注水泥过程中应连续监控施工情况（包括排量、压力、水泥浆密度及井口返浆等），并做好记录。

11.2.3.6 替顶替液时，应准确计量顶替量，并安排专人观察井口返出情况。

11.2.3.7 替顶替液后期，应降低顶替排量，密切注意泵入量、泵压变化及井口返浆情况。

11.2.3.8 应采用小排量碰压，碰压附加值宜控制在3MPa~5MPa。

11.2.3.9 正常情况下，应开井敞压候凝。若浮鞋、浮箍失灵，应关井憋压候凝，管内压力宜高于管外静压力2MPa~3MPa，并派专人按要求放压。

11.2.3.10 替浆结束后，如需对环空水泥浆进行加压，应根据水泥浆失重、气层压力、破漏压力和环空液柱压力计算加压值，加压时间应不少于水泥浆顶部静胶凝强度达到48Pa的时间。【SY/T 5374.1—2016】

11.2.3.11 固井作业全过程应保持井内压力平衡，防止因井漏、水泥浆稠化初凝失重造成井内压力失衡而导致井喷。【GB/T 31033—2014】

11.2.3.12 固井前、固井中、候凝期间应压稳气层，下套管前应控制油气上窜速度不超过10m/h。

11.2.3.13 气层固井应选用防气窜水泥浆体系。【Q/SH 0198.1—2020】

11.2.3.14 生产套管候凝时间，浅井不少于24h，深井不少于48h，超深井不少于72h。

11.2.3.15 现场出现异常复杂情况，按应急预案处置。【SY/T 5374.1—2016】

11.3 中途测试井控

11.3.1 中途测试应有包括安全内容的测试设计，并按审批程序审批。

11.3.2 中途测试前应按设计调整好钻井液性能，保证井壁稳定和井控安全，测双井径曲线，确定坐封位置。【AQ 2012—2007】

11.3.3 中途测试和先期完成井，作业前观察一个作业期时间；起、下钻杆或油管应在井口装置符合安装、试压要求的前提下进行。【GB/T 31033—2014】

11.3.4 对高压、高产天然气井和区域探井测试时，应接好高压水泥车。

11.3.5 下钻中若发现测试阀打开，出现环空液面下降，应立即上提管串，同时反灌钻井液。【AQ 2012—2007】

11.3.6 放喷天然气或中途测试打开测试阀有天然气喷出时，应立即点火燃烧。【SY/T 5225—2019】

11.3.7 测试完毕后，起封隔器前如钻具内液柱已排空，应打开反循环阀，进行反循环压井，待井压稳后才能起钻。【AQ 2012—2007】

11.3.8 在含硫地层中一般情况下不宜使用常规式中途测试工具进行地层测试工作，若需进行时，应减少钻柱在硫化氢环境中的浸泡时间，并采取相应的措施。【GB/T 31033—2014】

11.3.9 高温高压含硫化氢油气层应采用抗硫油管测试。严格限制在含硫化氢地层中用非抗硫化氢的测试工具进行测试工作。【AQ 2012—2007】

11.3.10 采用加钻压式测试器的测试，井口第1根钻杆或油管，抗内压、抗外挤和抗拉安全系数应大于1.8；管柱顶部应连接高压阀门或高压测试控制头，其抗内压安全系数应加大一级。

11.3.11 预测井口关井最大压力大于技套抗内压强度80%的井，不应进行中途测试。

11.3.12 测试井段井身质量差、含有大段页岩、石膏、易垮塌及缩径的泥岩、盐岩层、用桥浆堵漏的井不应进行中途测试。

11.3.13 中途测试前应下通井规模拟测试管柱通井，通井规尺寸不小于测试封隔器尺寸，通井管柱的刚性不小于测试管柱的刚性。

11.3.14 中途测试应在规定时间内完成，原则上累计测试时间应控制在 8h 以内。【Q/SH 0033—2009】

12 井喷失控处理

12.1 一般规定

12.1.1 根据失控状况及时启动应急预案，统一组织、协调指挥抢险工作。【AQ 2012—2007】

12.1.2 井喷失控后应立即停机、停车、停炉，关闭井架、钻台、机泵房等处全部照明灯和电器设备的电源，必要时打开专用防爆探照灯；熄灭火源，设立警戒区并组织警戒；将氧气瓶、油罐等易燃易爆物品撤离危险区；迅速做好储水、供水工作，并尽快由注水管线向井口注水防火或用消防水枪向油气喷流和井口周围设备大量喷水降温，保护井口装置，防止着火或事故继续恶化。

12.1.3 立即向上一级主管单位或有关部门汇报，同时按应急程序向当地政府和安全生产监督部门报告，协助当地政府做好井口500m范围内居民的疏散工作。

12.1.4 应设置观察点，定时取样，测定井场各处天然气、硫化氢和二氧化碳含量，划分安全范围。在警戒线以内，严禁一切火源。根据监测情况决定是否扩大撤离范围。

12.1.5 应迅速成立现场抢险指挥组，统一指挥、组织和协调抢险工作。

12.1.6 制订抢险方案要同时考虑环境保护，防止出现次生环境事故。

12.1.7 抢险中每个步骤实施前，应进行技术交底和模拟演习。【GB/T 31033—2014】

12.1.8 含硫油气井井喷井口点火

12.1.8.1 含硫化氢天然气井出现井喷事故征兆时，现场作业人员应立即进行点火准备工作。【AQ 2016—2008】

12.1.8.2 井喷失控后，在人员生命受到巨大威胁，撤离无望、失控井无希望得到控制的情况下，作为最后手段应按抢险作业程序对油气井井口实施点火。

12.1.8.3 点火程序的相关内容应在应急预案中明确；点火决策人宜由建设单位代表或其授权的现场负责人来担任，并列入应急预案中。【GB/T 31033—2014】

2.1.8.4 含硫化氢天然气井发生井喷，符合下述条件之一时，应在15min内实施井口点火：

——气井发生井喷失控，且距井口500m范围内存在未撤离的公众；

——距井口500m范围内居民点的硫化氢3min平均监测浓度达到100ppm，且存在无防护措施的公众；

——井场周边1000m范围内无有效的硫化氢监测手段。

——若井场周边1.5km范围内无常住居民，可适当延长点火时间。【AQ 2016—2008】

12.1.8.5 井口点火时应监测井场空气中的天然气和硫化氢的浓度：

——井场空气中的天然气浓度在5%~15%之间井口不能点火，否则会发生爆炸；

——井场空气中的硫化氢浓度在4.3%~46%之间井口不能点火，否则也会发生爆炸。【Q/SH 0205—2009】

12.1.8.6 点火人员佩戴防护器具，在上风方向，尽量远离点火口使用移动点火器具点火；

其他人员集中到上风方向的安全区。【GB/T 31033—2014】

12.1.8.7　点火后应对下风方向，尤其是井场生活区、井场周边居民区、医院和学校等人员聚集的高危场所的二氧化硫浓度进行监测，一旦二氧化硫浓度即将达到或达到 $14mg/m^3$ (5ppm)时，任何人都应佩戴正压式空气呼吸器或迅速撤离。【Q/SH 0205—2009】

12.2　井喷着火抢险

12.2.1　启动应急预案

根据各集团(股份)公司井喷事故分级，油气井井喷着火后，钻井队、钻井公司、油气田和集团(股份)公司应启动相应级别的井喷事故应急预案。

12.2.2　成立现场抢险指挥部

12.2.2.1　现场抢险指挥部。

现场抢险指挥部下设：

——技术组；

——工程抢险组；

——消防组；

——后勤保障组；

——安全保卫组；

——医疗救护组；

——综合协调组。

组织机构框图如图 12-1 所示。

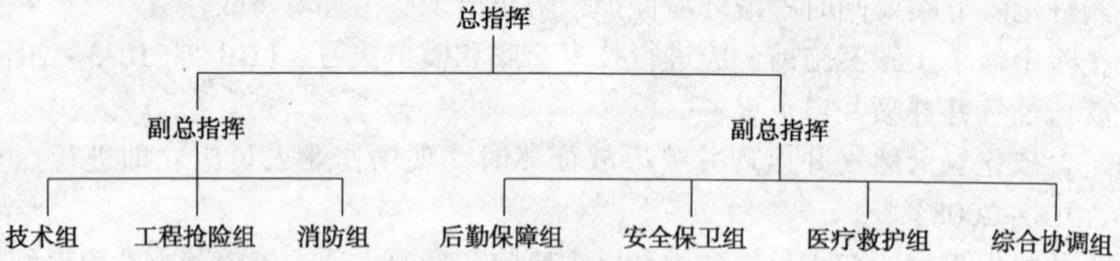

图 12-1　组织机构框图

12.2.2.2　抢险指挥部职责：

a. 抢险指挥部应全面指挥油气井井喷着火抢险工作；

b. 抢险指挥部副总指挥由总指挥指定，各组负责人由抢险指挥部指定；

c. 根据着火的实际情况，分析火情发展趋势，选择处理方案，由总指挥批准，并发布实施；

d. 对现场人员、邻近居民的安全和环境保护及时采取果断措施，协助当地政府疏散人员；

e. 应安排检测人员，对周围有毒有害、可燃气体含量进行监测，并将监测结果及时通报；

f. 规定统一的指挥信号，佩戴醒目标志；

g. 组织各组负责人制订抢险方案(压井方案、灭火方案等)，并加以演练；

h. 指定专人进行信息发布，及时向上级或地方政府通报情况。

12.2.2.3　技术组职责：

a. 勘测井喷流量、井口压力、设备及井口装置损坏情况，根据喷出物组分、火焰温度、气象情况、井口周围地裂、地陷、漏气、地形道路等情况，评估抢险危险程度、操作困难程度和污染程度；

b. 根据收集、查阅的各项地质、工程资料，做出技术分析报告；

c. 负责制定抢险技术方案，分析论证方案的可行性、可靠性，报抢险指挥部审批后实施；

d. 根据抢险工作需要，组织加工、改造设备和专用工具；

e. 负责压井施工；

f. 及时传达抢险指挥部指令，收集各组抢险工作汇报及相关资料，做出事故分析；

g. 完成抢险指挥部下达的其他任务。

12.2.2.4　工程抢险组职责：

a. 参与抢险方案制定；

b. 负责井口清障和井口拆装；

c. 完成抢险指挥部下达的其他任务。

12.2.2.5　消防组职责：

a. 负责制定灭火方案，报抢险指挥部审批后实施；

b. 负责灭火力量的调度与组织指挥；

c. 对现场抢险实施掩护和提供保障；

d. 完成抢险指挥部下达的其他任务。

12.2.2.6　安全保卫组职责：

a. 设置警戒线，做好现场警戒保卫；

b. 对进入警戒线的人员、车辆及物资进行安全检查；

c. 监测井场及井场以外危险区域内硫化氢、二氧化硫、二氧化碳等有毒有害气体的浓度，发现异常情况及时报告抢险指挥部，采取应急措施，减少发生次生灾害；

d. 负责协助当地政府疏散人员；

e. 完成抢险指挥部下达的其他任务。

12.2.2.7　后勤保障组职责：

a. 保障井场道路畅通，及时组织抢险设备和物资，保质保量送达现场；

b. 根据现场实际情况和消防所需水量，储备足量的消防用水；

c. 抢险施工输电线路应采取安全保护措施，电路设备防爆性能可靠；

d. 保障现场人员的生活供给；

e. 保障现场通信畅通；

f. 完成抢险指挥部下达的其他任务。

12.2.2.8　医疗救护组职责：

a. 负责现场伤员的救治和联系医院接纳伤员；

b. 负责现场的卫生和消毒工作；

c. 完成抢险指挥部下达的其他任务。

12.2.2.9　综合协调组职责：

a. 负责抢险信息收集、整理、传递，协调各小组的抢险工作；

b. 负责与地方政府和有关部门沟通联系相关工作事项；

c. 做好现场抢险实况录像，收集相关资料，对抢险全过程进行记录；

d. 完成抢险指挥部下达的其他任务。

12.2.2.10 通用职责：

抢险完毕，各组编写抢险工作总结报告。

12.3 井口清障

12.3.1 保护井口

a. 对井场的易燃易爆物品进行清理，消除危险源；

b. 应采取密集水流或其他方法对井口强行冷却。

12.3.2 清除障碍

a. 带火清障，暴露井口；

b. 清障应遵循先易后难，先外后内，先上后下，逐段切割拖拉出井场的原则；

c. 带火清障作业时，抢险人员应做到：

——清障作业人员应穿戴相应个人防护装备；

——先冷却降温，然后根据地形地貌、火势发展、风向，选择清障突破口；

——采取必要措施，将火焰压向一方，集中喷射密集水流，掩护清障作业人员进行切割、拖拉作业，清除障碍，使井口完全暴露，达到后续处理的要求。

d. 采用以下切割工具及技术：

——带火清障作业，可采用氧炔焰、电弧、钢锯、钢绳锯等切割方法；

——远距离切割可采用多功能机械手，进行高压研磨、水力喷砂或氧炔焰切割；

——采用聚能射孔弹爆破切割。

12.4 井口灭火

12.4.1 灭火原则及条件

12.4.1.1 灭火原则为救人第一；先控制，后消灭；先重点，后一般。

12.4.1.2 灭火应具备以下条件：

——灭火前井口周围应彻底清障，暴露井口，井口可采用引火筒等办法导火向上；

——灭火设备就位、准备工作就绪；

——按灭火方案备足灭火用水和灭火剂；

——灭火人员熟知指挥、联络信号、灭火程序及安全措施，熟悉安全通道；

——井控设备及压井措施准备完善；

——在含硫化氢环境中灭火时，应符合 SY/T 6277 的规定。

12.4.2 灭火方法及技术要求

12.4.2.1 集水流灭火法：应根据火势程度及特点，以大于井喷流量的消防水量和高压密集水流，集中在火焰根部的同一点上喷射，将燃烧的油气与未燃的油气分开，并使密集水流逐渐向上抬高，迫使火焰根部位置逐渐向上移动，拉大间距直到火焰熄灭。

12.4.2.2 罩引火筒高压密集水流封顶灭火法：采用引火筒，将散状火焰集中引导垂直向上，在引火筒顶端射水柱拦截切封灭火。

12.4.2.3 喷射化学剂灭火法：应以足够的化学剂，在水枪、水炮的配合下，尽量靠近井口，在上风方向，同一时间向火焰喷射化学剂，抑制燃烧过程，直至火焰熄灭。灭火后继续喷射水流冷却井口及周围，防止复燃。

12.4.2.4 突然改变喷流方向灭火法：采用密集水流灭火同时，突然改变喷流方向，使喷流和火焰瞬时中断实现灭火。改变喷流方向可借助特制的遮挡工具或被拆掉的设备来实现。

12.4.2.5 救援井灭火法：通过打定向救援井，使事故井与救援井相通，可采用泄压、导流或清水、泥浆压井止喷灭火。

12.5 灭火后井喷处理

12.5.1 人身防护

12.5.1.1 灭火后应考虑有毒有害气体、高压流体、高空落物、设备垮塌、复燃等因素对人身造成的伤害。

12.5.1.2 含硫化氢油气井灭火后，应符合 SY/T 6277 及 SY 6137 的规定，采取有效措施，防止人身伤害。

12.5.2 新井口装置的准备及要求

12.5.2.1 新井口装置应满足压井施工需要和后续施工要求。

12.5.2.2 现有套管底法兰可以利用，在油管头四通或套管头四通及压井管汇完好的情况下，可直接整体吊装新井口装置。

12.5.2.3 套管底法兰无法利用，应准备套管头或带底法兰的套管卡紧装置。

12.5.3 拆除坏的原井口装置

12.5.3.1 挖圆井及通道，暴露表层套管。

12.5.3.2 采取钢丝绳加压、导向整体吊装法拆除坏的原井口装置。

12.5.3.3 将导向滑轮支架或绳套固定在适当位置。应根据井口压力大小，确定支架个数、牵引设备使用台数。

12.5.3.4 将各条加压钢丝绳通过导向滑轮、套管底法兰螺孔，一端与井口装置连接，另一端与拖拉设备连接，并拉紧，用大吨位吊装设备把原井口装置从其上方吊住。

12.5.3.5 卸完原井口装置的全部固定螺栓后撤离井口，牵引设备配合吊装设备松加压绳，吊装设备将原井口装置吊走。

12.5.4 装新井口装置

12.5.4.1 可采取加压、导向方法或远程遥控作业机吊装法吊装新井口。

12.5.4.2 新井口底法兰钢圈采用沉头螺钉固定牢固。

12.5.4.3 打开全封闸板，在牵引设备的配合下，慢慢向井口移动切割气流，对准套管底法兰，拉紧加压钢丝绳，将新井口稳住后放松吊绳，或者用远程遥控吊装作业机将新井口装置托起，遥控指挥使其坐在井口。

12.5.4.4 上紧新井口螺栓，接好井控管汇，打开防喷阀，试关井。

12.5.5 压井要求

12.5.5.1 接压井管线，对管汇进行试压。

12.5.5.2 压井作业按压井方案执行，压井方案应考虑如下因素：

——井口装置由原井口保留部分加新装上去的部分组成，其承压能力比额定承压能力低；

——暴露在地面的井口套管经大火烧烤后其承压能力会有不同程度的降低；

——井喷后，储层可能亏空，压井时易出现井漏。

12.5.5.3　在产层孔隙度好，流动阻力小，井口承压能力较大，且上部裸露地层压井时不破裂的情况下，可采用平推法压井。不具备平推法压井条件时，可采用置换法压井。

12.6　注意事项

12.6.1　施工井井喷着火后，周边 500m 内的注液、注气(汽)井应停注泄压。

12.6.2　在抢险作业过程中，不应有两种或两种以上相互影响的作业同时进行。清障、拆换井口装置、灭火及压井等关键性作业，不宜在夜间或雷电天进行。

12.6.3　对事故现场或周围高危场所、公共设施进行有毒有害、可燃气体检测，确认安全后，作业人员和居民才可返回现场或居所。【SY/T 6203—2014】

13　硫化氢防护

13.1　一般要求

13.1.1　资质要求

13.1.1.1　拥有石油天然气井的生产经营单位应建立作业队伍的选用制度。

13.1.1.2　承担硫化氢环境中油气井施工的作业队伍应具有相应的施工能力或经验。

13.1.1.3　主要设计人员应具有三年以上现场工作经验和硫化氢防护安全培训合格证。

13.1.1.4　设计审核人应具有五年以上现场工作经验和硫化氢防护安全培训合格证，设计应由业主主管领导批准。

13.1.2　培训要求

硫化氢环境中人员应按照SY/T 7356的规定，上岗前接受硫化氢防护技术培训，经考核合格后持硫化氢防护安全培训合格证上岗。

13.1.3　管理要求

13.1.3.1　作业队伍应建立并实施安全管理体系，依法取得安全生产标准化达标等级和安全生产许可证。

13.1.3.2　作业队伍应制定硫化氢防护管理制度，内容应至少包括：

——人员培训或教育管理；

——人身防护用品管理；

——硫化氢浓度检测规定；

——作业过程中硫化氢防护措施；

——交叉作业安全规定；

——应急管理规定。

13.1.3.3　现场应至少建立以下资料：

——人员持证或教育登记档案；

——人身防护用品统计表；

——人身防护用品检查表；

——硫化氢浓度检测记录；

——硫化氢防护措施落实检查记录；

——交叉作业实施方案；

——现场应急处置方案演练记录。【SY/T 5087—2017】

13.1.4　人员要求

13.1.4.1　员工应年满18周岁。

13.1.4.2　员工上岗前、离岗时、在岗期间(每年)应进行健康体检，体检医院级别不应低于二等甲级。

13.1.4.3　对疑似职业病患者应到政府卫生行政主管部门认可的机构进行确诊。

13.1.5 公众安全防护距离

陆上含硫化氢天然气井与民宅、铁路及高速公路、公共设施、城镇中心之间的公众安全防护距离应满足附录 N 的要求。【SY/T 6277—2017】

13.2 井场布置

13.2.1 钻井设备井场布置

13.2.1.1 井场的布置应符合 SY/T 5466 的要求。

13.2.1.2 钻前工程前，应从气象资料中了解当地季节的主要风向。

13.2.1.3 大门方向应面向当地季节的主要风向。

13.2.1.4 硫化氢含量大于 150mg/m^3(100ppm)的油气井应明确修有一条备用应急通道，以便一旦出现硫化氢或二氧化硫的紧急情况下可根据风向选择从现场撤离。

13.2.1.5 钻井设备的安放位置应考虑当地的主要风向和钻开含硫化氢油气层时的季节风风向。井场内的发动机、发电机、压缩机等易产生火花的设备、设施及人员集中区域，应布置在相对井口、节流管汇、天然气火炬装置或放喷管线、液气分离器、钻井液罐、备用池和除气器等容易排出或聚集天然气的装置上风方向。

13.2.1.6 发电房、锅炉房、井场值班车、工程室、钻井液室、气防器材室等应设置在当地季节风的上风方向；发电房距井口 30m 以上，锅炉房距井口 50m 以上；储油罐应摆放在距井口 30m 以上、距发电房 20m 以上的安全位置，生活区离井口不小于 300m。

13.2.1.7 钻井用柴油机排气管无破漏和积炭，并有冷却防火装置，排气管出口不能朝向油罐区。

13.2.1.8 井场电器设备、照明器具及输电线路的安装应按 SY/T 5225 中的相应规定执行。

13.2.1.9 在确定井位任一侧的临时安全区位置时，应考虑季节风向。当风向不变时，两边的临时安全区都能使用。当风向发生 90°变化时，则应有一个临时安全区可以使用。当井口周围环境硫化氢浓度超过安全临界浓度时，未参加应急作业人员应撤离至安全区内。

13.2.1.10 应将风向标设置在井场及周围的点上，保证井场所有人员在任何区域都能看得见一个风向标。安装风向标的可能位置是：绷绳、工作现场周围的立柱、临时安全区、道路入口处、井架上、消防器材室等。风向标应挂在有光照的地方。

13.2.1.11 在钻台上、井架底座周围、振动筛、液体罐和其他硫化氢可能聚集的地方应使用防爆通风设备(如鼓风机或风扇)，以驱散工作场所弥散的硫化氢。

13.2.1.12 钻入含硫化氢油气层前，应将机泵房、循环系统及二层台等处设备的防风护套和其他类似的围布拆除。寒冷地区在冬季施工时，对保温设施采取相应的通风措施，以保证工作场所空气流通。

13.2.1.13 应确保通信系统 24h 畅通。

13.2.1.14 海洋石油原则上执行 13.2.1.1~13.2.1.13 的要求，其井场布置应满足海上石油井控布置要求。

13.2.2 录井设备井场布置

13.2.2.1 录井仪器房和地质值班室放置于井场右前方靠振动筛一侧，录井仪器房靠近井口端，距井口 30m 以外场地，并留有逃生通道。

13.2.2.2 在录井仪器房明显位置安装声光报警仪，架设高度应超出录井仪器房顶 0.3m。

13.2.3 测井设备井场布置

13.2.3.1　测井施工现场警戒区域一般长度不小于35m，宽度不小于15m。放射性作业时，宽度不小于25m。

13.2.3.2　测井车辆应优先选择摆放在上风方向，其次选择侧风方向。绞车与井口距离应大于25m。

13.2.4　固井设备井场布置

13.2.4.1　水泥车组摆放在钻台跑道(井口)正前方井场空旷地面，保持车头朝井场入口方向，水泥车组之间保持1.5m以上间距，作为安全通道。

13.2.4.2　仪表车摆放在钻台跑道(井口)两侧空旷地面，保持车头朝井场入口方向。

13.2.4.3　井口管汇车或组合压风机车摆放在钻台跑道(井口)两侧空旷地面，保持车头朝井场入口方向。

13.2.5　海上设备布置

设备的布局，要考虑到逃生路线及所有设备的操作和维修空间；救生设备布置应能使人安全顺利到达，以便使工作人员在放弃平台时能迅速离开。

13.3　设备设施配置

13.3.1　钻井设施设备及材料

13.3.1.1　井口设备：

a. 井口设备按GB/T 22513—2013的要求执行；

b. 防喷装置及测试程序与方法应按照SY/T 5053.2的相关条款执行；

c. 环形和闸板型防喷器及相关设备的产品采购规范，以及对防喷设备的操作特性测试应按API Spec16A的相关条款执行；

d. 节流管汇的选用、安装和测试应按SY/T 5323的有关条款执行。

13.3.1.2　管材：

a. 管材应使用符合SY/T 0599规定的材料及经测试证明适合用于硫化氢环境的材料；

b. 应选用规格化并经回火的较低强度的管材及规格化并经回火的方钻杆用于含硫化氢油气井；

c. 对于屈服强度大于646.25MPa的管材，应淬火和回火，洛氏硬度不大于22HRC；

d. 在没有使用特种钻井液的情况下，屈服强度大于784MPa的管材(例如P110油管和S135钻杆)不应用于含硫化氢的环境。

13.3.1.3　硫化氢监测仪器和设备：

a. 在可能含硫化氢地区进行钻井作业时，现场应有硫化氢监测仪器；

b. 硫化氢钻井作业现场应配备一套固定式硫化氢监测系统，并应至少在以下位置安装监测传感器：

a）方井；

b）钻台；

c）钻井液出口管、接收罐或振动筛；

d）钻井液循环罐；

e）未列入进入限制空间计划的所有其他硫化氢可能聚集的区域。【SY/T 5087—2017】

c. 硫化氢监测仪报警值设定：阈限值为1级报警值；安全临界浓度为2级报警值；危险临界浓度为3级报警值。【AQ 2012—2007】

13.3.1.4　材料的选择：

a. 采用 SY/T 0599 的条款作为最低的标准，设备用户可自由选择更严格的规范；

b. 材料应有材质合格证等适用性文件；

c. 非金属密封件，应能承受指定的压力、温度和硫化氢环境，同时应考虑化学元素或其他钻井液条件的影响；

d. 钻井地面高压流程的制造材料应具备抗硫应力开裂的性能。

13.3.2　录井设施设备

13.3.2.1　硫化氢环境的录井应使用综合录井仪，综合录井仪设备应满足 SY/T 5190 的要求。

13.3.2.2　天然气井应配备正压式防爆综合录井仪，防爆风机应安装在井口上风方向、远离井口方向 75m 以外的通风开阔地方。

13.3.2.3　正压式防爆综合录井仪器房内应安装硫化氢、温度、烟雾报警仪。

13.3.2.4　应配备声光报警器和防雷装置各 1 套。

13.3.2.5　地层天然气中硫化氢含量大于 $150mg/m^3$时，在钻井液出口处应安装固定式硫化氢传感器，位置在距离缓冲罐上方 0.3m 或两振动筛之间距工作面 1.0m~1.2m 处。

13.3.2.6　固定式硫化氢传感器注样校验和送检按 13.5.3.2 的规定执行。

13.3.2.7　当硫化氢浓度可能超过传感器量程 $150mg/m^3$(100ppm)时，应配备一个量程达 $1500mg/m^3$(1000ppm)的高量程硫化氢传感器。

13.3.3　测井设施设备

13.3.3.1　硫化氢含量大于 $1.5g/m^3$的井应使用耐硫化氢电缆，其他含硫化氢井应对电缆采取防硫涂层措施。

13.3.3.2　下井仪器应使用抗硫密封圈，选择耐硫化氢腐蚀的取样筒。

13.4　施工作业

13.4.1　施工作业前的检查

13.4.1.1　钻开含硫化氢油气层前应制定防硫化氢安全措施，组织检查，确认防硫化氢安全措施的落实情况。只有防硫化氢安全措施得到全部落实，才能在含硫化氢环境的钻井场所施工。

13.4.1.2　防硫化氢安全措施应包括但不限于下述项目：

——硫化氢监测设备的配置；

——个人呼吸保护设备的配置；

——风向标的配置安装；

——在可能形成硫化氢、二氧化硫聚集处的防爆通风设备配置；

——逃生通道及安全区的设置；

——防硫化氢应急处置方案的演练；

——现场作业人员防硫化氢培训持证情况。

13.4.2　施工过程

13.4.2.1　钻开含硫化氢油气层前的准备工作：

a. 向现场所有施工人员进行地质、工程、钻井液、井控装备、井控措施和安全等方面的技术交底，对含硫化氢油气层及时做出地质预报，建立预警预报制度；

b. 钻井液密度及其他性能符合设计要求，并按设计要求储备压井液、加重剂、堵漏材料和其他处理剂；

c. 检查各种钻井设备、仪器仪表、防护设备、消防器材及专用工具等配备是否齐全；所有井控装置、电路和气路的安装是否符合规定，功能是否正常，发现问题应及时整改；

d. 钻开油气层前对全套井控装备进行一次试压(包括井口附近套管)；

e. 在进入油气层前 50m~100m，按照下步钻井的设计最高钻井液密度值，对裸眼地层进行承压能力检验；

f. 落实坐岗制度、关井操作岗位分工和钻井队干部 24h 值班制度；

g. 编制应急处置预案，组织进行防喷、防火、防硫化氢演习，达到规定要求。条件许可时组织现场各协作单位开展联合演习；

h. 对井场的硫化氢防护措施进行检查，未达到要求不准钻开含硫化氢油气层。

13.4.2.2　钻进、起下钻按 8.2 执行。

13.4.2.3　取心作业：

a. 岩心筒到达地面前至少 10 个立柱至出心作业完，应开启防爆通风设备，并持续监视硫化氢浓度，在达到安全临界浓度时应立即戴好正压式空气呼吸器；

b. 在井口取心工具操作和岩心出心过程中发生溢流时，立即停止出心作业，快速抢接防喷钻杆单根或将取心工具快速提出井口，按程序控制井口；

c. 岩心筒已经打开或当岩心已移走后，应使用便携式硫化氢监测仪检查岩心筒。硫化氢含量大于 $1.5g/m^3$ 天然气井段出心和搬运过程中，应持续使用正压式空气呼吸器；

d. 在搬运和运输含有硫化氢的岩心样品时，采取相应包装和措施密封岩心，并标明岩心含硫化氢字样，应保持监测并采取相应防护措施。岩样盒应采用抗硫化氢的材料制作，并附上标签。

13.4.2.4　钻井液维护处理：

a. 严格按设计的钻井液密度执行，施工中发现设计钻井液密度值与实际情况不符合时，应按更改设计的程序进行。没有经过更改设计的申报、审批程序，不得修改设计钻井液密度，但不包括下列情况：

——发现地层压力异常时；

——发现溢流、井涌、井漏时。

若出现上述异常情况，应关井求压，及时调整钻井液密度或压井，同时向有关部门汇报；

b. 加强对钻井液中硫化氢浓度的测量，充分发挥除硫剂和除气器的功能；

c. 停止钻井液循环进行其他作业期间，以及其后重新循环钻井液过程中，钻台和循环系统上的作业人员要注意防范因油气侵而进入钻井液中的硫化氢；

d. 发生卡钻需泡油、混油或因其他原因需适当调整钻井液密度时，应确保井筒液柱压力不小于裸眼段中的最高地层压力；

e. 发现气侵应及时排除，气侵钻井液未经排气不应重新注入井内；

f. 若需加重，应在气侵钻井液排完气后停止钻进的情况下进行，严禁边钻进边加重；

g. 当钻井液曾在含硫化氢地层中使用过，其储存时可能会逸出硫化氢气体。在对储存的钻井液进行维护处理时，作业人员应携带便携式硫化氢监测仪，并在作业点附近便于取用的地方放置正压式空气呼吸器；

h. 在使用除硫剂时，应密切监测钻井液中除硫剂的残留量；

i. 维持钻井液的 pH 值为 9.5～11，以避免发生能将硫化氢从钻井液中释放出来的可逆反应。

13.4.3 录井作业

13.4.3.1 含硫化氢地层录井作业前应准备以下工作：

——参加安全技术交底，对含硫化氢油气层及时做出地质预报，建立预警预报制度；

——检查各种录井仪器仪表、防护设备、消防器材等配备是否齐全，功能是否正常，发现问题应及时整改；

——落实液面监测坐岗制度；

——编制与钻井现场协作单位接口的应急处置方案，参与钻井现场协作单位的联合演习或组织演习。

13.4.3.2 在新探区、新层系及含硫化氢地区录井时，应进行硫化氢监测。

13.4.3.3 钻开含硫化氢油气层后应连续监测硫化氢浓度。

13.4.3.4 录井作业人员捞取含硫化氢岩屑以及液面监测坐岗时，应携带便携式硫化氢监测仪。

13.4.3.5 录井中若发现有硫化氢显示，应及时向钻井监督报告，并将信息传递到现场施工的所有单位。当发现硫化氢含量大于或等于 $30mg/m^3$(20ppm)时，应及时通知有关人员做好硫化氢人身防护。

13.4.3.6 钻进中遇到钻时变化、放空、蹩钻、跳钻、油气水显示等情况，加密监测钻井液体积及钻井液性能变化。关井应监测压力变化，计算地层压力。

13.4.3.7 遇油气水后效显示应计算油气上窜速度，监测钻井液性能变化，做好记录，分析异常原因。

13.4.3.8 起下钻作业，每起下 3 柱钻杆、1 柱钻铤记录一次灌入或返出钻井液体积，观察钻井液出口返出情况，并做好记录。

13.4.3.9 其他作业应观察出口是否有钻井液外溢或液面是否在井口，关井情况下井口是否起压，并做好记录。

13.4.3.10 进入含硫化氢层段 50m 前应启动正压式防爆系统至本开(次)完钻。

13.4.3.11 正压式防爆系统启动后，仪器房内压力应维持高出大气压力 50Pa～150Pa。

13.4.4 测井作业

13.4.4.1 在含硫化氢油气井进行测井作业时，应制定出测井方案，待批准后方可进行测井作业。方案应包括但不限于下述项目：

——参加测井作业人员的防硫化氢培训持证情况；

——硫化氢人身防护设备的配置情况；

——与钻井现场协作单位接口的应急处置方案编制及演练情况；

——风险识别与评价，包括测井电缆和下井仪器对硫化氢的耐受程度、测井仪器上提的抽吸现象对井压平衡的影响程度、井口硫化氢浓度以及井场地貌、风力、风向等。

13.4.4.2 硫化氢含量大于 $1.5g/m^3$ 的油气井及重点探井测井应有测井施工设计，并按规定程序审批、签字。

13.4.4.3 作业前应准备以下工作：

——召开相关方会议，向相关方人员进行测井技术交底，与相关方人员就硫化氢风险情况(包括曾经发生过硫化氢泄漏的区域)、钻井队井控设备、硫化氢人身防护设备、风向标、井场的紧急集合点、逃生路线等方面进行信息沟通，确认与相关方的应急协作方式和途径；

——召开班前会议，通报硫化氢风险情况(包括曾经发生过硫化氢泄漏的区域)，落实风险控制措施和应急措施；

——隔离测井作业区域，明确人员活动范围；

——测量油气上窜速度，确认满足测井期间井内情况正常、稳定的要求。

13.4.4.4　测井车辆排气管应安装阻火器。

13.4.4.5　测井作业期间井口工应携带便携式硫化氢监测仪。

13.4.4.6　获取井壁取心岩样及地层测试器放样作业时，作业人员应戴好正压式空气呼吸器。

13.4.5　固井作业

13.4.5.1　固井前应准备以下工作：

——参加固井作业人员应持有效防硫化氢培训合格证；

——编制与钻井现场协作单位接口的应急处置方案，并组织演练；

——若裸眼井段地层漏失压力不能满足固井需要，固井前应采取有效措施，提高地层承压能力；

——施工前召开相关方会议，向相关方人员进行固井技术交底，与相关方人员就硫化氢风险情况(包括曾经发生过硫化氢泄漏的区域)、钻井队井控设备、硫化氢人身防护设备、风向标、井场的紧急集合点、逃生路线等方面进行信息沟通，确认与相关方的应急协作方式和途径。

13.4.5.2　揭开储层或非目的层高压地层流体的井，下套管作业前，应更换与套管外径一致的防喷器闸板芯子并试压合格。实施悬挂固井时，如悬挂段长度不足井深的三分之一，可采用由过渡接头和止回阀组成的防喷单根。使用无接箍套管时，应备用防喷单根。

13.4.5.3　固井作业全过程应保持井内压力平衡，防止固井作业中因井漏、注水泥候凝期间水泥浆失重造成井内压力平衡被破坏而导致井喷。

13.4.5.4　对含硫化氢油气层上部的非油气矿藏开采层应下套管封住，套管鞋深度应大于开采层底部深度100m以上。目的层为含硫化氢油气层以上地层压力梯度与之相差较大的地层也应下套管封隔。

13.4.5.5　对于固井质量存在严重问题、威胁到井控安全、影响到后续钻井施工的井，应采取有效措施进行补救。

13.4.5.6　应安排专人坐岗观察，候凝期间不应进行下道工序作业。

13.4.5.7　注水泥浆应符合下列规定：

a. 固井水泥应返到上一级套管内或地面，且水泥环顶面应高出上一级套管已封固的喷、漏、塌、卡、碎地层以上100m；

b. 各层套管都应进行流变学注水泥浆设计，高温高压井水泥浆柱压力应至少高于钻井液柱压力1MPa~2MPa；

c. 固井施工前应对水泥浆性能进行室内试验，合格后方可使用。【SY/T 5087—2017】

13.4.6　完井作业

13.4.6.1　含硫化氢的天然气井应使用抗硫套管头，其压力等级要等于或大于最高地层压力，并考虑能满足进一步采取增产措施压力增高的需要。【Q/SH 0033—2009】

13.4.6.2　高温、高压、高产及含硫化氢井应安装液压控制抗硫的井下安全阀、液压控制抗

硫的地面安全控制系统和井口测温装置。【Q/SH 0198.1—2020】

13.4.6.3 含硫化氢油气井的采油(气)树应具有抗硫化氢性能，按要求试压合格，并安装防硫压力表。【SY/T 5087—2017】

13.4.7 弃井作业

13.4.7.1 陆上临时弃井至少应符合以下最低要求：

a. 应在每组射孔段顶部以上 15m 内下可钻桥塞倾倒水泥或注水泥塞封隔油气层。顶部油气层以上 15m 内应下桥塞、试压合格并在其上注长度不小于 30m 的水泥塞，或注不少于 50m 水泥塞，候凝、探水泥塞顶面并试压合格；

b. 天然气井、含腐蚀性流体的井或地层孔隙压力当量密度高于 1.30g/cm³ 的其他井(以下简称为"特殊井")，油气层间用注水泥封隔时水泥塞长度不应小于 30m，用桥塞进行封隔时桥塞顶部应倾倒水泥，顶部油气层以上 15m 内应下可钻桥塞，试压合格并在桥塞上注长度不小于 50m 的水泥塞；

c. 在尾管悬挂器、分级箍以下约 30m 处向上注一个长度不小于 60m 的水泥塞，候凝并探水泥塞顶面；

d. 井口装置、井口房应完善，并定期进行压力观察。

13.4.7.2 海上临时弃井至少应符合以下最低要求：

a. 在最深层套管柱的底部至少打 50m 水泥塞；

b. 在海底泥面以下 4m 的套管柱内至少打 30m 水泥塞。

13.4.7.3 陆上永久弃井至少应符合以下最低要求：

a. 最上部油气层的水泥返高不应低于射孔段顶部以上 100m，候凝、试压并探水泥塞顶面；或在最上部射孔段顶部以上 15m 内下入桥塞、试压合格，并在挢塞上注水泥塞，封堵油气层，挤注半径不低于井筒半径的 3 倍。特殊井应在顶部射孔段以上 15m 以内下入挤水泥封隔器、试压合格，采用试挤注、间歇挤水泥的方法向油气层挤水泥，设计最小挤入量不应少于 15m 长的井筒容积，最高挤入压力为该井段原始地层破裂压力。挤水泥结束后，在挤水泥封隔器上注长度不小于 50m 的水泥塞；

b. 在尾管悬挂器、分级箍以下约 30m 处向上注一个长度不小于 60m 的水泥塞，候凝并探水泥塞顶面；

c. 在表层套管鞋深度附近的内层套管内或环空有良好水泥封固处向上注一个长度不小于 100m 的水泥塞，候凝、探水泥塞面。特殊井应在此位置坐封一只桥塞、试压合格并在其上注长度不小于 100m 的水泥塞；

d. 陆上石油井口装置、井口房应完善，应在油层套管头上安装盖板法兰、闸阀、泄压通道，并按要求试压合格；

e. 永久弃井结束后，应根据政府主管部门的要求提交资料备案。

13.4.7.4 海上永久弃井至少应符合以下最低要求：

a. 在裸露井眼井段，对油、气、水等渗透层进行全封，在其上部打至少 50m 水泥塞，以封隔油、气、水等渗透层，防止互窜或者流出海底。裸眼井段无油、气、水时，在最后一层套管的套管鞋以下和以上各打至少 30m 水泥塞；

b. 已下尾管的，在尾管顶部上下 30m 的井段各打至少 30m 水泥塞；

c. 已在套管或者尾管内进行了射孔试油作业的，对射孔层进行全封，在其上部打至少 50m 的水泥塞；

d. 已切割的每层套管内，保证切割处上下各有至少 20m 的水泥塞。表层套管内水泥塞长度至少有 45m，且水泥塞顶面位于海底泥面下 4m~30m 之间；

e. 永久弃井时，所有套管、井口装置或者桩应实施清除作业。对保留在海底的水下井口装置或者井口帽，应按照国家规定向海油安办有关分部进行报告。【SY/T 5087—2017】

13.5 专用防护设施

13.5.1 正压式空气呼吸器

13.5.1.1 技术性能要求：

正压式空气呼吸器的技术性能应符合 GA 124 的规定。

13.5.1.2 配备要求：

a. 已知含有硫化氢，且预测超过阈限值的场所应至少按以下要求配备：

——陆上按在岗人员数 100%配备，另配 20%备用气瓶；

——海洋石油设施上按定员 100%配备，另配 20%备用气瓶。

b. 预测含有硫化氢的场所或探井井场应至少按以下要求配备：

——陆上按在岗人员数 100%配备；

——海上钻井设施配备 15 套；

——海上录井、测井、工程技术服务队伍等按在岗人员数 100%配备。

13.5.1.3 检查要求：

a. 正压式空气呼吸器应处于随时可用状态，每次检查应有记录，记录至少保存一年；

b. 日常检查应至少包括以下内容：

——正压式空气呼吸器外观及标识；

——气瓶压力；

——连接部件；

——面罩与面部的密封性；

——供气阀；

——报警器。

13.5.1.4 使用要求：

a. 当硫化氢浓度达到安全临界浓度或二氧化硫浓度达到 5.4mg/m^3(2ppm)时，应立即正确佩戴正压式空气呼吸器；

b. 使用中出现以下情况应立即撤离硫化氢环境：

——正压式空气呼吸器报警；

——有异味；

——出现咳嗽、刺激、憋气、恶心等不适症状；

——压力出现不明原因的快速下降。【SY/T 6277—2017】

13.5.1.5 检验要求：

a. 正压式空气呼吸器应每年检验一次；气瓶应每三年检验一次，其安全使用年限不得超过 15 年；

b. 检验应由专业的检验检测机构进行，性能应符合出厂说明书的要求。

13.5.1.6 空气压缩机配备使用要求：

a. 在已知含有硫化氢的工作场所应至少配备一台空气压缩机，其输出空气压力应满足正压式空气呼吸器气瓶充气要求；

b. 没有配备空气压缩机的工作场所应有可靠的气源；

c. 空气压缩机的进气质量应符合以下要求：

a）氧气含量 19.5%~23.5%；

b）空气中凝析烃的含量小于或等于 5×10^{-6}（体积分数）；

c）一氧化碳的含量小于或等于 12.5mg/m³（10ppm）；

d）二氧化碳的含量小于或等于 1960mg/m³（1000ppm）；

e）压缩空气在一个大气压下的水露点低于周围温度 5℃~6℃；

f）没有明显的异味；

g）避免污染的空气进入空气供应系统。当毒性或易燃气体可能污染进气口的情况发生时，应对压缩机的进口空气进行监测；

d. 空气压缩机应布置在安全区域内；

e. 空气压缩机操作人员应按说明书要求进行安全操作、维护和保养；

f. 气体充装人员资格应符合政府有关规定。

13.5.2　硫化氢检测仪

13.5.2.1　配备要求：

a. 便携式硫化氢检测仪性能和技术指标应满足表 13-1 的要求；

b. 在已知含有硫化氢的陆上工作场所应至少配备探测范围为 0mg/m³~30mg/m³（0ppm~20ppm）和 0mg/m³~150mg/m³（0ppm~100ppm）的便携式硫化氢检测仪各 2 套；

c. 在已知含有硫化氢的海上工作场所除按 13.5.2.1b 要求外，还应配备 1 套便携式比色指示管探测仪和 1 套便携式二氧化硫探测仪；

d. 在预测含有硫化氢的陆上工作场所或探井井场应至少配备探测范围为 0mg/m³~30mg/m³（0ppm~20ppm）和 0mg/m³~150mg/m³（0ppm~100ppm）的便携式硫化氢检测仪各 1 套；

e. 在预测含有硫化氢的海上工作场所或探井井场应至少配备探测范围为 0mg/m³~30mg/m³（0ppm~20ppm）和 0mg/m³~150mg/m³（0ppm~100ppm）的便携式硫化氢检测仪各 2 套；【SY/T 6277—2017】

f. 钻井、试气、修井作业的现场，应按一个班次实际人数配备便携式硫化氢检测仪，配备大量程（1000ppm）便携式硫化氢检测仪 2 套，试气、修井作业现场，在放喷、节流压井等有天然气产出工况，应配备无线遥测多功能便携式检测仪 1 套。【Q/SH 0033—2009】

表 13-1　便携式硫化氢检测仪技术参数表

名　　称	技术参数
监测精度/%	≤1
报警精度/（mg/m³）	≤5
报警方式	a）蜂鸣器；b）闪光
响应时间/s	T_{50}≤30（满量程 50%）
连续工作时间/h	≥1000
工作温度/℃	-20~55（电化学式）；-40~55（氧化式）
相对湿度/%	≤95
安全防爆性	本安型

13.5.2.2　报警值设定：

便携式硫化氢检测仪应进行报警值设定。

13.5.2.3　检查要求：

a. 便携式硫化氢检测仪应处于随时可用状态。每次检查应有记录，且至少保存一年；

b. 便携式硫化氢检测仪检查应至少包括以下内容：

a）电池电量；

b）完好性；

c）在无硫化氢区域内检测仪读数为零。

13.5.2.4　使用要求：

a. 在已知含有硫化氢的工作场所内至少有一人携带便携式硫化氢检测仪，进行巡回检测。录井仪应能进行连续检测；

b. 在预测含有硫化氢的工作场所（如钻井场所、井下作业场所）内至少有一人携带便携式硫化氢检测仪，定时进行巡回检测。录井仪应能进行连续检测；

c. 当发现硫化氢泄漏时，应在下风向的工作场所内外进行连续检测。

13.5.2.5　存放要求：

便携式硫化氢检测仪应专人保管，定点存放，存放地点应清洁、卫生、阴凉、干燥。【SY/T 6277—2017】

13.5.2.6　检验要求：

a. 监测设备应由有资质的机构定期进行检定，固定式硫化氢检测仪及传感器探头一年检定一次。进入含硫化氢油气层后固定式硫化氢传感器 1 个月注样测试一次；【SY/T 5087—2017】

b. 便携式硫化氢检测仪每年至少检验一次；

c. 在超过满量程浓度的环境使用后应重新检验；

d. 检验应使用硫化氢标准样气，应符合 JJG 695 的规定。【SY/T 6277—2017】

13.5.3　防护设备检查与维护

13.5.3.1　检查要求：

a. 在每天开始工作之前，应由指定的井场监督实行日常检查。包括但不限于下述检查项目：

——已经或可能出现硫化氢的工作场地；

——风向标；

——硫化氢监测设备及警报（功能试验）；

——人员呼吸保护设备的安置；

——消防设备的布置；

——急救药箱和氧气瓶。

b. 进入含硫化氢油气层后，每天白班开始工作前应检查下述项目：

——紧急集合点及安全区；

——固定式和便携式硫化氢检测报警仪；

——正压空气呼吸器及充气泵；

——消防设备的数量、性能、配置；

——急救药箱和医用氧气瓶（袋）。

13.5.3.2 维护要求：

a. 监测仪器和设备

(a) 应按照制造厂商的说明指定专人对硫化氢监测仪器和设备进行维护；

(b) 检查、检定和测试应做好记录，并妥善保存，保存期至少1年；

(c) 设备警报的功能测试至少每天一次。

b. 呼吸保护设备

(a) 应对正压式空气呼吸器加以维护并存放在清洁、卫生的地方，以避免损坏和污染，每次使用后都应进行清洁和消毒；

(b) 需要修理的正压式空气呼吸器，应做好明显标识并将其从设备仓库中移出，直至磨损或损坏的部件已经被及时修理和替换为止；

(c) 对所有正压式空气呼吸器应每月至少检查一次，并且在每次使用前后都应进行检查，以保证其维持正常的状态。月度检查记录(包括检查日期和发现的问题)应至少保留12个月；

(d) 所有使用的空气压缩机应满足下述要求：

——避免污染的空气进入空气供应系统。当毒性或易燃气体可能污染进气口时，应对压缩机的进口空气进行监测；

——减少水分含量，使压缩空气在一个大气压下的露点低于周围温度5℃~60℃；

——依照制造商的维护说明定期更新吸附层和过滤器。压缩机上应保留有资质人员签字的检查标签；

——对于不是使用机油润滑的压缩机，应保证在呼吸空气中的一氧化碳值不超过12.5mg/m^3(10ppm)；对于机油润滑的压缩机，应使用高温警报或一氧化碳警报，或两者皆备，以监测一氧化碳浓度。如果只使用高温警报，则应加强入口空气的监测，以防止在呼吸空气中的一氧化碳超过12.5mg/m^3(10ppm)。

13.6 应急管理要求

13.6.1 应急处置方案

13.6.1.1 钻井作业前，与钻井相关各级单位应制定硫化氢泄漏、火灾、爆炸等应急处置方案，海上作业还应编制平台遇险、直升机失事、船舶海损、油(气)生产设施与管线破损和泄漏、潜水作业事故等应急处置方案，应急处置方案编写执行GB/T 29639的要求。

13.6.1.2 应急处置方案中应包括钻井各相关方的组织机构和负责人，并明确应急现场总负责人及各方人员在应急中的职责。

13.6.1.3 应急处置方案内容应包括但不限于：

——应急反应工作的组织机构和职责；

——参与应急工作人员的岗位和职责；

——环境调查报告；

——应急设备、物资、器材的准备；

——现场监测制度；

——紧急情况报告程序；

——应急技术方案与措施；

——应急实施程序(包括人员撤离程序和点火程序)；

——应急抢险防护设备及设施布置图；

——井场警戒点的设置及职责；

——井场及营区逃生路线图和简易交通图；

——周边情况的信息收集及联系电话。

13.6.1.4　制定应急处置方案时需要注意下述问题：

——周边环境调查包括地形、交通、建筑、人员分布、附近的医院和消防部门所在地等情况；

——建立不同半径危险区域范围内的撤离单位和人员的通知清单及通信联络方式；

——设立路障、联络、井控等人员岗位，明确各岗位的职责、授权及相关联系人的通信电话；

——对井场周围一定范围内的居民进行防硫化氢知识宣传，使他们了解硫化氢防护基本知识，及简单的逃生、自救互救方法；

——编制的应急处置方案应征求当地政府部门意见，并得到认可和支持，以确保该方案的科学性和适用性。【SY/T 5087—2017】

13.6.2　应急信号

13.6.2.1　陆地钻井应急信号：

a. 在硫化氢环境的工作场所入口处应设置白天和夜晚都能看清的硫化氢警告标志，如"硫化氢工作场所、当心中毒"等；

b. 硫化氢警告标志应符合以下要求：

(a) 空气中硫化氢浓度小于阈限值时，白天挂标有硫化氢字样的绿牌、夜晚亮绿灯；

(b) 空气中硫化氢浓度超过阈限值且小于安全临界浓度时，白天挂标有硫化氢字样的黄牌、夜晚亮黄灯；

(c) 空气中硫化氢浓度超过安全临界浓度且小于危险临界浓度时，白天挂标有硫化氢字样的红牌、夜晚亮红灯；

(d) 空气中硫化氢浓度超过危险临界浓度时，白天挂标有硫化氢字样的蓝牌、夜晚亮蓝灯。

c. 在硫化氢环境的工作场所应设置白天和夜晚都能看清风向的风向标，风向标的设置应符合以下要求：

(a) 风斗(风向袋)或其他适用的彩带、旗帜；

(b) 根据工作场所的大小设置一个或多个风向标；

(c) 安装在不会影响风向指示且易于看到的地方。

d. 应对安全警示标志进行日常检查，并及时维护；

e. 可能含有硫化氢的区域，检测到含有硫化氢时，应按 13.6.2.1a～d 的要求。【SY/T 6277—2017】

13.6.2.2　海上钻井应急信号：

a. 标志信号为写有"硫化氢"和"H_2S"字样的绿、黄、红颜色的三种长方形警示牌；

b. 海上石油设施发生硫化氢泄漏视觉信号(灯光)为无信号周期闪烁的黄色状态灯；

c. 海上石油设施发生硫化氢泄漏听觉信号为一短声一长声(短鸣 1s、停 1s、长鸣 3s、停 1s)信号周期 11s，同时中英文语音广播；

d. 标志报警：当空气中含硫化氢浓度小于 15mg/m^3(10ppm)时，挂标有硫化氢字样的绿色警示牌；当空气中含硫化氢浓度处于 15mg/m^3～30mg/m^3(10ppm～20ppm)时，挂标有硫化氢字样的黄色警示牌；当空气中含硫化氢浓度大于 30mg/m^3(20ppm)时，挂标有硫化氢字样的红色警示牌。警示牌应设置在醒目易见的位置。【SY/T 6633—2019】

13.6.3 应急行动

应急行动应具体落实到各岗位，明确应急工作职责，按照应急处理程序在最短时间内实现应急处置。

13.6.4 应急演练

13.6.4.1 在钻开含硫化氢油气层前，钻井队作业班组应组织一次防硫化氢应急演练，钻井队统一组织至少一次所有人员及相关方参加的防硫化氢联合应急演练。

13.6.4.2 在钻开含硫化氢油气层前，钻井队作业班组应进行井控演练，演练不合格不得钻开油气层；钻开含硫化氢油气层后，钻井队作业班每月应开展不少于一次不同工况的井控演练。

13.6.4.3 每次演练应进行总结讲评，各方提出演练中存在的问题以及改进措施，并完善应急处置方案，应急演练的记录文件应保存至少一年。

13.6.5 应急撤离

13.6.5.1 撤离条件包括：

——井喷失控。

——空气中硫化氢浓度达到 150mg/m^3(100ppm)的危险临界浓度。

13.6.5.2 撤离命令发布：生产经营单位代表或其授权的现场总负责人决策撤离，采用有线应急广播或声光报警等通知方式。

13.6.5.3 撤离组织包括：

——指派专人向当地政府报告，协助当地政府做好居民的疏散、撤离工作；

——有专人引导现场人员撤离；

——向上风方向、高处撤离；

——撤离时佩戴硫化氢防护器具或使用湿毛巾、衣物捂住口鼻呼吸等措施；

——撤离时携带便携式硫化氢监测仪，对空气中的硫化氢浓度进行监测。

13.6.6 放喷点火

13.6.6.1 含硫化氢油气井井喷或井喷失控事故发生后，应防止着火和爆炸，按 SY/T 6426(编者注：该标准已被 GB/T 31033—2014 替代)的规定执行。

13.6.6.2 发生井喷后应采取措施控制井喷，若井口压力有可能超过允许关井压力，需点火放喷时，井场应先点火后放喷。

13.6.6.3 点火人员佩戴防护器具，在上风方向，尽量远离点火口使用移动点火器具点火；其他人员集中到上风方向的安全区。

13.6.6.4 井场应配备自动点火装置，并备用手动点火器具。点火人员应佩戴防护器具，离火口距离不少于 30m 处点火，禁止在下风方向进行点火操作。硫化氢含量大于 1500mg/m^3(1000ppm)的油气井应确保三种有效点火方式，其中包括一套电子式自动点火装置。有条件的可配置可燃气体应急点火装置。

13.6.6.5 硫化氢燃烧会产生有毒性的二氧化硫，仍需注意人员的安全防护，点火后应对下风方向尤其是井场生活区、周围居民区、医院、学校等人员聚集场所的二氧化硫浓度进行监测。

13.6.7 海上应急

13.6.7.1 海上含硫化氢油气井作业，应执行 SY/T 6277。

13.6.7.2 海上含硫化氢油气井作业时，应在 13.6.1 至 13.6.6 的基础上增加以下项目：

——所有人员都应熟悉应急逃生路线的位置和逃生设备的应用；

——所有人员撤到上风位；

——海上设施的医护人员和安全监督应熟练使用氧气复苏设备；

——平台应对可燃气体和硫化氢的浓度加以监测，确保直升机安全起降；在可能情况下应使船舶和直升机从上风方向接近现场。

13.6.7.3 当钻井、油气井服务、生产和建造作业中有两种或两种以上的作业需要同步进行时，必须强调这些作业之间的协调。应指派一个人担任同步作业的负责人，协调应急事项。【SY/T 5087—2017】

13.6.8 逃生设施

13.6.8.1 硫化氢环境的工作场所应设置至少两条通往安全区的逃生通道。

13.6.8.2 逃生通道的设置应符合以下要求：

a. 净宽度不小于 1m，净空高度不小于 2.2m；

b. 便于通过且没有障碍；

c. 设有足够数量的白天和夜晚都能看见的逃离方向的警示标志；

d. 逃生梯道净宽度不小于 0.8m，斜度不大于 50°，两侧应设有扶手栏杆，踏步应为防滑型。

13.6.9 现场救护

13.6.9.1 硫化氢环境的陆上工作场所，应配备具有医生执业资格的专职或兼职医务人员，或依托可靠的医疗机构。定员超过 15 人的海上石油设施上，应配备具有医生执业资格的专职或兼职医务人员。

13.6.9.2 硫化氢环境的工作场所应配备以下医疗设备和药品：

a. 具有基础医疗抢救条件的医务室；

b. 氧气瓶、担架等；

c. 硫化氢中毒的常用药品，如二甲基氨基酚溶液、亚硝酸钠注射液硫代硫酸钠、维生素 C、葡萄糖等。

13.6.9.3 应定期检查医疗设备的完好性和药品的有效期。【SY/T 6277—2017】

14 井控装置的检维修与管理

14.1 钻井队伍日常检查维护

14.1.1 对井控装置的管理、操作维护和现场检查工作，应落实专人负责，制定相关管理、使用维护制度，参照表 14-1 进行日常的九部位七十二点巡回检查和维护。

表 14-1 钻井井控装置安全检查内容

序号	设备名称	检查要点	检查结果
一	防喷器组	1. 手动操作杆的安装与固定	
		2. 防喷器组是否牢固绷紧	
		3. 法兰螺栓连接是否牢固	
		4. 防喷器液路部分密封是否良好	
		5. 防喷器是否处在正确的开关位置	
		6. 防喷器的清洁	
二	防喷管汇及放喷管线	1. 连接和固定情况	
		2. 压力表及截止阀是否齐全、完好	
		3. 各闸阀是否处在正确的开关位置	
		4. 管汇及管线畅通情况	
		5. 长度及方向是否符合规定	
三	节流、压井管汇	1. 各闸阀是否挂牌并处在正确的开关位置，开关是否灵活	
		2. 各连接处是否牢固齐全(包括仪表、液、气路管线等)	
		3. 管汇的畅通情况	
		4. 节流、压井管汇坑的排水情况	
		5. 清洁情况	
		6. 压力表及截止阀是否齐全、完好，压力表是否在检验有效期内	
四	钻井液液气分离器	1. 仪表是否齐全完好	
		2. 阀手动和气动开关动作情况	
		3. 安全阀能否手动开启和复位	
		4. 分离器钻井液排出管线是否与钻井液循环罐固定牢固	
		5. 设备清洁情况	
		6. 排气管线长度及方向是否符合规定，点火装置是否可靠	
		7. 进浆管线和排气管线的连接固定检查	

续表

序号	设备名称	检查要点	检查结果
五	远程控制台及液气压管线	1. 蓄能器、管汇、环形压力值是否符合规定	
		2. 电、气源是否畅通，电、气管缆走向是否安全	
		3. 各换向阀手柄是否处于正确的位置	
		4. 各液、气压管路连接是否牢固，密封是否良好	
		5. 电泵、气泵工作是否正常，电泵曲轴箱内的润滑油量是否在标尺之内	
		6. 油箱内是否有足够的液压油	
		7. 油雾器内的润滑油量，排除分水滤气器内的积水	
		8. 全封闸板控制换向阀手柄是否装罩保护	
		9. 剪切闸板控制换向阀手柄是否被防止误操作保护	
		10. 环形调压阀空气选择开关手柄是否对准司钻控制台(只有特殊情况才对准远程控制台)	
		11. 管排架等及所有液压管线连接是否牢固、密封良好	
		12. 气管缆是否沿管排架的专用位置排放，或空中架设，并未被其他的物件所遮、压	
		13. 远程控制台周围有无堆放易燃、易爆、腐蚀性等物品，并有方便操作、维护的行人通道	
		14. 远程控制台的清洁	
		15. 远程控制台是否安放在规定位置	
		16. 电源线是否从发电房拉专线	
		17. 压力表是否齐全、完好，是否在检验有效期内	
六	司钻控制台	1. 气源是否通畅，气源压力是否正常	
		2. 蓄能器、管汇、环形二次仪表的压力显示是否符合规定，压力值与远程控制台的实际压力是否一致。	
		3. 各处连接是否牢固、密封良好	
		4. 位置指示所显示的开、关位置与实际位置是否一致	
		5. 油雾器内的润滑油量，排除分水滤气器内的积水	
		6. 防喷器和钻机气路联动安全装置动作是否准确	
		7. 各阀件手柄未挂任何物品，手柄或按键是否方便操作，全封控制是否安装护罩，不得连接剪切控制管线	
		8. 控制台清洁情况	
七	辅助控制台(选择性安装)	1. 气源是否通畅，气源压力是否正常	
		2. 蓄能器、管汇、环形二次仪表的压力显示是否符合规定，压力值与远程控制台的实际压力是否一致	
		3. 各处连接是否牢固、密封良好	
		4. 位置指示所显示的开、关位置与实际位置是否一致	
		5. 油雾器内的润滑油量，排除分水滤气器内的积水	
		6. 各阀件手柄未挂任何物品，手柄或按键是否方便操作，全封控制是否安装护罩，不得连接剪切控制管线	
		7. 控制台清洁情况	

续表

序号	设备名称	检查要点	检查结果
八	节流管汇控制台	1. 气源是否通畅，气源压力是否正常	
		2. 气泵、手压泵工作是否正常	
		3. 油箱内有无足够的液压油	
		4. 各油、气路连接是否牢固，密封良好	
		5. 换向阀是否灵活、复位好	
		6. 节流阀阀位开度表反映的节流阀开度位置是否正确	
		7. 二次仪表与一次仪表是否一致	
		8. 泵冲计数器、传感器及电缆安装是否齐全，工作是否正常	
		9. 排除分水滤气器内的积水	
		10. 节流管汇控制台的清洁	
九	其他井控装置：旋塞阀（含顶驱旋塞）	1. 是否在检测有效期内	
		2. 开关是否灵活；如有钻台备用旋塞，是否有匹配的抢接装置	
	其他井控装置：钻具止回阀	1. 是否在检测有效期内	
		2. 顶开装置是否匹配；如钻台备用止回阀，是否有匹配的抢接装置	
	其他井控装置：防喷单根或立柱	接头与钻铤螺纹是否匹配，旋塞阀或止回阀螺纹紧固	
	其他井控装置：液面监测、有毒有害气体检测等仪器、钻井液加重系统等	是否按要求配置，性能是否可靠	

14.1.2　对设备出现的故障应及时处理。

14.1.3　生产班组应将设备现场使用情况填入“井控装置班报表”。“井控装置班报表”应随井控装置回收时交给井控车间(基地)，以便检修时参考。井控装置班报表格式参见表14-2。

表14-2　井控装置班报表

井队：　　　　　　　　　　　　　　　　　　　　　　　　年　月　日

防喷器型号		防喷器控制装置型号		节流管汇型号	
蓄能器压力				液动闸阀工作状态	
管汇压力				上、下旋塞开关状态	
环形压力				油路密封情况	
远程控制台油箱油量				气路是否通畅	
电泵性能				电路是否正常	
气泵性能				节流控制台油压	
环形防喷器工作状态				节流阀开闭程度	
半封闸板防喷器工作状态				节流控制台气泵性能	
全封闸板防喷器工作状态					
剪切闸板防喷器工作状态					

续表

防喷器开关、试压情况记录：	
上、下旋塞开关状态：	
井控装置存在问题及处理情况记录：	
备注	防喷器开关、试压情况记录栏和上、下旋塞开关状态栏以上内容，由当班副司钻填写；以下内容由钻井大班或钻井技术员填写

填表人：　　　　　　　　　　钻井大班：　　　　　　　　　　钻井技术员：

14.2 井控机构专业维护检修

14.2.1 对井控装置应进行定期现场巡回检查和现场检修，每次检修情况应填入“井控装置现场检修记录表”。井控装置现场检修记录表格式参见表 14-3。

表 14-3 井控装置现场检修记录表

防喷器控制装置型号											防喷器型号		节流管汇控制台型号		节流压井管汇及防喷管汇型号	
蓄能器氮气压力/MPa	1#		2#		3#		4#		5#		环形		气动油泵		液动节流阀	
	6#		7#		8#		9#		10#		半封		手动油泵		手动节流阀	
	11#		12#		13#		14#		15#		全封		空气减压阀		各闸阀	
	16#		17#		18#		19#		20#		半封		分水滤气器		压井单流阀	
蓄能器			电泵				电控箱				剪切		油箱油量		节流管线	
油箱油量					三位四通液转阀						手动操纵杆		立压、套压压力表		管汇压力表	
调压阀	管汇					环形					钻井四通		阀位开度表		管汇压力表截止阀	
溢流阀	蓄能器					管汇					设备连接情况		气压、液压表		低量程压力表	
气动泵	1#					2#					钻井液液面监测仪		换向阀		闸阀的编号挂牌、开关状态	

续表

防喷器控制装置型号					防喷器型号		节流管汇控制台型号		节流压井管汇及防喷管汇型号			
油雾器	远程台		司钻台		钻井液自动灌注系统		速度调节阀					
分水滤气器	远程台		司钻台		钻井液液气分离器		溢流阀		其他			
压力变送器	蓄能器		管汇	环形	钻井液除气器		立压变送器		方钻杆旋塞阀		上旋塞	
滤清器	电泵		气泵 1#	气泵 2#	联动安全装置		套压变送器		箭形止回阀		下旋塞	
空气减压阀	变送器		远程台	司钻台			阀位变送器		投入式止回阀		浮阀	
压力表	蓄能器		管汇	环形			泵冲计数器		钻具旁通阀			
气源总闸		检查、检修后遗留问题：										
三位四通气转阀												
气源压力表		处理意见：										
井号		队号		井队干部			井控监督					

14.2.2 应建立使用运行、维护和检修管理档案。档案内容应包括设备的基础资料、现场使用及检修情况、车间维护、检修和检验情况。

14.2.3 防喷器的检查与修理应符合 SY/T 6160 的规定。

14.2.4 其他井控装置的检查与修理宜按 SY/T 6160 和 GB/T 22513 相关条款执行。【SY/T 5964—2019】

14.3 防喷器定期检验维修(再制造)

防喷器检验与修理和再制造要求参见附录 O。

14.4 节流压井系统检验维修

14.4.1 检查周期

14.4.1.1 节流管汇和压井管汇应定期进行检查，以确定维修项目。检查周期按时间段分为半年期(单井)、一年期和三年期。

14.4.1.2 单井使用时间不超过半年的，按半年期检查；单井使用时间超过半年，按一年期检查；单井使用时间超过一年的，按三年期进行检查。

14.4.1.3 节流管汇和压井管汇在放喷后或压井过程出现硫化氢应按三年期进行检查。

14.4.1.4 三高气井或区域预探井节流管汇和压井管汇上井前按三年期进行检查。

14.4.2 检查内容

14.4.2.1 半年期(单井)检查内容:

a. 节流管汇包括:

——手动平板阀开关力矩不应大于制造商推荐力矩值，注脂孔、黄油嘴应齐全完好;

——拆卸节流阀及盲法兰，目视检查节流阀阀芯、阀座及本体，清洗通道。检查已拆卸盲法兰、连接螺栓、内螺纹孔不应有乱扣、缺扣或损坏现象;

——压力表、截止阀、压力变送器等不应有损坏，仪表配置应与 SY/T 5964—2006(编者注：该标准已被 SY/T 5964—2019 替代)的要求相符;

——节流阀开关应灵活，液动节流阀驱动器各部件应完好;

——按 14.4.4.1 的要求对节流管汇进行水压密封试验;

——低压油井每完钻一口井由井控车间人员在现场进行检查；气井、高压油井、区域探井每完钻一口井送井控车间进行半年期检查;

——按表 14-4 形成检查记录。

表 14-4 节流和压井系统半年期检查维修记录

设备名称		规格型号	
生产厂家		生产日期	
出厂编号		检查日期	
检查单位		检查人员	
序号	检查部位	检查情况	处理结果
1	平板阀开关灵活度		
2	各通道应畅通		
3	各进出口连接法兰垫环槽		
4	压力表、截止阀、压力变送器		
5	仪表法兰接头螺纹丝扣		
6	连接部位螺栓		
7	节流阀、节流阀驱动器		
8	单流阀		
9	节控箱各部件外观		
10	节控箱蓄能器压力		
11	节控箱气泵、备用泵		

b. 压井管汇包括:

——检查平板阀、螺纹、压力表和截止阀;

——拆卸单流阀，检查阀芯、阀座密封面;

——对压井管汇进行水压密封试验;

——气井、高油气比井、高压油井、区域探井每完钻 1 口井送井控车间进行半年期检查；低压油井每完钻 1 口井可以由井控车间人员在现场进行检查;

——按表 14-4 形成检查记录。

14.4.2.2 一年期的检查:

a. 节流管汇一年期检查包括:

——拆卸所有节流阀和开关不灵活的平板阀。检查阀体、阀盖、阀板、阀座、阀杆和轴承等部件，不应有裂纹、冲蚀和影响密封的划痕；

——阀门通道、管道不应有严重变形、冲蚀、腐蚀等情况。对有冲蚀、腐蚀的部件进行无损检测和测厚；

——对节流管汇的节流阀，拆开阀盖，取出阀芯，各部件及密封面不应有损坏现象；

——已拆垫环槽不应有损坏现象，更换密封垫环；

——拆卸节流阀驱动器，检查液压缸、液压缸挡板、活塞和阀杆不应有损坏；

——更换已拆卸的密封件，更换或修复变形的零部件；

——按表 14-5 形成检查记录。

表 14-5　节流和压井系统一年期检查维修记录

设备名称			规格型号	
生产厂家			生产日期	
出厂编号			检查日期	
检查单位			检查人员	
序号	检查部位		检查情况	处理结果
1	平板阀	手动平板阀、液动平板阀等各连接法兰垫环槽		
2		管道		
3		螺栓及螺栓孔		
4		液动平板阀油缸		
5	节流阀	阀盖		
6		阀芯		
7		定位销		
8		密封件		
9		螺纹孔		
10		液动节流阀驱动器		
11	单流阀	连接法兰、通道		
12		阀芯、阀座、弹簧、垫环		
13	连接件	管道壁厚、管道		
14		三通、四通、五通		
15	节控箱	气泵、换向阀、溢流阀、气源调压阀、手动油泵		
16		立压变送器、套压变送器及二次仪表		
17		蓄能器胶囊		

b. 压井管汇一年期检查包括：

——拆开单流阀，取出阀芯及阀座，各部件不应有影响密封的现象；

——管道不应有变形、冲蚀、腐蚀等情况；

——已拆垫环槽不应有损坏现象，更换密封垫环；

——更换已拆卸的密封件，更换或修复变形的零部件；

——按表 14-5 形成检查记录。

14.4.2.3 三年期的检查内容：

a. 节流管汇检查包括：

——拆卸所有零件：平板阀、节流阀、管道、三通、四通等，清洗干净，所有平板阀取出阀板阀座进行检查；

——用螺纹规检查螺纹，磨损量超过极限值应报废；

——测量主要零件(阀、管道、四通、五通)的重要尺寸。阀门及管汇通孔圆柱面磨损量在任一半径方向上超过上偏差 0.5mm，应进行修复或更换；阀座密封圈配合部位尺寸磨损量，外径小于原尺寸下偏差 0.5mm，内径超过上偏差 0.5mm，则应进行修复或更换；测量管道壁厚，应大于出厂壁厚的 90%；

——修复或更换。阀板、阀座、阀杆、尾杆有变形、腐蚀、裂纹、凹坑和刺痕等缺陷应更换；阀盖、阀体连接处密封垫环面损坏应修复；阀盖内部转动机构有裂纹、凹坑等缺陷，应进行更换；螺纹孔损坏应修复；更换所有密封件。

——按表 14-6 形成检查记录。

表 14-6 节流和压井系统三年期检查维修记录

设备名称			规格型号	
生产厂家			生产日期	
出厂编号			检查日期	
检查单位			检查人员	
序号	检查部位		检查情况	处理结果
1	平板阀、管道	阀门、管道通孔圆柱面		
2		管道壁厚		
3		密封圈槽		
4		阀杆、阀板、阀座、轴承、尾杆、二次密封注脂阀		
5		省力机构		
6		液动平板阀驱动器活塞、油缸		
7	节流阀	阀盖		
8		阀芯		
9		定位销		
10		密封件		
11		螺纹孔		
12		液动节流阀驱动器		
13	单流阀	本体通孔圆柱面		
14		阀芯、阀座、弹簧、垫环		
15		阀盖		
16	连接件	管道、三通、四通、五通		
17	节控箱	节控箱气泵活塞、气缸、换向阀		
18		蓄能器钢瓶		

b. 压井管汇检查包括：

——拆卸单流阀、平板阀和四通，检查单流阀的本体、阀芯、阀座、弹簧。平板阀、四通或五通进行检查；

——按表 14-6 形成检查记录。

c. 节控箱检查包括：

——节控箱气泵、换向阀、立压变送器、套压变送器、立管压力表、套管压力表、油压表、阀位开度表、溢流阀、气源调压阀等不应有损坏、漏油、漏气现象；

——蓄能器胶囊不应有漏油等损坏现象；

——备用手动油泵不应有漏油、损坏现象；

——更换已损坏或变形的零件；

——节控箱调试按 14. 4. 4c 执行。

14. 4. 3　维修要求

14. 4. 3. 1　基本要求：

节流和压井管汇的修理应由原始设备制造商(OEM)或由其授权的修理单位并且取得中国石化井控设备检维修专业检验维修机构资质的单位进行。

14. 4. 3. 2　信息确认：

维修前，确认节流和压井系统信息与档案一致，信息确认内容包括：

——原始设备制造商；

——材料级别和额定工作压力；

——编号和使用信息。

14. 4. 3. 3　节流压井管汇修理应按照下列要求进行：

——拆卸、清洗，并隔离或识别每个总成零部件，以免零件混淆或误装配；

——对零件损坏的表面(点蚀、片蚀、锈蚀、碰伤等)修理，采用打磨或用细砂布去除腐蚀和毛刺；

——应按规范进行重新组装；

——应按 14. 4. 4 的要求进行试验。

14. 4. 3. 4　节流压井管汇修复应按照下列要求进行：

——修复件按 14. 4. 3. 7c 要求进行硬度测试；

——修复件的尺寸检验和无损检测应符合 14. 4. 3. 7c 要求，检验结果应形成记录；

——更换或修复所有不符合验收准则的零件；

——应按规范进行重新组装；

——应按 14. 4. 4 修复的要求进行试验。

14. 4. 3. 5　配件要求：

a. 承压件应采购原厂或原厂认可的生产厂家。橡胶密封件或修理包宜为原厂家生产或由厂家指定单位制造；

b. 用于制造更换零件的材料要求应符合 SY/T 5323—2016 中第 5 章的规定。

14. 4. 3. 6　焊接要求：

焊接应按 SY/T 5323—2016 中第 6 章的要求进行。

14. 4. 3. 7　质量控制：

a. 人员要求。无损检测(NDE)人员应取得相应资格证书。质检员应取得专业机构培训证书；

b. 测量设备。压力试验装置应由计算机自动控制系统和压力检测装置组成，配置压力计和图表记录器，压力测试范围不允许小于压力计最大量程的 25%，且不允许超过压力计最大量程的 75%，其满量程准确度应不低于 0.5 级；

c. 承压件及控压件(重复使用的零件)：

(a) 概述。承压件包括本体、阀盖、端部接头、出口接头、阀杆盲法兰、管道、四通、五通。控压件包括：孔板阀圆盘、阀板、针阀阀芯、楔形阀阀芯、阀座等；

(b) 硬度测试。修复件应进行硬度检验，硬度检验的结果应符合原始设计硬度值要求；

(c) 尺寸检验。对所有受修复影响的尺寸，应按照原始文件的设计规范要求进行检验；

(d) 表面无损检测。所有受修复影响的可能接近的润滑表面或密封表面应按照 SY/T 5323—2016 中的 7.4.6.9 的规定进行检测；

(e) 焊缝无损检测。焊接质量控制应符合 SY/T 5323—2016 中 7.4.6.11 的规定；

(f) 质量控制记录。更换零件的质量记录应符合 SY/T 5323—2016 中第 7 章的规定。

14.4.4 维修后检验

14.4.4.1 修理后的检验。

a. 水压密封试验：

(a) 水压试验分为低压和高压试验，并且低压试验应在高压试验之前进行。节流压井管汇按各控制元件的额定工作压力分别试验，并做 1.4MPa~2.1MPa 的低压试验。三高气井或区域预探井节流压井管汇组装后应进行双向密封试压；

(b) 若设备带有不同工作压力的端部或出口连接，应以其中最低额定工作压力来确定试验压力。试验时间应在试验压力达到制造商规定范围，设备及压力计与压力源隔离，本体的外表面已彻底干燥后开始计时。如表 14-7 所示；

(c) 验收准则：保压期间不应有可见的泄漏，低压压力降不超过 0.07MPa，高压压力降不超过 0.7MPa。

表 14-7 水压密封试验

试验内容	试验压力/MPa	稳压时间/min
低压试验	1.4~2.1	≥10
高压试验	P_w	≥10

注：1. P_w 为制造商设计的额定工作压力。

2. 测试压力时不应在节流阀内部的关闭机构中产生压力差。

b. 钻井节流阀驱动器功能试验和密封试验：

(a) 功能试验。修理后的驱动器应进行功能试验，即将驱动器从正常位置调至最大行程位置，至少动作三个循环。驱动器可以与其他驱动的设备一起试验或分开试验。液压驱动器的介质可以是适用的液压液或空气、氮气等气体；

(b) 验收准则：驱动器应平滑地进行双向操作；

(c) 密封试验。驱动器密封试验应分两步进行压力试验，即分别对驱动器施加额定工作压力的 20%和 100%。每次试验的最短时间应是：气驱动在 20%压力下为 10min，在 100%压力下为 5min。液动驱动器每次试验为 3min。

试验应在试验压力稳定以后而且压力监测装置已经与压力源隔离之后开始。应记录每次保压周期的试验读数与时间。

验收准则：密封件在每次保压周期中应无可见的泄漏；

c. 综合调试：

——蓄能器充压时间应不超过 4min；

——液压节流阀开关应无阻卡。用开关速度调节阀全开至全关应在 2min 以内完成；

——检查阀位开度表能否正常显示开关程度，并把开关位置调节到全程的 3/8～1/2 位置；

——检查立压变送器、套压变送器工作情况及二次仪表与立管和套管压力是否一致；

——对电动节流控制箱，按照产品使用说明书规定的技术参数进行调试。

14.4.4.2　修复后的试验。

a. 本体静水压强度试验：

(a) 阀门、四通、五通、管道焊接热处理修复后应做本体静水压强度试验，由以下三个步骤组成：

a) 初始保压期不少于 3min；

b) 将压力减至零；

c) 二次保压期不少于 15min。

(b) 试验时间应在试验压力达到制造商规定范围内，设备及压力计与压力源隔离，本体外表面完全干燥后开始计时；

(c) 静水压试验压力应由设备额定工作压力确定，静水压试验压力应符合表 14-8 的规定；

(d) 验收准则：保压期间不应有可见的泄漏。

表 14-8　本体静水压强度试验

额定工作压力/MPa(psi)	静水压强度试验压力/MPa(psi)	额定工作压力/MPa(psi)	静水压强度试验压力/MPa(psi)
13.8(2000)	27.6(4000)	69.0(10000)	103.5(15000)
20.7(3000)	41.3(6000)	103.5(15000)	155.0(22500)
34.5(5000)	69.0(10000)	138.00(20000)	207(30000)

b. 水压密封试验。节流压井管汇修复后的水压密封试验见 14.4.4.1a；

c. 钻井节流阀驱动器功能试验和密封试验。钻井节流阀驱动器功能试验和密封试验见 14.4.4.1b；

d. 综合调试。修复后的节流管汇综合调试见 14.4.4.1c。

14.4.5　记录要求

上述各项检验和试压结果应形成记录，保存试压曲线图，形成检维修报告。【Q/SH 0732—2018】

15 井控装置判废技术条件

15.1 防喷器

15.1.1 防喷器判废通用要求

经检验出现下列情况之一者(不限于以下)，应判废：

——使用中壳体非密封部位发生刺漏，且无法再制造时；

——被大火烧过而导致变形或承压件材料硬度异常时；

——承压件结构形状出现明显变形时；

——承压件本体或密封垫环槽出现被流体刺坏、深度腐蚀及裂纹等情况，且无法再制造时；

——主通径孔在任一半径方向上磨损量超过5mm，且无法再制造时；

——承压件本体产生穿透性裂纹时；

——承压件法兰连接的螺纹孔，有两个或两个以上严重损伤，且无法再制造。

15.1.2 防喷器判废特殊要求

15.1.2.1 环形防喷器。

环形防喷器部件经检验出现下列情况之一且无法再制造者(不限于以下)，应判废：

——顶盖、壳体密封面及密封圈槽等部位严重损伤或发生严重变形；

——连接顶盖与壳体的螺纹孔，有两个或两个以上严重损伤(仅对顶盖与壳体采用螺栓连接的结构)；或顶盖与壳体连接用的爪盘槽严重损伤或明显变形(仅对顶盖与壳体采用爪盘连接的结构)；或顶盖与壳体连接的螺纹，有严重损伤或黏扣(仅对顶盖与壳体采用螺纹连接的结构)。

15.1.2.2 闸板防喷器。

闸板防喷器部件经检验出现下列情况之一且无法再制造者(不限于以下)，应判废：

——壳体与侧门连接螺纹孔有严重损坏的；

——壳体及侧门平面密封部位严重损伤；

——壳体闸板腔密封面严重损伤；

——壳体内藏式油路串、漏。【SY/T 6160—2019】

15.1.2.3 旋转防喷器。

旋转防喷器出现下列情况之一，判定报废：

——承压件本体刺漏；

——被大火烧过导致变形或承压材料硬度异常；

——承压件结构出现明显变形；

——多次试压不合格；

——法兰厚度最大减薄量超过标准厚度的12.5%；

——承压件本体或钢圈槽进行过二次补焊修复后不能修复；

——轴承通径孔进行过二次补焊修复后在任一半径方向上磨损量仍超过 5mm；

——承压件本体上产生裂纹；

——承压法兰连接的螺纹孔，有连续两个螺纹孔或总数 30%以上螺纹孔严重损伤，且无法修复。【Q/SH 0413—2011】

15.2 钻井四通

符合下列条件之一者，应判废：

——自投入现场使用之日起，超过生产厂商推荐的使用年限或承压次数超过 500 次；继续使用应按 SY/T 5053.1 要求进行承压件静水压强度试验和油路试验检测合格，但最长使用期限不应超过 36 个月；

——本体有断裂、可见裂纹或经无损检测发现有裂纹；

——本体主通径两端法兰厚度最大减薄量超过 12.5%；

——本体连接内螺纹失效，不能修复；

——主通径端部法兰密封垫环槽严重损坏，按照 SY/T 6160 要求连续两次以上修复或不能修复；

——主通径孔圆柱面在任一半径方向磨损量超过表 15-1 规定值。

表 15-1 主通径孔磨损量

公称通径/mm(in)	179(7)	228(9)	279(11)	346(13⅝)	527(20¾)	540(21¼)
半径方向磨损量/mm	3	3	4	5	5	5

15.3 井控管汇

15.3.1 井控管汇包括节流、压井管汇和防喷管汇。井控管汇符合下列条件者，应判废：

——自投入现场使用之日起，超过生产厂商推荐的使用年限或管汇总成承压次数超过 500 次；

——若继续使用应按 SY/T 5323 要求进行静水压试验检测并判定合格，但最长使用期限不应超过 24 个月。

15.3.2 节流管汇符合 15.2 或下列条件之一者，应判废：

——阀门、管件和方四通(包括三通及五通)老化、锈蚀、磨损或变形损坏，其修复总价值超过节流管汇总成原机价值的 60%；

——阀门本体、管件和方四通出现断裂、有可见裂纹或经无损探伤有裂纹，其总件数超过管汇总成总件数的 50%。

15.3.3 压井管汇符合 15.2 或下列条件之一者，应判废：

——阀门、管件和方四通老化、锈蚀、磨损或变形损坏，其修复总价值超过原机价值的 60%；

——阀门本体、管件和方四通出现断裂、有可见裂纹或经无损探伤有裂纹，其总件数超过压井管汇总成件数的 60%。

15.3.4 防喷管汇符合 15.2 或下列条件之一者，应判废：

——防喷管线、阀门本体和弯头(三通)出现断裂、有可见裂纹或经无损探伤有裂纹；

——防喷管线、阀门本体和弯头(三通)老化、锈蚀、磨损或变形损坏，不能修复。

15.4 控制装置

15.4.1 控制装置包括防喷器控制装置和节流管汇控制箱。

15.4.2 防喷器控制装置符合下列条件之一者，应判废：

——自投入现场使用之日起，超过生产厂商推荐的使用年限；继续使用应按 SY/T 5053.2 进行耐压试验检测并判定合格，但最长使用期限不应超过 24 个月；

——远程控制台中的电机、三缸曲轴泵、气动油泵、蓄能器、三位四通液转阀、底座、保护房及司钻台和控制管缆腐蚀、变形或损坏，其修复总价值超过原机价值的 60%；

——油箱、底座、保护房三者同时发生严重腐蚀、变形或损坏。

15.4.3 节流管汇控制箱符合下列条件之一者，应判废：

——自投入现场使用之日起，超过生产厂商推荐的使用年限；

——控制箱中的气动油泵、蓄能器、三位四通液阀、压力传感器及壳体腐蚀、变形或损坏，其修复总价值超过原机价值的 60%。

15.5 泥浆气体分离器

15.5.1 泥浆气体分离器符合下列条件之一者，应判废：

——自投入现场使用之日起，超过生产厂商推荐的使用年限；

——罐体出现断裂、有可见裂纹或经无损探伤有裂纹；

——罐体严重腐蚀、变形或损坏。

15.5.2 符合下列条件之一，按 GB 150 要求对泥浆气体分离器进行检验，判定不合格者，应判废。

——在用时间每 6 年至少一次；

——停止使用 2 年以上重新使用的；

——罐体采用焊接方法修理(改造)后使用的；

——使用时间无记录或不明确。【Q/SH 0164—2008】

16 井控技术培训

16.1 持证上岗总体要求

从事钻井生产、技术和安全管理的各级人员、现场操作和现场技术服务有关人员以及井控培训教师应持井控培训合格证上岗。【GB/T 31033—2014】

16.2 培训取证范围

16.2.1 管理人员

油气生产单位、工程施工单位的领导及管理人员：主管生产、技术和安全工作的领导，正(副)总工程师，技术、生产和安全管理部门领导，主管井控设计、审批领导及参与井控管理的人员。

16.2.2 施工队伍

16.2.2.1 钻井队(平台)：正副队长(经理)、指导员、钻井工程师、安全管理人员、机械负责人、泥浆负责人、正副司钻和井架工。

16.2.2.2 井下作业队、试油(气)队、修井队、侧钻队：正副队长(平台经理)、指导员、作业工程师、安全管理人员、机械管理人员、正副司钻和井架工。

16.2.2.3 录井队：正副队长、现场地质录井人员。

16.2.2.4 测井队：正副队长、现场施工人员。

16.2.3 其他人员

16.2.3.1 钻井、试油(气)、井下作业、修井、侧钻等工程、地质与施工设计人员及现场监督人员。

16.2.3.2 井控专业检验维修机构技术人员和现场服务人员。

16.2.3.3 从事欠平衡钻井、控压钻井、气体钻井、试油(气)、固井、钻井液、取心、定向专业服务的技术人员及主要操作人员。

16.3 培训管理

16.3.1 一般规定

16.3.1.1 石油与天然气井的井控操作与管理人员，应接受井控安全技术知识教育，并按本标准进行培训。

16.3.1.2 初次取证培训时间应不少于56学时，并取得培训合格证书。

16.3.1.3 取得井控培训合格证的人员，每4年应进行一次再培训。

16.3.2 培训部门应具备的基本条件

16.3.2.1 培训机构取得相应的井控培训资质。

16.3.2.2 教员具有井控理论与实践经验，并取得井控安全技术培训资质。

16.3.2.3 有整套井控装置和专用工具、仪器、仪表及石油与天然气井井控模拟装置。

16.3.2.4　所使用的井控培训教材经相关主管部门批准。

16.3.3　培训方式

由井控培训机构组织集中培训。【SY/T 5742—2019】

16.3.4　培训内容

井控培训应包括(但不限于)如下内容：

——井控基本理论、地层压力预测和监测、溢流和井喷发生原因及溢流的及时发现、关井程序和常用压井方法的原理及参数计算、压井施工和复杂井控问题的处理；

——井控装置的结构、工作原理、安装、调试、试压、使用、维护保养和故障排除。【GB/T 31033—2014】

16.4　培训考核

16.4.1　考核分类与要求

16.4.1.1　考核分理论考试和实际操作考试两部分。理论考试和实际操作考试均采用百分制，理论考试达到70分为合格，实际操作考试达到90分为合格。

16.4.1.2　考试不合格者，可进行一次补考；补考不合格者，应重新培训。

16.4.2　理论考试内容

16.4.2.1　管理层培训内容：

——井控基本理论；

——井喷发生的原因；

——溢流的及时发现及应采取的措施和步骤；

——石油与天然气井施工中，各种工况下的井喷预防及处理；

——硫化氢等有毒有害气体的防护知识及作业安全要求；

——地层压力预测和监测；

——井喷失控的处理；

——井喷事故案例分析。

16.4.2.2　操作层培训内容：

——井控基本理论；

——地层压力预测和监测；

——井喷发生的原因；

——溢流的及时发现及应采取的措施和步骤；

——石油与天然气井施工中，各种工况下的井喷预防及处理；

——压井方法及其计算；

——压井作业中异常情况的判断处理及易出现的错误做法；

——井喷失控的处理；

——井控装置的结构、安装标准、试压要求、操作方法及一般的维护知识和故障排除；

——井控管理标准、条例及要求；

——硫化氢等有毒有害气体的防护知识及作业安全要求；

——硫化氢、一氧化碳等有毒有害气体检测仪和可燃气体检测仪的使用与管理知识；

——正压式空气呼吸器的使用与管理知识；

——安全用电知识；

——防火防爆和灭火基本知识；

——井喷事故案例分析。

16.4.3　实际操作考核内容

井控操作与管理人员实际操作考试的内容，主要是在钻井、试油(气)、修井、侧钻等施工过程中发生井涌时，所采取的安全技术措施。考试命题，由培训考核部门根据考试对象确定。

16.4.4　考试方式

16.4.4.1　理论考试采用闭卷方式。

16.4.4.2　实际操作考试应在装有整套井控装置的场所进行。

16.4.4.3　实际操作考试，由主考人负责。

16.5　证书管理

16.5.1　理论考试和实际操作考核成绩均达到合格者，由培训机构颁发井控培训合格证。

16.5.2　井控培训合格证格式及内容。

16.5.2.1　井控培训合格证格式。

井控培训合格证规格为长 85mm，宽 55mm，用优质卡片纸印制，外加塑封膜；右侧为免冠正面头像，照片长 33mm，宽 22mm；培训单位钢质印章应压照片右下角盖印。

16.5.2.2　井控培训合格证内容：

a. 正面如图 16-1 所示。

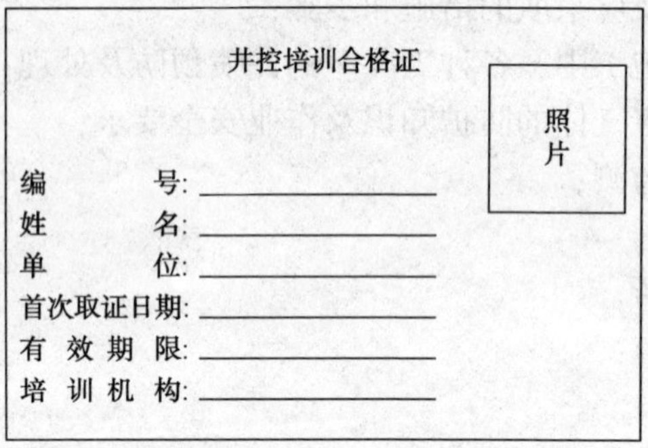

图 16-1　井控培训合格证正面示意图

b. 背面如图 16-2 所示。

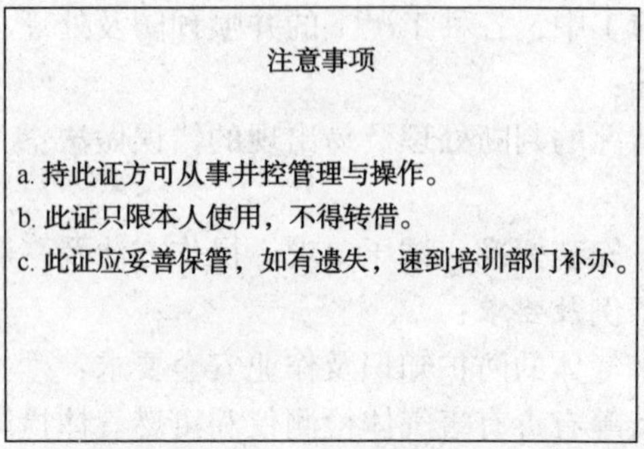

图 16-2　井控培训合格证背面示意图

16.6 复审换证

16.6.1 复审考试内容分为理论和实际操作两部分，经考试合格者，换发新的井控培训合格证。

16.6.2 复审不合格者，应按 16.4.1.2 执行。

16.7 其他规定

16.7.1 井控操作与管理人员的培训计划，由各需要培训单位主管教育培训和工程技术的部门负责编制。培训档案由培训机构保管，业务管理由主管工程技术的部门负责。

16.7.2 取得井控培训合格证的人员方可从事井控管理或操作。持证情况由主管工程技术部门和安全部门监督检查。

16.7.3 持证人员应保持相对稳定。调动工作时，经调入单位的井控主管部门审核同意，培训合格证继续有效。【SY/T 5742—2019】

17 术语

井控技术术语见附录 P。

附录 A　页岩气工厂化钻井井场面积计算方法

A.1　单井组工厂化钻井井场面积计算方法

A.1.1　单井常规钻井井场面积

井场尺寸执行 SY/T 5466 的规定。

单井井场面积按公式(A-1)计算：

$$S_1 = L_1 \cdot H_1 \tag{A-1}$$

式中　S_1——单井井场面积，单位为平方米(m^2)；

L_1——单井井场长度，单位为米(m)；

H_1——单井井场宽度，单位为米(m)。

A.1.2　单井组工厂化钻井井场应增加的面积

单井组工厂化钻井井场应增加的面积由钻机型号、钻机移动类型、井位布置方式、井口间距及井数确定。

横向移动钻机井场左侧应增加的面积按公式(A-2)计算：

$$\Delta S_{1a} = L_1 \cdot \Delta L \cdot (n-1) \tag{A-2}$$

纵向移动钻机井场前侧应增加的面积按公式(A-3)计算：

$$\Delta S_{1b} = H_1 \cdot \Delta L \cdot (n-1) \tag{A-3}$$

步进式钻机井场左前方应增加的面积按公式(A-4)计算：

$$\Delta S_{1c} = L \cdot H \cdot (n-1) \tag{A-4}$$

式中　ΔS_{1a}——横向移动钻机单井组工厂化钻井井场应增加的面积，单位为平方米(m^2)；

ΔS_{1b}——纵向移动钻机单井组工厂化钻井井场应增加的面积，单位为平方米(m^2)；

ΔS_{1c}——步进式钻机单井组工厂化钻井井场应增加的面积，单位为平方米(m^2)；

n——单井组井数；

ΔL——井口间距，单位为米(m)；

L——钻台长度，单位为米(m)；

H——钻台宽度，单位为米(m)。

A.1.3　单井组工厂化钻井井场面积

横向移动钻机单井组工厂化钻井井场面积按公式(A-5)计算：

$$\sum S_{1a} = S_1 + \Delta S_{1a} \tag{A-5}$$

纵向移动钻机单井组工厂化钻井井场面积按公式(A-6)计算：

$$\sum S_{1b} = S_1 + \Delta S_{1b} \tag{A-6}$$

步进式钻机单井组工厂化钻井井场面积按公式(A-7)计算：

$$\sum S_{1c} = S_1 + \Delta S_{1c} \tag{A-7}$$

式中　$\sum S_{1a}$——横向移动钻机单井组工厂化钻井井场面积，单位为平方米(m^2)；

$\sum S_{1b}$——纵向移动钻机单井组工厂化钻井井场面积，单位为平方米（m^2）；

$\sum S_{1c}$——步进式钻机单井组工厂化钻井井场面积，单位为平方米（m^2）。

A.2 双井组或多井组工厂化钻井井场面积计算方法

A.2.1 单井工厂化钻井不含沉砂池、废液池的井场面积

单井工厂化钻井最小井场面积按公式（A-8）计算：

$$S_{2min}=(L_{2f}+L_{2b})\cdot(H_{2l}+H_{2r}) \qquad (A-8)$$

式中 S_{2min}——单井工厂化钻井最小井场面积，单位为平方米（m^2）；

L_{2f}——井场前场最小长度（设备及装置布置符合 SY/T 5466 的规定），单位为米（m）；

L_{2b}——井场后场最小长度（设备及装置布置符合 SY/T 5466 的规定），单位为米（m）；

H_{2l}——井场左侧最小宽度（不含沉砂池、废液池及储备罐等占地面积），单位为米（m）；

H_{2r}——井场右侧最小宽度（不含沉砂池、废液池及储备罐等占地面积），单位为米（m）。

A.2.2 单井组工厂化钻井应增加的最小面积

横向移动钻机井场左侧应增加的最小面积按公式（A-9）计算：

$$\Delta S_{2mina}=(L_{2f}+L_{2b})\cdot\Delta L\cdot(n-1) \qquad (A-9)$$

纵向移动钻机的井场前侧应增加的最小面积按公式（A-10）计算：

$$\Delta S_{2minb}=(H_{2l}+H_{2r})\cdot\Delta L\cdot(n-1) \qquad (A-10)$$

步进式钻机的井场左前方应增加的最小面积按公式（A-11）计算：

$$\Delta S_{2minc}=L\cdot H\cdot(n-1) \qquad (A-11)$$

式中 ΔS_{2mina}——横向移动钻机单井组工厂化钻井井场应增加的最小面积，单位为平方米（m^2）；

ΔS_{2minb}——纵向移动钻机单井组工厂化钻井井场应增加的最小面积，单位为平方米（m^2）；

ΔS_{2minc}——步进式钻机单井组工厂化钻井井场应增加的最小面积，单位为平方米（m^2）。

A.2.3 单井组工厂化最小钻井井场面积

横向移动钻机单井组井工厂最小钻井井场面积按公式（A-12）计算：

$$\sum S_{2mina}=S_{2min}+\Delta S_{2mina} \qquad (A-12)$$

纵向移动钻机单井组井工厂最小钻井井场面积按公式（A-13）计算：

$$\sum S_{2minb}=S_{2min}+\Delta S_{2minb} \qquad (A-13)$$

步进式钻机单井组井工厂最小钻井井场面积按公式（A-14）计算：

$$\sum S_{2minc}=S_{2min}+\Delta S_{2minc} \qquad (A-14)$$

式中 $\sum S_{2mina}$——横向移动钻机单井组工厂化钻井最小井场面积（不含沉砂池、废液池及储备罐等占地面积），单位为平方米（m^2）；

$\sum S_{2minb}$——纵向移动钻机单井组工厂化钻井最小井场面积（不含沉砂池、废液池及储备罐等占地面积），单位为平方米（m^2）；

$\sum S_{2\text{minc}}$——步进式钻机单井组工厂化钻井最小井场面积(不含沉砂池、废液池及储备罐等占地面积)，单位为平方米(m^2)。

A.2.4 两个或多个井组工厂化最小钻井井场面积

两个或多个井组工厂化最小钻井井场面积按公式(A-15)计算：

$$\sum S_{2\min}=\sum S_{2\min-1}+\sum S_{2\min-2}+\cdots+\sum S_{2\min-x} \tag{A-15}$$

式中 $\sum S_{2\min}$——两个或多个井组工厂化最小钻井井场面积(不含沉砂池、废液池及储备罐等占地面积)，单位为平方米(m^2)；

$\sum S_{2\min-x}$——第 x 个井组最小井场面积(不含沉砂池、废液池及储备罐等占地面积)，单位为平方米(m^2)；

x——同一平台井组数，单位为个。

A.2.5 两个或多个井组工厂化钻井井场面积

两个或多个井组工厂化钻井井场面积按公式(A-16)计算：

$$\sum S_2=\sum S_{2\min}+S_{1d}+S_{2e} \tag{A-16}$$

式中 $\sum S_2$——两个或多个井组工厂化钻井作业井场面积，单位为平方米(m^2)；

S_{1d}——沉砂池、废液池占地面积，单位为平方米(m^2)；根据井数、设计井深、钻屑废液无害化处理方式及处理能力确定沉砂池、废液池占地面积；特殊工艺施工应根据 SY/T 5466 的规定适当增加沉砂池及废液池容量；

S_{2e}——钻机安全通道面积，单位为平方米(m^2)；根据井组布置方式确定，生产车辆、消防车轮应能顺利通过。【NB/T 14012.2—2016】

附录 B　分流器系统要求

B.1　概述

分流器是一个环形密封元件，用于将井中液流从钻机中分流出去时关闭及封住井口或开孔中管柱周围的环空。常规防喷器、嵌入式分流器及旋转头可以被用作分流器。一些分流器系统被设计成兼有分流器和防喷器两种设备的功能。分流器系统中的分流器及所有单独部件应有一个最小额定工作压力——1379. 0kPa(200psig)。除非特别指出，本章中介绍的信息及推荐做法具有普遍性，可用于所有分流器系统，涵盖了陆上及近海应用两种情况。

B.2　环形密封元件的类型

环形密封元件起到密封的作用，阻止井液向上流动。分流器外壳为分流出去的液流提供出口，从排出管线排出。通常，环形密封元件为圆环状，由天然或人工合成橡胶材料制成，并用钢材或其他材料加以强化处理。当作用在分流器上的压力达到液压“关闭”值时，密封元件沿径向向内运动。尽管一些分流器及它们的环形密封元件在设计上是完全封隔的，但在裸井段可能并不能做到这一点。在分流器中常用的密封元件或封隔器密封元件有三种：

a）环形密封元件：可密封于井口中任何尺寸的管柱或方钻杆上，或者用于在没有管柱存在时密封于裸井段上。环形密封元件应具有足够大的内径以便通过用于后续钻井作业的不同尺寸的底部组件及套管/衬管(图 B-1)。

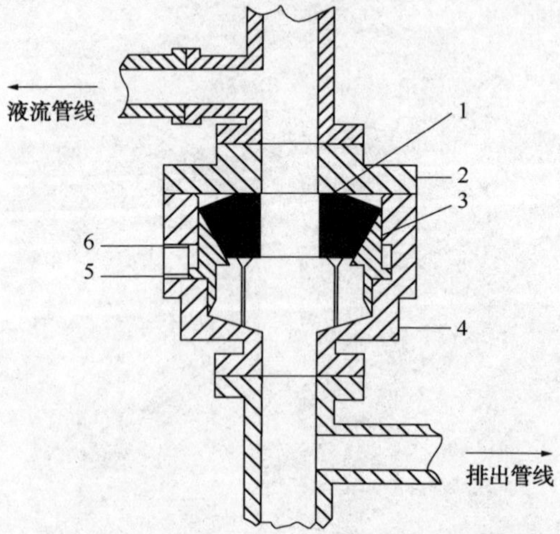

图 B-1　带环形密封元件的分流器示例

1—环形密封元件；2—顶盖；3—活塞；4—本体；5—分流器关闭口；6—分流器开启口

b）嵌入式密封元件：是一种嵌入式的分流器密封元件，利用镶块对一定直径范围的管柱进行关闭并实施密封作用。依靠液力作用将镶块定位锁定。一定的管柱应采用相应尺寸的镶块。上提或下放底部组件应将镶块移开(图 B-2)。

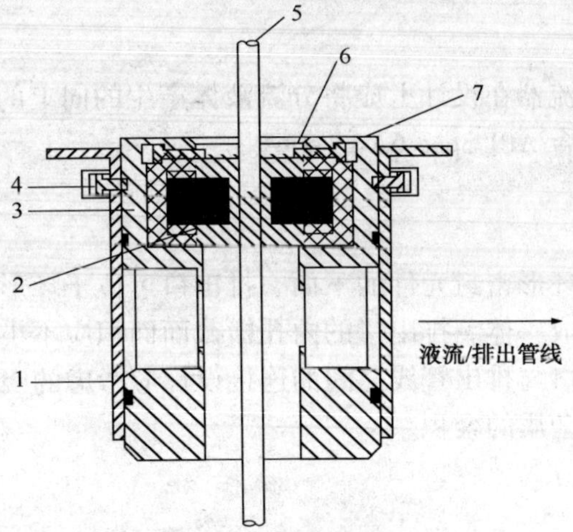

图 B-2　带有嵌入式封隔器的分流器示例

1—支承套；2—嵌入式封隔器；3—标准封隔器；4—分流器锁合销；
5—钻杆；6—嵌入式封隔器锁合销；7—分流器关闭口

c）旋转头：可以被用作分流器，以弥补防喷器系统。井筒压力为挤压胶套组件提供能量，对钻杆、方钻杆或其他管柱实施密封作用以促进井液的分流。旋转头也能允许管柱的移动（图 B-3）。

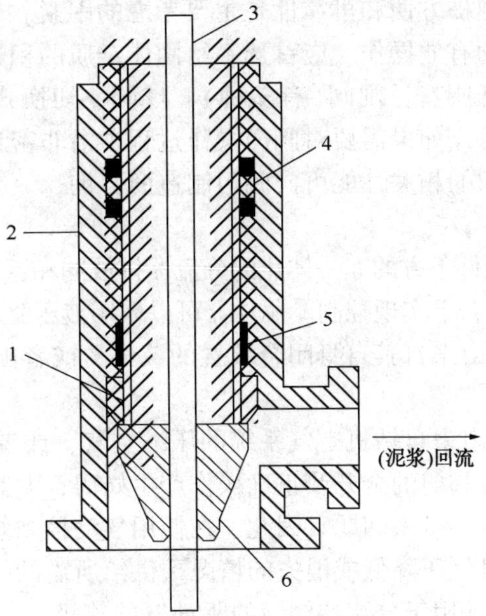

图 B-3　带有旋转头的分流器示例

1—转动套；2—本体；3—方钻杆；4—轴承；5—密封盘根；6—橡胶自封头

B.3　硫化氢环境

如果分流器系统设备的金属部件可能暴露于硫化氢环境，应符合 NACE MR 01—75。许多弹性非金属部件（如分流器系统中使用的弹性密封）会受到硫化氢的侵蚀。部件的制造者应考虑到这些部件在硫化氢环境下的维修问题。关于弹性元件的其他信息见 API RP 53。

B.4 分流器的安装

与钻机底座相连的分流器在设计上应将分流液体产生的向上的力作用到底座上。当安装分流器时，连接部分应符合 API Spec 6A 的规定。

B.5 排出口

分流器的排出口位于环形密封元件的下面。排出口可位于环形设备外壳内，或者与位于分流器外壳底部的四通做成一体。排出口的内孔横截面面积应不小于分流器的排出管线的内孔横截面面积。对于排出口与排出管线之间的连接设计应考虑的因素包括：便于安装、结构无泄漏以及防止产生固体杂质的聚积。

B.6 分流器阀门

B.6.1 阀门类型

用于分流器排出管线或者与钻井液振动筛相连的返出管线的阀门应：

a）可全开；

b）至少具有同安装位置处管线的内径一样的开度；

c）能够手动(仅限于陆上作业)或者远程控制；

d）能够在最大预知压力下打开阀门。

在阀门的选择方面，维护方便和可靠性是主要考虑的因素。分流器系统及相应管线中固体杂质的聚积会影响阀门的有效操作。应首选不给固体杂质的积聚留有空间或是留有很少空间的阀门。几种可用的全开阀有：闸阀(有多种)、球阀、切换式冲击板三通阀，以及与分流器装置做成一体的阀门等。如果需要对阀门操作过程中沿非密封阀帽的气体泄漏采取预防措施，则可使用刀阀。阀门的相关性能可向阀门制造商咨询。

B.6.2 阀门驱动器

所有位于分流器密封元件下方的非一体化的分流器排放阀和返出管线上的阀门应配备有远程控制的驱动器，能够在钻台上实现控制。驱动器可以采用液压驱动或气压(空气/气体)驱动。

B.6.2.1 液力驱动器可以由来自其自身闭合装置的液体，或者由来自防喷器闭合装置的液体来操作。

B.6.2.2 气动驱动器可以由来自钻机空气系统的压缩空气，或者通过独立的动力及气源进行操作。阀门中的钻屑能对阀门的全开及正确操作产生妨碍，尤其在钻机气压波动这种常见现象的气动系统中，这可能会带来问题。因此，在使用气动控制阀门的系统中，应提供一个独立的动力源，以便在钻机气压降低或消失的情况下供给所需的气体。

B.6.2.3 驱动器等级。设计用于分流器阀门的驱动器的等级应考虑的是：可以用分流器系统施加到阀门上的最小额定工作压力打开阀门。例如，一个额定工作压力为 1379.0kPa (200psig)的分流器系统应使用一个可以用 1379.0kPa(200psig)或者更大压差打开阀门的驱动器；一个额定工作压力为 3447.5kPa(500psig)的分流器系统应使用一个可以用 3447.5kPa (500psig)或者更大压差打开阀门的驱动器。

B.7 分流器管线

分流器系统管线的设计应主要考虑腐蚀与压力损失。“理想的”分流器管线应是没有弯管的，与所在作业段的管线同直径，并且内表面平滑。与"理想"结构的偏差将导致井口背压的增加，并在分流作业中有产生腐蚀的可能。与分流液体相接触的所有管汇、阀门、设备以及油井监控设备都应能够承受预期的背压，并不会造成泄漏或失效。

B.7.1 管汇尺寸

在分流井中液流时，分流器管线尺寸应尽可能与作业管段匹配以减少背压。陆上钻井分流器的排出管线内径通常是不小于152.4mm(6in)，而在近海钻井中则是不小于254.0mm(10in)。如有可能，应将由出口管汇、弯管、三通、弯头及声速限制等引起的背压考虑到总压的计算当中。摩擦损失一定不能超过分流器系统的额定工作压力，不能在井口产生过高的压力，或者超过海中隔水导管及其伸缩接头等其他设备的设计压力等。对于有两个排出管线的钻机，每一个管线都应能够分流井中液体并维持适当的背压。应避免或者尽量减小排出管线直径的变化。管线直径的变化会改变液流的流态，而这种流态的变化又会导致排出管线和返出管线的过度腐蚀，或者液/固杂质的沉积。如果存在管线直径的变化，背压的计算应基于系统中使用的不同直径的管线。表B-1可作为对比稳态流不同操作条件下的排出管线尺寸及不同系统中的气液混合介质在不同流量下的背压估计值(摩擦背压)的一个参考。

分流器系统可以使用带有整体末端连接件的柔性管汇，以实现击入式管柱或导管的排出管线出口、分流器四通或分流器外壳与排出管线的连接。这样的柔性管应具有与相应管汇匹配的耐火和耐腐蚀性能，并且有足够的支撑和连接。

表B-1 不同气/液流量及不同的管内径时的压力损失值 kPa

内径152.4mm(6in)管						
气体流量/(10^4m^3/d)(MMSCFD)	液体流量/(m^3/h)(GPM)					
	0(0)	22.7(100)	45.4(200)	68.1(300)	113.5(500)	227.0(1000)
0(0)	0(0)	0.9(0.125)	2.8(0.412)	5.7(0.83)	14.9(2.16)	50.2(7.28)
28.3(10)	28.3(4.1)	186.2(27)	265.5(38.5)	337.9(49)	449.6(65.2)	696.4(101)
141.6(50)	296.5(43)	813.6(118)	958.4(139)	1137.7(165)	1448.0(210)	2082.3(302)
283.2(100)	861.9(125)	1861.7(270)	2075.4(301)	2344.3(340)	2827.0(410)	4033.6(585)
内径203.2mm(8in)管						
气体流量/(10^4m^3/d)(MMSCFD)	液体流量/(m^3/h)(GPM)					
	0(0)	22.7(100)	45.4(200)	68.1(300)	113.5(500)	227.0(1000)
0(0)	0(0)	0.2(0.028)	0.6(0.08)	1.0(0.15)	2.5(0.362)	8.0(1.16)
28.3(10)	10.4(1.51)	50.2(7.28)	79.3(11.5)	106.2(15.4)	146.9(21.3)	224.8(32.6)
141.6(50)	139.7(20)	276.5(40.1)	331.0(48)	376.2(54.6)	457.8(66.4)	629.5(91.3)
283.2(100)	304.8(44.2)	569.5(82.6)	621.9(90.2)	679.2(98.5)	786.0(114)	1020.5(148)
内径254.0mm(10in)管						
气体流量/(10^4m^3/d)(MMSCFD)	液体流量/(m^3/h)(GPM)					
	0(0)	22.7(100)	45.4(200)	68.1(300)	113.5(500)	227.0(1000)
0(0)	0(0)	0.05(0.0076)	0.2(0.025)	0.4(0.059)	1.0(0.138)	3.4(0.49)
28.3(10)	3.4(0.5)	22.0(3.19)	33.1(4.8)	43.4(6.3)	64.5(9.36)	108.3(15.7)
141.6(50)	62.1(9)	140(20.3)	164.8(23.9)	193.1(28)	226.8(32.9)	344.1(49.9)
283.2(100)	151.7(22)	312.3(45.3)	337.9(49)	374.4(54.3)	426.2(62.1)	544.7(79)

续表

内径 304.8mm(12in)管						
气体流量/(10^4m^3/d)(MMSCFD)	液体流量/(m^3/h)(GPM)					
	0(0)	22.7(100)	45.4(200)	68.1(300)	113.5(500)	227.0(1000)
0(0)	0(0)	0.03(0.0039)	0.1(0.017)	0.1(0.02)	0.4(0.062)	1.4(0.21)
28.3(10)	1.0(0.15)	7.9(1.14)	13.4(1.95)	16.9(2.45)	29.3(4.25)	42.7(6.19)
141.6(50)	20.8(3.02)	66.9(9.7)	90.3(13.1)	97.2(14.1)	131.7(19.1)	171.0(24.8)
283.2(100)	76.5(11.1)	157.2(22.8)	180.0(26.1)	184.1(26.7)	222.7(32.3)	327.5(47.5)

注：表中数据的计算条件：管长度 45.72m(150ft)，钻井液重度 1150.1kg/m^3(9.6ppg)，出口压力 0kPa(0psig)，黏度 8×10^{-3}Pa·s(8cP)，气体相对密度 0.7，温度 26.7℃(80℉)

B.7.2　管线布置

分流器排出管线应合理布置，以便在任何时候都有一条管线可以排出井液，并且分流的液体不会被风刮回到钻机上、人群密集的地方或者道路的进出口等处。排出管线的布置应尽量平直，尽可能减少弯曲及分叉，以减小腐蚀、流动阻力、液/固沉积点及额外的背压。管汇布置的变化应尽量是渐变的。由于一些钻机空间有限，有时不可能采用大的弯曲半径。例如，对于管汇如果考虑到让其尽量直地布置，则其弯曲半径应是管内径尺寸的 20 倍。要优先考虑采用大半径弯管，然而当采用 90°短弯头时，应做成带有一个抗冲击盲板或者抗冲击堵塞的三通，以减小腐蚀或者对其造成的冲击。排出管线应沿其长度方向呈现一定的坡度，以避免在低点处产生钻井液及杂质的聚积。

B.7.3　管线的支撑

排出管线应有牢固的支撑，以承受大流量液流的动态效应及钻屑的冲击。位于管汇变向处的支撑及紧固应能够防止管线的倾斜。对于排出管线的末端部分应给予特别的重视，因为分流器管线在这一点处容易发生移动和振动。

B.7.4　清除

应做好准备工作对排出管线中排出的聚积杂质进行清除和冲洗。清除装置应布置于所有阀门及流向突变处的上游位置，并带有冲洗喷头，以去除杂质及钻屑。清除装置及冲洗端口应密封严密以便在使用分流器时防止任何气体及井液的逸(溢)出。

B.7.5　灌注管线

位于分流器装置下方的灌注及/或压井管线，应在井口附近配备有一个独立驱动的阀门或单向阀。

B.8　控制系统

分流器控制系统的操作应能保证带有分流器系统的油井不会闭死。分流器控制系统通常是液动或气动控制，或者是两者结合。可以通过电控实现控制系统动作，并能够由两个或更多的控制装置对分流器进行操作。控制装置应便于操作人员的操作。分流器控制系统可以是独立的，也可以与防喷器控制装置做成一体。更多的信息可见 APR RP 53。控制系统的部件包括：

a）用于向增压系统供给控制液的存储设备；

b）为控制液增压的增压系统；

c）存储带压控制液的蓄能器；

d）用于调节和引导控制液以完成系统功能的液动控制管汇；

e）用于远处操作系统的远程控制面板；

f）液动控制液。

B.8.1　液量

所有分流器控制系统应配备的最小液量是：足够的液量以提供用于操作分流器系统所有分流模式的可用液量(当泵不工作时)，并保留有50%的储备。操作液压系统的有效液量被定义为：在蓄能器操作压力极限与设定压力(或关闭压力)之间状态下，可由蓄能器中获得的液体。

B.8.1.1　对于实际的分流器系统，无论是地面系统还是海底系统，其推荐的最小蓄能器容量应符合 API RP 53 的规定。

B.8.1.2　对于用于海底防喷器及地面分流器控制系统的闭合装置，所需用于分流器控制的蓄能器液量应通过一个单向阀供给。

B.8.1.3　在使用气动操作阀门的系统中，应提供独立的动力源，以供给必要的空气/气体，以备钻机气压减小或者消失时使用。

B.8.2　一次响应时间

应考虑井况可能要求比下面推荐的关闭时间还要快时的可能性，并在分流器闭合装置的设计及选型时采取适当的措施。

B.8.2.1　内径不大于20in的密封元件：主分流器闭合装置应能在制动后的30s之内操作排出管线及返出管线阀门，并且关闭管柱上的环形密封元件。

B.8.2.2　内径大于20in的密封元件：分流器控制系统应能够在45s之内操作阀门，并且关闭管柱。

B.8.3　闭合装置备用系统

应有备用系统以在主闭合装置失效的情况下操作分流器系统，可以通过备用增压系统容量、分开独立的蓄能器容量、氮气备用容量或者其他方式加以实现。备用系统可以自动控制或按需要有选择地分步操作。分流器系统的测试及维护应包括备用系统。

B.8.4　重新储能能力

增压系统应能在分流器控制系统的一个完整的分流操作之后不超过5min的时间内对主分流器控制系统的蓄能器进行重新蓄能并达到系统设计压力。应通过下面的方法进行检验——将蓄能器完全充满、将泵从系统中隔离、仅靠蓄能器来顺序完成各项分流功能。

B.8.5　增压系统

增压系统包括一台或多台泵。每个泵系统(主系统及辅系统)都应有独立的动力源，诸如电源或气源。同一个泵系统能用于给防喷器组件及分流器系统提供动力液。用于闭合装置的泵的动力应能在任何时候提供给蓄能器装置，以便当闭合装置管汇的压力降至不足蓄能器操作压力的90%时自动开启。同样，当蓄能器达到完全满足设计压力时应自动停泵。

B.8.5.1　泵压力：每个闭合装置都应配备有一台或多台泵，以提供至少与闭合装置额定工作压力相等的排出压力。

B.8.5.2　压力保护：泵系统应至少由两个装置来限制泵的排出压力以得到过载保护。其中一个装置通常是压力限定开关，能够限定泵的排出压力使之不超过分流器控制系统的额定工作压力。另一个装置通常是一个泄压阀，其规格经合理选定，应能在至少等于泵系统设计流量的条件下释放液体，且其释放操作压力应不高于控制装置工作压力的110%。这些压力限定装置应直接安装在控制系统蓄能器的灌注管线上，不应存在隔离阀门或者其他妨碍其起作用的方式。如果确实需要隔离阀门以实现作业或者对压力限定装置进行测试，那么这些阀门也应是铅封的。推荐使用可以自动恢复的防爆片或泄压阀。

B. 8. 6　控制系统阀门、配件、管线及管汇

关于闭合装置的其他信息及推荐内容见 API RP 53。其中所描述的是用于地面及海底装置的推荐性惯例。

B. 8. 6. 1　阀门、配件及其他组件。

分流器控制系统应配备：

a）可方便地与独立液压泵相连接的一个全开阀；

b）允许在维护及检修时将泵及蓄能器从管汇及环形控制回路中隔离开；

c）有压力测量装置，以显示：

（a）蓄能器压力；

（b）管汇压力；

（c）环空压力；

（d）气源压力。

控制系统压力计应至少每年检定一次。

d）有压力调节器，以允许在额定工作压力下手动操作系统部件；

e）有清晰的标志以指示正在工作的阀门及其开度(即开、关、中位)。

B. 8. 6. 2　管汇系统的一致性要求：分流器控制系统中的所有管汇组件及螺纹连接件应符合 ANSI B1. 20. 1 的规定。管汇及管汇配件应符合 ASME B31. 3 的规定。如果使用了焊接配件，焊工应持有作业步骤所要求的资质证书。焊接过程应与书面的焊接步骤规范一致，并写出与 ASME《锅炉及压力容器规范》第九部分中的第二条一致的书面工作许可。

B. 8. 6. 3　所有控制系统与分流器或防喷器组件之间的刚性或柔性管线以及端部连接件都应是阻燃的。如果防喷器与分流器系统一同使用，则还应有与防喷器控制系统相同的工作压力。

B. 8. 6. 4　控制系统中所有相互连接管线、管柱、软管及连接等都应在钻井作业或日常的设备搬运中得到保护。

B. 8. 7　控制系统液体及容量

应选择合适的液体(液压油或者含有润滑剂的清水)作为闭合装置控制操作液。如果闭合装置中有水，并且周围环境温度有可能低于 0℃，则应加入足够量的乙二醇。由于存在爆炸或者损坏弹性密封的可能，建议不要使用柴油、煤油、机油、链条润滑油或者其他类似的液体。每一个闭合装置都应有一个液体存储器，其容量至少应是储能系统有效液量的两倍。

B. 8. 8　液压控制装置的布置

B. 8. 8. 1　主泵蓄能器装置应置于一个安全的位置，在紧急情况下便于工作人员的操作，而且应满足最新版本的 API RP 500 或 API RP 505 的要求。

B. 8. 8. 2　主泵蓄能器装置的安装应防止过量排出或从作业管线往储罐回流。主泵蓄能器的安装应置于防喷器组件下方一定距离的位置，应附加额外的储能量或替代措施以补偿回路中的回流。

B. 8. 8. 3　至少安装一个控制装置，以便在紧急情况下工作人员可以在方便的位置控制分流器系统的操作。有时更为理想的则是安装多个控制器，将备用控制器放置在离开钻台的安全位置。控制器上的每个控制阀或调节器应在控制器上清楚标明。【SY/T 6667—2006】

附录 C 套管头的结构及安装使用

C.1 套管头的主要结构与功能

C.1.1 套管头本体：套管头本体通过悬挂器支撑除表层套管之外的各层套管重量和防喷装置重量，承受井内介质压力，形成主、侧通道。

C.1.2 侧通道连接件：包括压力表总成、闸阀、转换法兰等。是对井内各套管柱间的环空进行压力检测、使井内的水泥浆和钻井液返出或泵入不同作用流体的通道。

C.1.3 套管悬挂器：分为芯轴式套管悬挂器和卡瓦式套管悬挂器。芯轴式套管悬挂器与套管用螺纹连接并形成密封，通过套管头本体悬挂套管，利用橡胶密封件或金属密封件密封与套管头本体形成的环形空间，与上一层套管头或油管头的下部内圆孔利用 O 形橡胶密封件或 BT 橡胶密封件形成密封。卡瓦式套管悬挂器包括“W”型套管悬挂器、“WD”型套管悬挂器、“WE”型套管悬挂器，采用多片卡瓦与套管咬合连接，通过卡瓦座与套管头本体悬挂套管，利用橡胶密封件密封所悬挂套管与套管头本体形成的环形空间，其上端的一段套管与上一层套管头或油管头的下部内圆孔利用 O 形橡胶密封件或 BT 橡胶密封件形成密封。

C.1.4 其他零部件包括防磨套、螺栓螺母、密封垫环、橡塑密封件、注塑枪以及注塑密封脂和试压塞等。用于套管头的防磨、连接、密封、试压等。

C.2 套管头的压力和尺寸系列

标准套管头本体法兰和简易套管头的连接法兰的压力和尺寸基本参数应符合 GB/T 22513—2013 的规定。

单级套管头压力和尺寸基本参数参见表 C-1；

双级套管头压力和尺寸基本参数参见表 C-2；

三级套管头压力和尺寸基本参数参见表 C-3；

整体套管头压力和尺寸基本参数参见表 C-4；

简易套管头连接法兰的主通径尺寸，应大于或等于所连接套管的内径。

表 C-1 单级套管头基本参数

连接套管外径 D/mm	悬挂套管外径 D_1/mm	本体工作压力/MPa	上部法兰规格（通径×压力）/mm×MPa	本体垂直通径 D_t/mm
193.7	114.3 127.0 139.7	7	280×21 280×35	178
		14		
		21		
		35		
		70	280×70	

续表

连接套管外径 D/mm	悬挂套管外径 D_1/mm	本体工作压力/MPa	上部法兰规格（通径×压力）/mm×MPa	本体垂直通径 D_t/mm
244.5	127.0[a] 139.7 177.8	7	280×21 280×35	230
		14		
		21		
		35		
		70	280×70	
273.0	139.7 177.8	7	280×21 280×35	254
		14		
		21		
		35		
		70	280×70	
298.4	139.7 177.8 193.7	7	350×21	280
		14		
		21		
		35	350×35	
		70	350×70	
323.8	139.7 177.8 193.7 244.5	7	350×21	308
		14		
		21		
		35	350×35	
		70	350×70	
339.7	177.8 193.7 244.5	7	350×21	318
		14		
		21		
		35	350×35	
		70	350×70	

注1：芯轴悬挂式套管头本体侧通道出口直径大于或等于65mm

注2：卡瓦悬挂式套管头本体侧通道出口直径大于或等于52mm

a：该尺寸不推荐使用

表 C-2　双级套管头基本参数

连接套管外径	悬挂套管外径		下部本体			上部本体		
D	D_1	D_2	额定工作压力/MPa	连接法兰规格（通径×压力）/mm×MPa	垂直通径 D_t/mm	额定工作压力/MPa	连接法兰规格（通径×压力）/mm×MPa	垂直通径 D_t/mm
mm								
339.7	177.8	127.0 139.7	14	350×21	318	21	280×21	164
			21			35	280×35	
			35	350×35		70	280×70	

续表

连接套管外径	悬挂套管外径		下部本体			上部本体		
D	D_1	D_2	额定工作压力/MPa	连接法兰规格（通径×压力）/mm×MPa	垂直通径 D_t/mm	额定工作压力/MPa	连接法兰规格（通径×压力）/mm×MPa	垂直通径 D_t/mm
mm								
339.7	244.5	127.0[a] 139.7 177.8	14	350×21	318	21	280×21	230
			21			35	280×35	
			35	350×35		70	280×70	
			70	350×70		105	280×105	
508	339.7	139.7 177.8 244.5	7	540×14	486	14	350×21 350×35	318
			14			21		
			21	530×21		35		
			35	540×35		70	350×70	

注 1：芯轴悬挂式套管头本体侧通道出口直径大于或等于 65mm

注 2：卡瓦悬挂式套管头本体侧通道出口直径大于或等于 52mm

a：该尺寸不推荐使用

表 C-3　三级套管头基本参数

连接套管外径	悬挂套管外径			下部本体		中部本体			上部本体		
D	D_1	D_2	D_3	连接法兰规格（通径×压力）/mm×MPa	垂直通径 D_t/mm	连接法兰规格（通径×压力）/mm×MPa 下法兰	上法兰	垂直通径 D_t/mm	连接法兰规格（通径×压力）/mm×MPa 下法兰	上法兰	垂直通径 D_t/mm
mm											
339.7	244.5	177.8	127.0	350×14	318	350×14	280×21	230	280×21	180×35	164
				350×21		350×21	280×35		280×35	180×70	
				350×35		350×35	280×70		280×70	180×105	
473	339.7			540×14	455	540×14	350×21 350×35	318	350×21	280×35	
				530×21		530×21			350×35	280×70	
		244.5	177.8 139.7	540×14		540×14			350×21	280×35	230
				530×21		530×21			350×35	280×70	
508		177.8	114.3 139.7	540×14	486	540×14			350×21	280×35	164
				530×21		530×21			350×35	280×70	
				540×35		530×35	350×70		350×70	280×105	
		244.5	177.8 139.7	540×14		540×14	350×21		350×21	280×35	230
				530×21		530×21	350×35		350×35	280×70	
				540×35		540×35	350×70		350×70	280×105	

注 1：芯轴悬挂式套管头本体侧通道出口直径大于或等于 65mm

注 2：卡瓦悬挂式套管头本体侧通道出口直径大于或等于 52mm

表 C-4　整体套管头基本参数

连接套管外径	悬挂套管外径		本体下部		本体上部		
D	D_1	D_2	额定工作压力/MPa	垂直通径 D_t/mm	额定工作压力/MPa	垂直通径 D_t/mm	连接法兰规格（通径×压力）/mm×MPa
mm							
339.7	244.5	127.0[a] 139.7 177.8	14	330	21	344	350×21
			21		35		350×35
			35		70		350×70
			70		105		350×105
508	339.7	139.7 177.8 244.5	14	486	21	538	530×21
			21		35		540×35

注 1：芯轴悬挂式套管头本体侧通道出口直径大于或等于 65mm

注 2：卡瓦悬挂式套管头本体侧通道出口直径大于或等于 52mm

a：该尺寸不推荐使用

C.3　套管头的安装使用要求

C.3.1　使用芯轴悬挂式标准套管头，套管头本体侧通道出口直径应大于或等于 65mm。

C.3.2　选用 35MPa 及以上额定工作压力的套管头，应具有两道 BT 密封注脂结构。

C.3.3　使用分体式双级套管头和三级套管头，在安装套管头下部本体后，应安装与上一级套管头本体相当高度的占位承压件，以保证钻井四通和防喷管线在各次开钻中的高度基本不变。

C.3.4　第一级套管头本体的安装高度，应保证占位承压件、钻井四通安装后，与钻井四通连接的防喷管线能从井架底座工字梁上（或下）穿过，并确保完井时油管头本体上法兰面距地面不超过 0.5m。特殊情况下，第一级套管头本体的安装高度，应使完井井口装置的安装高度满足工程设计要求。

C.3.5　安装单级或第一层套管头本体时，应使本体侧通道出口中心线与防喷管线中心线重合在同一平面上，且主通径法兰面的水平误差应小于或等于 1mm。

C.3.6　安装“WE”型套管悬挂器（图 C-1）时，应拆卸套管挂侧面的卡瓦支承螺钉，并在卡瓦卡住套管后将密封压板上的压板螺钉拧紧，使其密封橡胶唇边与套管头本体内壁和套管外壁形成良好的密封。

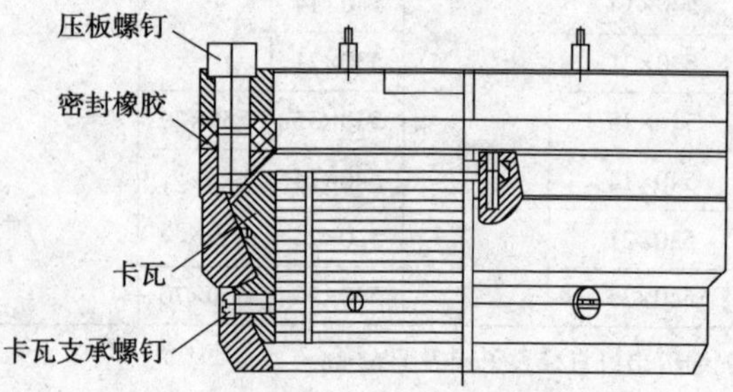

图 C-1　“WE”型套管悬挂器结构示意图

C. 3. 7　安装“WD”型套管悬挂器(图 C-2)注密封脂试压合格后，应用扭矩扳手按使用说明书要求紧固卡瓦螺钉，锁紧卡瓦，确保卡瓦牙有效咬合套管。

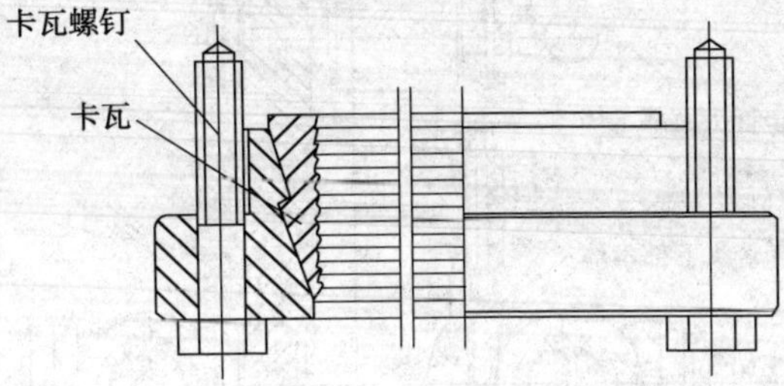

图 C-2　“WD”型套管悬挂器结构示意图

C. 3. 8　卡瓦式套管悬挂器安装就位后，缓慢下放大钩约 25mm，套管挂卡瓦应卡住套管，套管不再下移。继续下放大钩一定吨位，确认套管不再下移和被完全卡住。否则，应上提套管，重新安装套管挂。

C. 3. 9　每一级套管头本体安装完毕，应按套管头使用说明书要求对悬挂器与套管头本体、悬挂器与套管、套管与套管头本体以及套管头上部本体和下部本体法兰钢圈槽的密封进行密封性能试验。试验压力为套管抗外挤强度的 80% 与套管头连接法兰额定工作压力两者的最小值，稳压 10min，压降应不大于 0. 7MPa。

C. 3. 10　具有 BT 密封注脂结构的套管头，应根据季节压注夏季或冬季用密封脂，压注密封脂的压力应为套管抗外挤强度的 80% 与套管头相应额定工作压力两者的最小值，稳压 10min，压降应不大于 0. 7MPa。

C. 3. 11　按套管头使用说明书、钻井操作规程要求正确安装和拆卸防磨套。

C. 3. 12　套管头上、下本体的连接不允许使用螺纹损坏、螺杆变形的螺栓和螺母。

C. 3. 13　安装套管头的其他要求，应符合油田相关的管理规定及套管头产品使用说明书的要求。

C. 4　芯轴悬挂式套管头的安装

C. 4. 1　第一层套管下入后的安装

C. 4. 1. 1　下表层套管前，计算好长度，以保证套管头下部本体和占位承压件、钻井四通安装后，与钻井四通相连接的内防喷管线能从井架底座工字梁上(或下)穿过，并确保完井时油管头本体上法兰面距地面不超过 0. 5m。特殊情况下，第一级套管头本体的安装高度，应使完井井口装置的安装高度满足工程设计要求。

C. 4. 1. 2　固井后，卸下联顶节，用双外螺纹短节与套管接箍连接后，如图 C-3 所示，套上托盘，将双外螺纹短节外螺纹与套管头本体内螺纹按规定扭矩上紧，并使套管头本体侧通道出口中心线与防喷管汇中心线重合在同一平面上，用专用工具送防磨套坐入表层套管头，并用顶丝顶紧固定。

C. 4. 1. 3　第一层套管与套管头也可以用焊接方式连接。

C. 4. 1. 4　将套管头的托盘上端面顶住套管头下部本体底平面，地面与托盘下端面填满沙石、水泥并与地面结合，亦可将托盘与导管焊接，加强固定支撑，使套管头本体主通径法兰面的水平误差应小于或等于 1mm。

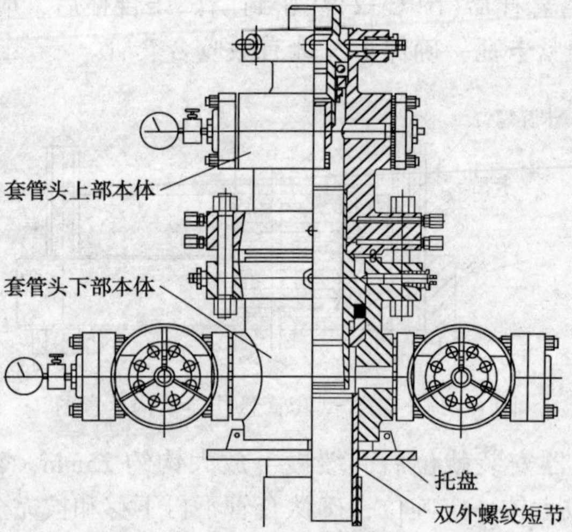

图 C-3　芯轴悬挂式套管头结构示意图

C.4.1.5　根据套管头上部本体高度，用占位承压件安装在套管头下部本体上占位，安装上四通和井口装置等。套管头以上井口装置通径应大于悬挂器最大外径。

C.4.1.6　按钻井设计或套管头使用说明书要求试压，稳压 10min，压降不应超过 0.7MPa。

C.4.1.7　用专用工具将防磨套坐入表层套管头，用顶丝顶紧。

C.4.1.8　钻井过程中应定期活动、检查防磨套。

C.4.2　第二层套管下入后的安装

C.4.2.1　下第二层套管前，先退出第一层套管头本体内的顶丝，用专用工具取出防磨套。

C.4.2.2　从已安装的套管头上法兰处拆除连接螺栓，上提防喷器组、钻井四通和占位承压件等，上提距离约 500mm~700mm 并固定，打开套管头下部本体旁通阀。

C.4.2.3　计算好联入长度，将芯轴式套管悬挂器下端与所下套管连接，上端连接联顶节，并将悬挂器缓慢下放坐入套管头下部本体内，检查并顶紧顶丝。

C.4.2.4　从套管头下部本体旁侧通道连接回收钻井液管线。

C.4.2.5　第二层套管固井后，拆下全套防喷器组、钻井四通和占位承压件等。

C.4.2.6　将套管头上部本体缓慢套入表层套管头芯轴式套管悬挂器上端，注意保护悬挂器上部密封部位，以免损坏上密封，与表层套管头连接。按对角方向上平、拧紧连接套管头上、下部本体的法兰螺栓。

C.4.2.7　用注塑泵对套管头各副密封处注密封脂，按使用说明书要求对各连接处、密封处试压，检查套管悬挂器密封性能。注脂压力和试验压力应为芯轴悬挂器抗外挤强度的 80% 与套管头相应额定工作压力两者的最小值，稳压 10min，压降应不大于 0.7MPa。

C.4.2.8　在套管头上部本体上安装上四通、防喷器等井口装置，其通径应大于该套管头本体将坐入悬挂器的最大外径。

C.4.2.9　按钻井设计要求对井口装置试压，稳压 10min，压降不应超过 0.7MPa。

C.4.2.10　用专用工具将防磨套坐入套管头上部本体，并顶紧顶丝。

C.4.3　第三层或更多层套管下入后的安装

C.4.3.1　第三层或更多层套管下入后的安装方法同 C.4.2.1~C.4.2.8。

C.4.3.2　将完井油管头四通安装在套管头上部本体上。

注意：下放时应保护该层套管悬挂器上部密封部位。

C. 4. 3. 3　套管头试压同 C. 4. 2. 7。

C. 4. 3. 4　装上采油(气)井口后，按钻井设计要求，对采油(气)井口和套管头试压。

C. 5　卡瓦悬挂式套管头的安装

C. 5. 1　第一层套管下入后的安装

C. 5. 1. 1　下表层套管固井后，以保证套管头下部本体和占位承压件、钻井四通安装后，与钻井四通相连接的内防喷管线能从井架底座工字梁上(或下)穿过，并确保完井时油管头本体上法兰面距地面不超过 0.5m 为前提计算表层套管的切割高度。特殊情况下，第一级套管头本体的安装高度，应使完井井口装置的安装高度满足工程设计要求。

C. 5. 1. 2　割断表层套管高出部分，并将套管端口内外圆倒钝(图 C-4)。

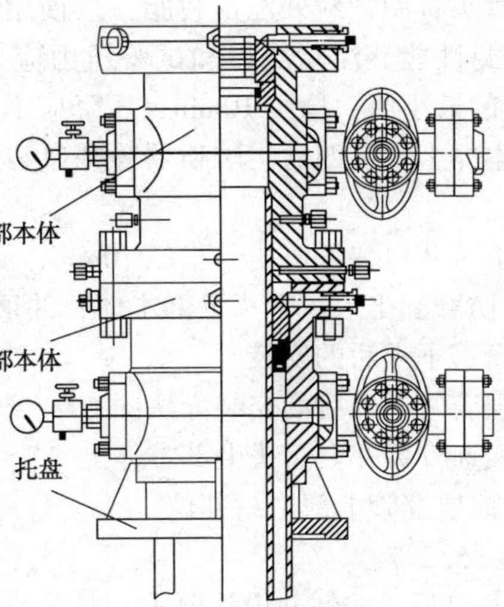

图 C-4　卡瓦悬挂式套管头结构示意图

a) 对焊接式套管头，套管头本体套入套管后进行内外焊接。焊接材料应符合或超过套管头本体和套管的最低力学性能；

b) 对“WD”型底部卡瓦式套管头，套入套管后，应拧紧底部卡瓦的卡瓦螺钉。

C. 5. 1. 3　试压。

a) 对焊接式套管头，从两焊接焊缝间的试压孔试压。试验压力应为套管抗外挤强度的 80%与套管头相应额定工作压力两者的最小值，稳压 10min，压降应不大于 0.7MPa；

b) 对“WD”型底部卡瓦式套管头，先对密封处进行注脂，再进行试压，试验压力应为套管抗外挤强度的 80%与套管头相应额定工作压力两者的最小值，稳压 10min，压降应不大于 0.7MPa。试压合格后应用扭矩扳手按使用说明书要求紧固卡瓦螺钉，锁紧卡瓦牙，确保卡瓦牙有效咬合套管，并对卡瓦的卡紧情况进行上提 30t 的检查。

C. 5. 1. 4　在套管头上安装占位承压件后，再安装钻井四通、防喷器组。

C. 5. 1. 5　送试压塞坐在套管头内，按使用说明书要求对井口装置试压。

C. 5. 1. 6　用工具送防磨套坐入表层套管头，并用顶丝顶紧固定。

C. 5. 2　第二层套管下入后的安装

C. 5. 2. 1　下第二层套管前，先退出顶丝，用专用工具取出防磨保护套。

C.5.2.2　从已安装的套管头上法兰处拆除连接螺栓，上提防喷器组、钻井四通和占位承压件等，上提距离约500mm~700mm并固定，打开套管头下部本体旁通阀。

C.5.2.3　适当上提套管，将卡瓦式套管悬挂器扣合在上提露出的入井套管上，拧紧悬挂器密封压板上的压板螺钉，缓慢下放套管，使卡瓦式套管悬挂器坐入套管头下部本体内，检查并顶紧顶丝。

C.5.2.4　距套管头下部本体上法兰平面预留一定高度将套管割断取出，按套管头使用说明书规定的切割高度再次切割平整，并将套管端口内外圆倒钝。

C.5.2.5　吊开防喷器组、钻井四通和占位承压件等。

C.5.2.6　将上一层套管头本体缓慢套入已切割倒圆的套管，与表层套管头连接。安装套管头上部本体时应注意保护已切割倒圆的套管上部密封部位，以免损坏上密封。按对角方向上平、拧紧连接套管头上下部本体的法兰螺栓。

C.5.2.7　用注塑泵对套管头各副密封处注密封脂，按使用说明书要求对各连接处、密封处试压，检查套管悬挂器密封性能。注脂压力和试验压力应为套管抗外挤强度的80%与套管头相应额定工作压力两者的最小值，稳压10min，压降应不大于0.7MPa。

C.5.2.8　在套管头上部本体上安装四通、防喷器等井口装置，其通径应大于该套管头本体将坐入悬挂器的最大外径。

C.5.2.9　按钻井设计要求对井口装置试压，稳压10min，压降不应超过0.7MPa。

C.5.2.10　用专用工具将防磨套坐入套管头上部本体，并顶紧顶丝。

C.5.3　第三层或更多层套管下入后的安装

C.5.3.1　第三层或更多层套管下入后的安装方法同C.5.2.1~C.5.2.8。

C.5.3.2　将完井油管头四通安装在套管头上部本体上。

注意：下放时应保护该层套管上部密封部位。

C.5.3.3　套管头试压同C.5.2.7。

C.5.3.4　装上采油(气)井口后，按钻井设计要求，对采油(气)井口和套管头试压。

C.6　简易套管头的安装

C.6.1　下表层套管或技术套管简易套管头的安装

C.6.1.1　在室内将简易套管头的连接法兰与双外螺纹套管短节相连，应按C.6.3.1试压，合格后送至现场。套管内径与井口通径不同时，需在连接法兰通径内加工扶正导向斜坡。

C.6.1.2　固表层或技术套管时，井口第一根套管接箍不允许焊接。

C.6.1.3　下表层套管的安装：将连接好的连接法兰和双外螺纹短节安装在套管接箍上，按规定扭矩上紧，不得焊接，见图C-5(a)。连接法兰上平面距地面不应超过0.5m。

C.6.1.4　下第二层套管的安装：装连接法兰的方法见C.6.1.3，应在连接法兰上加扶正套，见图C-5(b)，或在通径内加工一扶正导向斜坡，见图C-5(c)。

C.6.1.5　连接法兰装好后，按C.6.3.2试压。

C.6.2　下油气层套管简易套管头的安装

C.6.2.1　在室内将连接法兰和升高短节连接(升高短节钢级、壁厚不得低于井口套管。套管内径与井口通径不同时，需在连接法兰通径内加工扶正导向斜坡)，应按C.6.3.1试压，合格后送至现场。

C.6.2.2　将升高短节与井口套管接箍连接并上紧，按图C-5(d)安装。油气层套管外面与连接法兰不得焊接。环形铁板不得焊在油气层套管上，只能与技术套管和衬套焊接。

C. 6. 2. 3　在技术套管衬套上焊接一只通径 73mm 钻杆短节，并在短节上装一放气阀和工作压力相适应的截止阀和压力表，环形空间的试压按 C. 6. 3. 2 执行。

C. 6. 2. 4　对油气层套管水泥浆未返至地面的井，连接法兰可采用卡瓦法兰的安装方式，见图 C-5(e)。

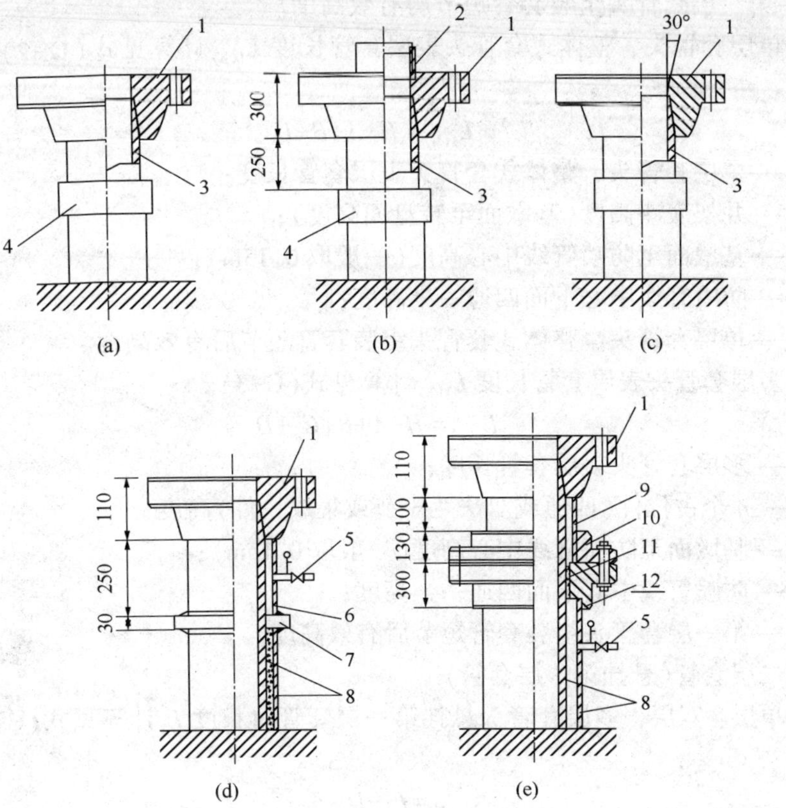

图 C-5　简易套管头安装结构示意图

1—连接法兰；2—扶正套；3—双外螺纹短节；4—套管接箍；5—放气阀；6—衬套；7—环形铁板；8—套管；9—调节短节；10—调节法兰；11—卡瓦；12—卡瓦法兰

C. 6. 3　试压

C. 6. 3. 1　室内试压：应按连接法兰额定工作压力与双外螺纹抗内压强度的 80%两者的最小值试压。

C. 6. 3. 2　现场试压按各次开钻钻井工程设计要求进行。

C. 7　芯轴悬挂式套管头联入计算方法

C. 7. 1　双四通、内防喷管线从井架底座下穿过的计算方法

C. 7. 1. 1　第一层套管(安装第一层套管头时所下套管)

第一层套管头与套管用螺纹或焊接形式连接(采用焊接连接方式时，不需要准确计算，只考虑割焊高度在套管本体即可)。

C. 7. 1. 1. 1　常规双层套管头表层套管联入长度 L_1 计算见式(C-1)，如图 C-6(a)所示。

$$L_1 = H+A+B+C+D \tag{C-1}$$

式中　L_1——双层套管头表层套管联入长度；

H——井架底座高度（基墩面至转盘面高度）；

A——基墩面至防喷管线中心高度（一般取 0.15m）；

B——防喷管线中心下面四通一半高度；

C——占位件（四通或双法兰短节）占下层套管头高度位置；

D——第一层套管头组装套管短节后有效高度。

C.7.1.1.2　单层套管头、整体式套管头表层套管长度 $L_{1(b)}$ 计算见式（C-2），如图 C-6（b）所示。

$$L_{1(b)}=H+A+B+D \tag{C-2}$$

式中　$L_{1(b)}$——单层套管头、整体式套管头表层套管长度；

H——井架底座高度（基墩面至转盘面高度）；

A——基墩面至防喷管线中心高度（一般取 0.15m）；

B——防喷管线中心下面四通一半高度；

D——单层套管头、整体式套管头组装套管短节后有效高度。

C.7.1.1.3　多层套管头表层套管长度 $L_{1(c)}$ 计算见式（C-3）。

$$L_{1(c)}=H+A+B+C_n+D \tag{C-3}$$

式中　$L_{1(c)}$——多层套管头表层套管长度；

C_n——n 个占位件（四通或双法兰短节或集成一件）高度；

A——基墩面至防喷管线中心高度（一般取 0.15m）；

B——防喷管线中心下面四通一半高度；

D——第一层套管头组装套管短节后有效高度。

C.7.1.2　第二层套管（悬挂第一层套管）

C.7.1.2.1　单层、双层、多层套管头悬挂第一层套管时长度 L_2 计算见式（C-4），如图 C-6（a）所示。

$$L_2=L_1-D-E_1 \tag{C-4}$$

式中　L_2——悬挂第一层套管时长度；

L_1——表层套管长度；

D——第一层套管头组装套管短节后有效高度；

E_1——第一个套管挂上端高出套管头四通高度。

C.7.1.2.2　整体式套管头悬挂第一层套管时长度 $L_{2(b)}$ 计算见式（C-5），如图 C-6（b）所示。

$$L_{2(b)}=L_{1(b)}-D+K \tag{C-5}$$

式中　$L_{2(b)}$——整体式套管头悬挂第一层套管时长度；

$L_{1(b)}$——单层套管头、整体式套管头表层套管长度；

D——整体式套管头组装套管短节后有效长度；

K——套管头上法兰面距下部套管挂上端面高度。

C.7.1.3　第三层套管（悬挂第二层套管）

C.7.1.3.1　双层、多层套管头悬挂第二层套管长度 L_3 计算见式（C-6），如图 C-6（a）所示。

$$L_3=L_1-D-C-E_2 \tag{C-6}$$

式中　L_3——双层、多层套管头悬挂第二层套管时长度；

D——第一层套管头组装套管短节后有效高度；

C——占位件(四通或双法兰短节)占下层套管头高度位置；

E_2——上层套管挂高出套管头四通高度。

C.7.1.3.2　整体式套管头悬挂第二层套管长度 $L_{3(b)}$ 计算见式(C-7)，如图 C-6(b)所示。

$$L_{3(b)}=L_{1(b)}-D-E_3 \tag{C-7}$$

式中　$L_{3(b)}$——整体式套管头悬挂第二层套管时联入长度；

D——整体式套管头组装套管短节后有效高度；

E_3——第二层套管挂高出套管头四通高度。

C.7.2　单四通、内防喷管线从井架底座上方穿过的联入计算方法

C.7.2.1　表层套管长度 L_d 按式(C-8)计算。

$$L_d=H-h-A+B+C+D \tag{C-8}$$

式中　L_d——单四通、内防喷管线从井架底座上方穿过的表层套管长度；

h——井架金属底座高度；

H——井架底座高度(基墩面至转盘面高度)；

A——基墩面至防喷管线中心高度(一般取 0.15m)；

B——防喷管线中心下面四通一半高度；

C——占位件(四通或双法兰短节)占下层套管头高度位置；

D——第一层套管头组装套管短节后有效高度或整体式套管头组装套管短节后有效高度。

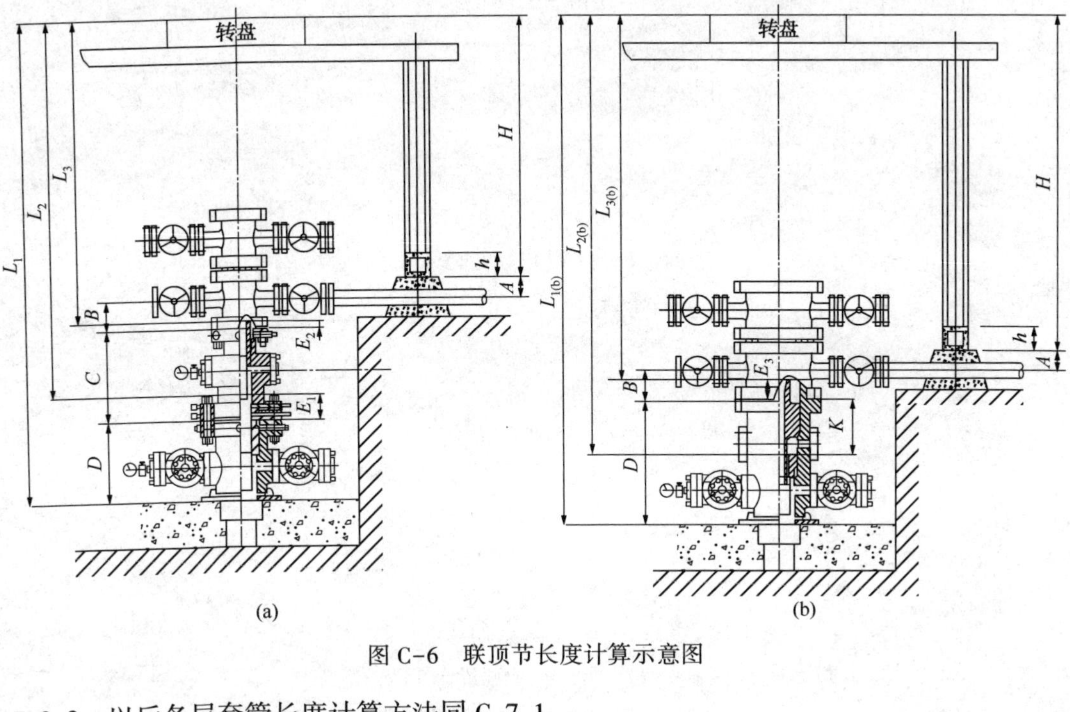

图 C-6　联顶节长度计算示意图

C.7.2.2　以后各层套管长度计算方法同 C.7.1。

C.7.3　其他几种特殊情况下长度计算的考虑事项

C.7.3.1　预计井架底座高度安装井口装置高度不够时，在差值小的情况下(一般在 200mm 以内)，可将第一次联入长度适当加长，井口装置往下移。

C.7.3.2　采油气井口的特殊四通(油管头)与套管头之间需要加转换件时，第一次计算时应

考虑转换件的厚度，加长长度，用占位件留出以后安装时的高度空间。

C. 7. 3. 3　第二次固井和以后各次固井的长度计算，还应考虑第一次固井后的套管有无下沉的情况，如有，长度则还应加上下沉的高度。

C. 7. 3. 4　在井架底座高度不够，用水泥基础加高底座时，联入长度计算应加上加高水泥基础的高度。【SY/T 6789—2010】

附录 D　井控管汇配置闸阀的规定

D.1　总则

阀可用于井控管线控制、加压和循环作业。在 D.4～D.7 中规定了多管阀、自动关闭阀和止回阀及额定工作压力不低于 13.8MPa 的阀的要求。

D.2　性能要求

阀操作循环应按照表 D-1 表明的循环次数，这包括手动阀和设计带驱动器的阀。

表 D-1　阀门的开关循环要求

性能级别	工作循环
PR1	3 个循环
PR2	200 个循环

D.3　设计

D.3.1　尺寸

适用下列各项：

a）标称尺寸：阀的标称尺寸应与表 D-2 或表 D-3 中的标称尺寸一致。

b）阀端距：

（a）总则：阀端距是指在阀的水平中心线上测得的两个加工表面间的最长外廓距离；

（b）法兰式阀：法兰式阀的阀端距应符合表 D-2 和表 D-3 中适用的尺寸；

（c）带其他端部连接装置的阀：这类阀无阀端距尺寸的要求；

（d）缩径闸阀：缩径闸阀无阀端距尺寸的要求。

c）全径阀：全径阀应有贯通阀体、阀座、闸板或旋塞以及端部连接的圆形通路（孔）。阀体孔径应符合表 D-2 和表 D-3 中的孔尺寸。阀座、闸板、旋塞或其他相关内部零件的孔径应与之相同或更大。

表 D-2　额定压力为 13.8MPa、20.7MPa、34.5MPa 的法兰式闸阀、旋塞阀和球阀

标称尺寸		全径阀孔径 $\left(^{+0.8}_{0}\right)$/mm	阀端距(±2)/mm		
			全径闸阀	旋塞阀	
mm	in			全径旋塞阀	全径或缩径球阀
13.8MPa					
52×46	$2\frac{1}{16}\times1\frac{13}{16}$	46.0	295	—	—
52	$2\frac{1}{16}$	52.4		333	295

续表

标称尺寸		全径阀孔径	阀端距(±2)/mm		
mm	in	$(^{+0.8}_{0})$/mm	全径闸阀	旋塞阀	
				全径旋塞阀	全径或缩径球阀
13.8MPa					
65	2 9/16	65.1	333	384	333
79	3 1/8	79.4	359	448	359
79×81	3 1/8×3 3/16	81.0			—
103	4 1/16	103.2			435
103×105	4 1/16×4 1/8	104.8	435	511	
103×108	4 1/16×4 1/4	108.0			—
130	5 1/8	130.2		638	
179×152	7 1/16×6	152.4	562	727	562
179×162	7 1/16×6 3/8	161.9		—	
179×168	7 1/16×6 5/8	168.3	—		—
179	7 1/16	179.4	664	740	
179×181	7 1/16×7 1/8	181.0			
20.7MPa					
52×46	2 1/16×1 13/16	46.0	371	—	—
52	2 1/16	52.4		384	371
65	2 9/16	65.1	422	435	422
79	3 1/8	79.4	435	473	384
79×81	3 1/8×3 3/16	81.0			—
103	4 1/16	103.2			460
103×105	4 1/16×4 1/8	104.8	511	562	
103×108	4 1/16×4 1/4	108.0			—
130	5 1/8	130.2		664	
179×152	7 1/16×6	152.4	613	765	613
179×162	7 1/16×6 3/8	161.9		—	
179×168	7 1/16×6 5/8	168.3	—		—
179	7 1/16	179.4	714	803	
179×181	7 1/16×7 1/8	181.0			
34.5MPa					
52×46	2 1/16×1 13/16	46.0	371	—	—
52	2 1/16	52.4		394	371
65	2 9/16	65.1	422	457	473
79	3 1/8	79.4	473	527	
79×81	3 1/8×3 3/16	81.0			—

续表

标称尺寸		全径阀孔径 $(^{+0.8}_{0})$/mm	阀端距(±2)/mm		
			全径闸阀	旋塞阀	
mm	in			全径旋塞阀	全径或缩径球阀
103	$4\frac{1}{16}$	103.2			549
103×105	$4\frac{1}{16}\times4\frac{1}{8}$	104.8	549	629	
103×108	$4\frac{1}{16}\times4\frac{1}{4}$	108.0			—
130	$5\frac{1}{8}$	130.2	727		
179×130	$7\frac{1}{16}\times5\frac{1}{8}$				
179×152	$7\frac{1}{16}\times6$	152.4			711
179×155	$7\frac{1}{16}\times6\frac{1}{8}$	155.6	737		
179×162	$7\frac{1}{16}\times6\frac{3}{8}$	161.9			
179×168	$7\frac{1}{16}\times6\frac{5}{8}$	168.3			—
179	$7\frac{1}{16}$	179.4			
179×181	$7\frac{1}{16}\times7\frac{1}{8}$	181.0	813	978	
228	9	228.6	1041	—	

表 D-3　额定压力为 69.0MPa、103.5MPa、138.0MPa 的法兰式闸阀、旋塞阀和球阀

标称尺寸		全径阀	
mm	in	孔径 $(^{+0.8}_{0})$/mm	阀端距(±2)/mm
69.0MPa			
46	$1\frac{13}{16}$	46.0	464
52	$2\frac{1}{16}$	52.4	521
65	$2\frac{9}{16}$	65.1	565
78	$3\frac{1}{16}$	77.8	619
103	$4\frac{1}{16}$	103.2	670
130	$5\frac{1}{8}$	130.2	737
179×162	$7\frac{1}{16}\times6\frac{3}{8}$	161.9	889
179	$7\frac{1}{16}$	179.4	
103.5MPa			
46	$1\frac{13}{16}$	46.0	457
52	$2\frac{1}{16}$	52.4	483
65	$2\frac{9}{16}$	65.1	533
78	$3\frac{1}{16}$	77.8	598
103	$4\frac{1}{16}$	103.2	737
130	$5\frac{1}{8}$	103.2[a]	889
138.0MPa			
46	$1\frac{13}{16}$	46.0	533
52	$2\frac{1}{16}$	52.4	584
65	$2\frac{9}{16}$	65.1	673
78	$3\frac{1}{16}$	77.8	775

注：标称尺寸为 $5\frac{1}{8}$in 的孔径公差为 $(^{+1.0}_{0})$mm

D.3.2　端部法兰

阀的端部法兰应符合 GB/T 22513—2013 10.1 的要求。

D.3.3　端部螺纹

螺纹式阀的端部螺纹应符合 GB/T 22513—2013 10.2 要求的管线管、套管或油管的螺纹。

D.3.4　螺纹式阀的限制

根据 GB/T22513—2013 4.2.1 的要求，螺纹式阀应仅提供标称管径为 52mm ~ 103mm，且额定工作压力为 13.8MPa、20.7MPa 和 34.5MPa 的阀。

D.3.5　填料盒

压盖或填料盒法兰不允许有开口槽。

D.3.6　更换填料

所有闸阀应配有倒密封，或配有使阀在工作中和在额定工作压力下能更换填料的其他机构。

D.3.7　操作方向

机械操作的阀应符合逆时针转动为开启方向、顺时针转动为关闭方向的要求。

D.3.8　操作机构

手动操作闸阀应备有手轮。手动操作旋塞阀应有扳手或手柄操作机构，或手轮驱动的齿轮机构。所有手轮应在工作中可更换。

D.3.9　操作齿轮

设计的齿轮式操作机构应在不借助工具或手柄时，在阀的最大工作压力差下能开启和关闭。

D.3.10　文件

制造商应将缩径阀的流动特性和压降性能形成文件。

D.3.11　材料

适用下列各项：

a）阀体、阀盖与端部连接装置：

阀体、阀盖与端部连接装置的材料应符合 GB/T 22513—2013 第 5 章的要求。

b）其他零件：

阀的内部零件，如闸板、旋塞、阀座和阀杆等的材料，应符合 GB/T 22513—2013 第 5 章的要求。

D.3.12　试验

适用下列各项：

a）通径试验：

所有装配后的全径阀，应按 GB/T 22513—2013 中 7.4.9.3.1 所述做通径试验。

b）其他试验：

所有装配后的阀，应按 GB/T 22513—2013 中 7.4.9 所述的要求完成其所有适用的试验。

D.3.13　标志

阀应按 GB/T 22513—2013 第 8 章的要求进行标志。

D.3.14　贮存和运输

所有的阀应按 GB/T 22513—2013 第 9 章的要求进行贮存和运输。

D.4 多管阀

D.4.1 总则

多管阀是一种全孔的闸阀或旋塞阀。它们在生产井的控制、加压和循环作业中，用于双管、三管、四管或五管平行管柱的完井。

D.4.2 设计

D.4.2.1 总则。

多管阀是 D.3 所包括的阀的组合装置。多管阀在其端部具有几个通孔流道，并整体地或永久地与每端的单个连接装置连接。除另有说明外，多管阀应符合 D.3 的所有设计要求。

D.4.2.2 尺寸。

适用下列各项：

a）阀尺寸：

表 D-4 和表 D-5 规定了孔中心或法兰中心至孔中心的距离的最大阀尺寸。较小标称尺寸的阀可按规定的中心距布置。表中所示的法兰是规定中心距要求的最小法兰尺寸，可以使用较大的法兰。

b）阀端距：

多管阀无阀端距尺寸要求。

D.4.2.3 孔的位置。

尺寸从端部连接装置中心测量。

根据端部连接装置的中心线，多管阀的各个孔应按表 D-4 和表 D-5 进行布置。

D.4.2.4 端部连接装置尺寸的确定

端部连接装置尺寸由油管头或连接到采油树最下部阀的油管头异径接头的标称尺寸确定。

D.4.2.5 孔的密封。

本标准不适用于孔的密封。

D.4.2.6 试验口。

下部端部连接装置应有一个试验口，该试验口位于连接装置的孔密封和端部密封之间，连通至连接装置的外径表面上。试验口应符合 GB/T 22513—2013 4.4.4 的规定。

表 D-4 额定压力为 13.8MPa、20.7MPa、34.5MPa 双管平行孔阀通孔的中心距

<table>
<tr><th colspan="2">最大阀尺寸</th><th rowspan="2">孔中心距/mm</th><th rowspan="2">大孔中心至端部连接装置中心距/mm</th><th rowspan="2">小孔中心至端部连接装置中心距/mm</th><th rowspan="2">最小端部连接装置尺寸/mm</th><th colspan="2">套管基本尺寸</th></tr>
<tr><th>mm</th><th>in</th><th>外径/mm</th><th>线质量/(kg/m)</th></tr>
<tr><td colspan="8">13.8MPa、20.7MPa、34.5MPa</td></tr>
<tr><td>46</td><td>1 13/16</td><td>70.64</td><td>35.32</td><td>35.32</td><td rowspan="3">179</td><td>139.7</td><td>25</td></tr>
<tr><td>52</td><td>2 1/16</td><td rowspan="2">90.09</td><td>45.05</td><td>45.05</td><td rowspan="2">177.8</td><td>57</td></tr>
<tr><td rowspan="2">65×52</td><td rowspan="2">2 9/16×2 1/16</td><td>41.91</td><td>48.18</td><td>43</td></tr>
<tr><td rowspan="2">101.60</td><td>47.63</td><td>53.98</td><td rowspan="4">228</td><td rowspan="2">193.7</td><td>58</td></tr>
<tr><td rowspan="2">65</td><td rowspan="2">2 9/16</td><td>50.80</td><td>50.80</td><td>44</td></tr>
<tr><td>114.30</td><td>57.15</td><td>57.15</td><td rowspan="2">219.1</td><td rowspan="2">73</td></tr>
<tr><td>79×52</td><td>3 1/8×2 1/16</td><td>116.28</td><td>51.00</td><td>65.28</td></tr>
</table>

续表

最大阀尺寸		孔中心距/mm	大孔中心至端部连接装置中心距/mm	小孔中心至端部连接装置中心距/mm	最小端部连接装置尺寸/mm	套管基本尺寸	
mm	in					外径/mm	线质量/(kg/m)
79×65	$3\frac{1}{8}\times2\frac{9}{16}$	128.19	64.10	64.10	279	244.5	80
79	$3\frac{1}{8}$						
69.0MPa							
46	$1\frac{13}{16}$	70.64	35.32	35.32	179	139.7	25
52	$2\frac{1}{16}$	90.09	45.05	45.05		177.8	57
65×52	$2\frac{9}{16}\times2\frac{1}{16}$		41.91	48.18			43
		101.60	47.63	53.98		193.7	58
65	$2\frac{9}{16}$		50.80	50.80	228		44
		114.30	57.15	57.15		219.1	73
78	$3\frac{1}{16}$	128.19	64.10	64.10	279	244.5	80

表 D-5　三管、四管和五管平行孔阀通孔的中心距

标称尺寸	最大阀尺寸	法兰中心至孔中心距/mm	最小端部连接装置尺寸/mm	套管基本尺寸	
mm	in			外径/mm	公称质量/(kg/m)
13.8MPa、20.7MPa、34.5MPa 额定工作压力					
三管阀					
46	$1\frac{13}{16}$	47.63	179	168.3	35.7
52	$2\frac{1}{16}$	49.21	228	177.8	38.7
		53.98		193.7	58.0
65	$2\frac{9}{16}$	71.44	279	244.5	79.6
四管阀					
46	$1\frac{13}{16}$	73.03		219.1	53.6
					—
		77.79	279	244.5	
52	$2\frac{1}{16}$				79.6
		87.31		273.1	82.6
65	$2\frac{9}{16}$	101.60	346	298.5	80.4
五管阀					
52	$2\frac{1}{16}$	77.79	279	244.5	79.6
69.0MPa 额定工作压力					
三管阀					
46	$1\frac{13}{16}$	47.63	179	168.3	35.7
52	$2\frac{1}{16}$	49.21	228	177.8	38.7
		53.98		193.7	58.0
65	$2\frac{9}{16}$	71.44	279	244.5	79.6
四管阀					
65	$2\frac{9}{16}$	87.31	279	273.1	82.6

D. 4. 2. 7 法兰的螺栓孔位置。

两端法兰的一对螺栓孔应跨在公共中心线上。

D. 4. 2. 8 试验。

适用下列各项：

a）通径试验：

所有组装后的多管阀应按 GB/T 22513—2013 7. 4. 9. 3. 1 进行通径试验。

b）其他试验：

所有组装后的多管阀应按 GB/T 22513—2013 7. 4. 9 的要求，顺利完成其他所有适用的试验。

D. 4. 2. 9 标志。

多管阀应按 GB/T 22513—2013 第 8 章的要求进行标志。

D. 4. 2. 10 贮存和运输。

多管阀应按 GB/T 22513—2013 第 9 章的要求进行贮存和运输。

D. 5 驱动阀

适用下列各项：

a）总则：

驱动阀应装有自动打开或关闭阀的驱动器，驱动阀可能是法兰式、螺纹式或其他端部连接方式的全径或缩径的闸阀或旋塞阀。

b）设计：

阀应符合 D. 3 的要求。驱动器应符合 GB/T 22513—2013 10. 16. 3 的要求。

c）材料：

驱动阀的材料应符合 GB/T 22513—2013 第 5 章或 10. 16 适用的要求。

d）试验：

组装后的驱动阀，应按 GB/T 22513—2013 7. 4. 9 的要求顺利完成所有适用的试验。

e）标志：

驱动阀应按 GB/T 22513—2013 第 8 章的要求进行标志。

f）贮存和运输：

驱动阀应按 GB/T22513—2013 第 9 章的要求进行贮存和运输。

D. 6 驱动器准备阀

适用下列各项：

a）总则：

驱动器准备阀(包括多管阀)，应包括与驱动器组装实现特定功能所需的所有零件。阀盖总成包含的相关零件(如阀杆和密封件)应是阀或驱动器的一部分。如果驱动器准备阀与驱动器组装，则驱动器准备阀应符合 D. 5 的所有要求。GB/T 22513—2013 10. 16 包含了驱动器规范。

b）设计：

驱动器准备阀应符合 D. 5 驱动阀的适用要求。

c）材料：

驱动器准备阀应符合 D. 3. 11 的要求。

d）试验：

驱动器准备阀应顺利通过 GB/T 22513—2013 7. 4. 9 规定的所有试验。若阀盖总成不作为阀的一个单元，则不要求做倒密封试验，但在与驱动器组装时应进行倒密封试验。可使用试验装置替代阀盖和驱动器进行所要求的试验。

e）标志：

驱动器准备阀应按 GB/T 22513—2013 第 8 章的要求进行标志。

f）贮存和运输：

驱动器准备阀应按 GB/T 22513—2013 第 9 章的要求进行贮存和运输。

D. 7　止回阀

D. 7. 1　总则

止回阀可以是旋启式和升降式。这些阀可以是全径阀或缩径阀，它只允许流体单向流动。

D. 7. 2　设计

D. 7. 2. 1　总则。

止回阀可提供如下型式：

a）常规旋启式止回阀(图 D-1)；

b）全径旋启式止回阀(图 D-2)；

c）常规升降式止回阀(图 D-3)。

D. 7. 2. 2　尺寸。

适用下列各项：

a）标称尺寸：

止回阀的标称尺寸，应与表 D-6、表 D-7 和表 D-8 中第二列的阀标称尺寸一致。

b）阀端距：

端部为法兰式的止回阀端距，应符合表 D-6 和表 D-7 的尺寸要求。

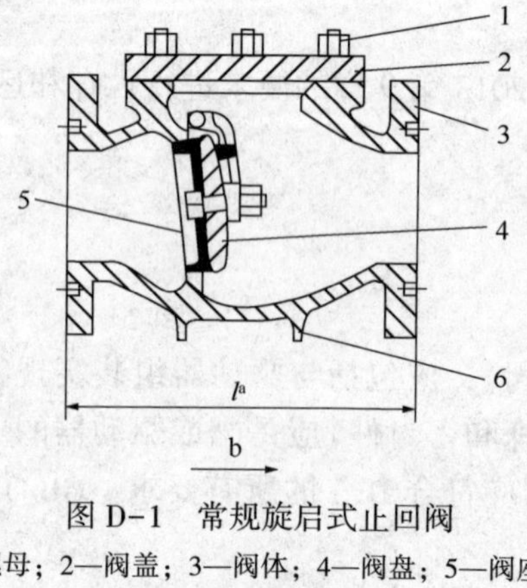

图 D-1　常规旋启式止回阀

1—阀盖螺柱和螺母；2—阀盖；3—阀体；4—阀盘；5—阀座圈；6—支撑筋

（a 阀端距；b 流向）

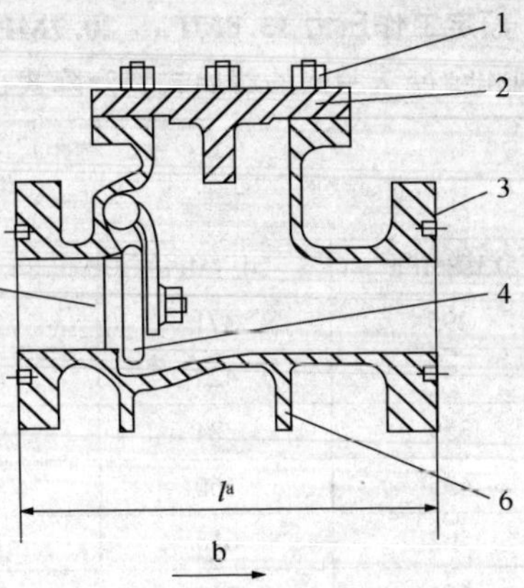

图 D-2　全径旋启式止回阀

1—阀盖螺柱和螺母；2—阀盖；3—阀体；4—阀盘；5—阀座圈；6—支撑筋

（a 阀端距；b 流向）

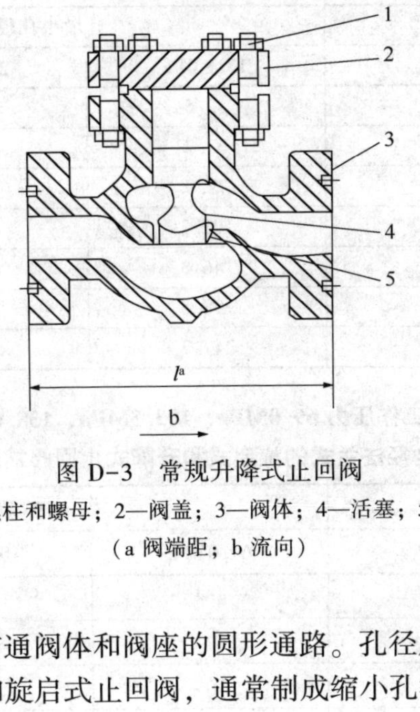

图 D-3　常规升降式止回阀

1—阀盖螺柱和螺母；2—阀盖；3—阀体；4—活塞；5—阀座圈

（a 阀端距；b 流向）

c）孔：

（a）全径：全径阀应有贯通阀体和阀座的圆形通路。孔径应符合表 D-7 给出的尺寸；

（b）缩径：常规升降式和旋启式止回阀，通常制成缩小孔径的贯通阀座，其尺寸由制造商选择。

D. 7. 2. 3　端部法兰

阀的端部法兰应符合 GB/T 22513—2013 10. 1 的要求。

D. 7. 2. 4　缩径阀

制造商应将缩径阀的流动特性和压降性能形成文件。

D. 7. 3　材料

阀的所有材料，应符合 GB/T 22513—2013 第 5 章的要求。

D. 7. 4　试验

适用下列各项：

a）通径试验：

止回阀不要求通径试验。

表 D-6　额定工作压力 13.8MPa、20.7MPa、34.5MPa 的常规和全径法兰式的旋启式和升降式止回阀端距

标称尺寸		端距尺寸(±2)/mm				
		短型			长型	
mm	in	13.8MPa	20.7MPa	34.5MPa	20.7MPa	34.5MPa
52	$2\frac{1}{16}$	295	371	371	—	
65	$2\frac{9}{16}$	333	422	422	—	—
79	$3\frac{1}{8}$	359	384	473	435	—
103	$4\frac{1}{16}$	435	460	549	511	—
179	$7\frac{1}{16}$	562	613	711	—	737
228	9	664	740	841	—	—
279	11	790	841	1000	—	—

表 D-7　额定工作压力 13.8MPa、20.7MPa、34.5MPa 的全径止回阀最小孔径尺寸

标称尺寸		最小孔径尺寸($^{+1.6}_{0}$)/mm		
mm	in	13.8MPa	20.7MPa	34.5MPa
52	$2\frac{1}{16}$	52.5	49.3	42.9
65	$2\frac{9}{16}$	62.7	59.0	54.0
79	$3\frac{1}{8}$	77.9	73.7	66.6
103	$4\frac{1}{16}$	102.3	97.2	87.3
179	$7\frac{1}{16}$	146.3	146.3	131.8
228	9	198.5	189.0	173.1
279	11	247.7	236.6	215.9

表 D-8　额定工作压力 69.0MPa、103.5MPa、138.0MPa 的常规和全径法兰式的旋启式和升降式止回阀端距

标称尺寸		阀端距(±2)/mm		
mm	in	69.0MPa	103.5MPa	138.0MPa
46	$1\frac{13}{16}$	464	457	533
52	$2\frac{1}{16}$	521	483	584
65	$2\frac{9}{16}$	565	533	673
78	$3\frac{1}{16}$	619	598	775
103	$4\frac{1}{16}$	670	737	—
130	$5\frac{1}{8}$	737	—	—
179	$7\frac{1}{16}$	889	—	—

b) 其他试验：

所有组装后的止回阀，应按 GB/T 22513—2013 7.4.9 所述的要求顺利完成全部适用的试验。

D.7.5　标志

阀的标志应符合 GB/T 22513—2013 第 8 章的要求。

D.7.6　贮存和运输

所有止回阀，应按 GB/T 22513—2013 第 9 章的要求进行贮存和运输。【GB/T 22513—2013】

附录 E　方钻杆旋塞

E.1　型式与基本参数

E. 1. 1　型号

E. 1. 1. 1　旋塞阀按其安装部位不同分为 2 种，其名称、代号应符合表 E-1 的规定。

表 E-1　旋塞阀名称及代号

名　称	代　号
上部方钻杆旋塞阀	SS
下部方钻杆旋塞阀	XS

E. 1. 1. 2　旋塞阀型号表示方法如下：

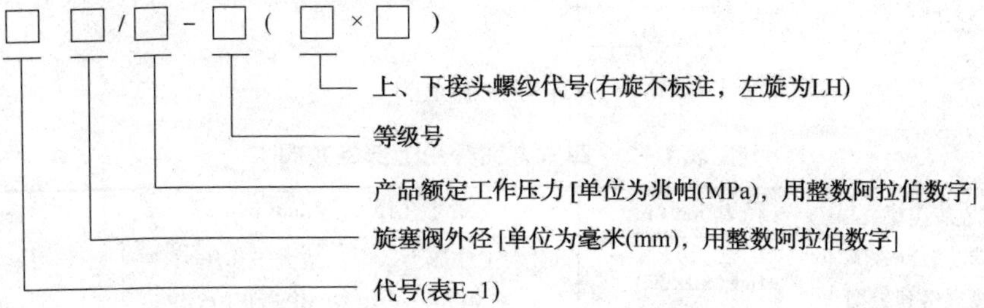

示例：

下部旋塞阀的外径 Φ146mm，额定工作压力 35MPa，等级号 1，上接头螺纹代号左旋 NC50，下接头螺纹代号右旋 NC50，其型号为：XS146/35-1(NC50-LH×NC50)。

E. 1. 2　基本参数

E. 1. 2. 1　尺寸参数。

基本尺寸参数应符合图 E-1、表 E-2、表 E-3、表 E-4 和表 E-5 的规定。

E. 1. 2. 2　额定工作压力。

旋塞阀应在表 E-6 规定的额定工作压力下工作。

E. 1. 2. 3　额定温度。

最低温度为旋塞阀使用期间可能遇到的最低环境温度。最高温度为旋塞阀使用期间可能流过旋塞阀的介质的最高温度。旋塞阀应设计为在表 E-7 所示的一个或多个具有最低和最高温度的额定温度值下工作，或在买方和制造商达成一致意见的最低和最高温度下工作。

E. 1. 2. 4　材料级别。

旋塞阀设计时，应根据不同的工况条件选取材料，选取应符合表 E-8 的要求，或由使用者与制造商协商确定。

对于 DD、EE、FF 和 HH 级材料，制造商对材料加工和材料性能(例如，硬度)的控制应满足 GB/T 20972 所有部分的要求。

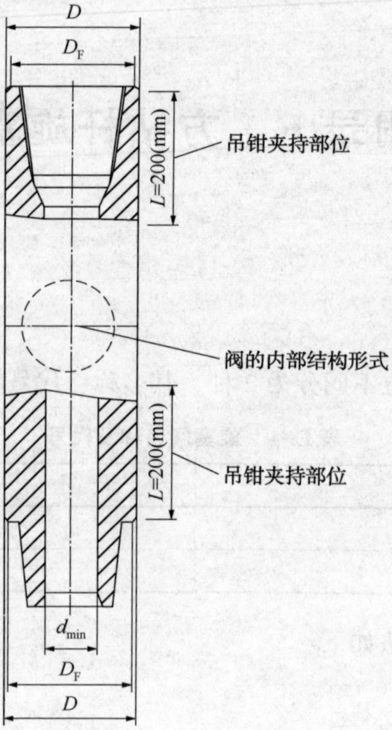

图 E-1　旋塞阀

表 E-2　四方方钻杆用上部旋塞阀

方钻杆规格/mm(in)	上端左旋内螺纹和下端左旋外螺纹连接规格和类型		外径 D/mm(in) ±0.8(±1/32)		最小孔径 d_{min}/mm(in)				倒角直径 D_F/mm(in) ±0.4(±1/64)	
					最大工作压力 35MPa		最大工作压力 70MPa 和 105MPa			
	标准	选用	标准	选用	标准连接	选用连接	标准连接	选用连接	标准连接	选用连接
63.5(2½)	6⅝REG	4½REG	196.9(7¾)	146.1(5¾)	76.2(3)	50.8(2)	63.5(2½)	44.4(1¾)	186.1(7 21/64)	134.5(5 19/64)
76.2(3)	6⅝REG	4½REG	196.9(7¾)	146.1(5¾)	76.2(3)	50.8(2)	63.5(2½)	44.4(1¾)	186.1(7 21/64)	134.5(5 19/64)
88.9(3½)	6⅝REG	4½REG	196.9(7¾)	146.1(5¾)	76.2(3)	50.8(2)	63.5(2½)	44.4(1¾)	186.1(7 21/64)	134.5(5 19/64)
108.0(4¼)	6⅝REG	4½REG	196.9(7¾)	146.1(5¾)	76.2(3)	50.8(2)	63.5(2½)	44.4(1¾)	186.1(7 21/64)	134.5(5 19/64)
133.4(5¼)	6⅝REG	—	196.9(7¾)	—	76.2(3)	—	63.5(2½)	—	186.1(7 21/64)	—

表 E-3　六方方钻杆用上部旋塞阀

方钻杆规格/mm(in)	上端左旋内螺纹和下端左旋外螺纹连接规格和类型		外径 D/mm(in) ±0.8(±1/32)		最小孔径 d_{min}/mm(in)				倒角直径 D_F/mm(in) ±0.4(±1/64)	
					最大工作压力 35MPa		最大工作压力 70MPa 和 105MPa			
	标准	选用	标准	选用	标准连接	选用连接	标准连接	选用连接	标准连接	选用连接
76.2(3)	6⅝REG	4½REG	196.9(7¾)	146.1(5¾)	76.2(3)	50.8(2)	63.5(2½)	44.4(1¾)	186.1(7 21/64)	134.5(5 19/64)
88.9(3½)	6⅝REG	4½REG	196.9(7¾)	146.1(5¾)	76.2(3)	50.8(2)	63.5(2½)	44.4(1¾)	186.1(7 21/64)	134.5(5 19/64)
108.0(4¼)	6⅝REG	4½REG	196.9(7¾)	146.1(5¾)	76.2(3)	50.8(2)	63.5(2½)	44.4(1¾)	186.1(7 21/64)	134.5(5 19/64)
133.4(5¼)	6⅝REG	—	196.9(7¾)	—	76.2(3)	—	63.5(2½)	—	186.1(7 21/64)	—
152.4(6)	6⅝REG	—	196.9(7¾)	—	76.2(3)	—	63.5(2½)	—	186.1(7 21/64)	

表 E-4　四方方钻杆用下部旋塞阀

方钻杆规格/mm(in)	上端右旋内螺纹和下端右旋外螺纹连接规格和尺寸	最小孔径 d_{min}/mm(in)	倒角直径 D_F/mm(in) ±0.4(±1/64)
63.5($2\frac{1}{2}$)	NC26($2\frac{3}{8}$IF)	31.8($1\frac{1}{4}$)	83.0($3\frac{17}{64}$)
76.2(3)	NC31($2\frac{7}{8}$IF)	38.1($1\frac{1}{2}$)	100.4($3\frac{61}{64}$)
88.9($3\frac{1}{2}$)	NC38($3\frac{1}{2}$IF)	44.4($1\frac{3}{4}$)	116.3($4\frac{37}{64}$)
108.0($4\frac{1}{4}$)	NC46(4IF)	57.2($2\frac{1}{4}$)	145.30($5\frac{23}{32}$)
108.0($4\frac{1}{4}$)	NC50($4\frac{1}{2}$IF)	57.2($2\frac{1}{4}$)	154.0($6\frac{1}{16}$)
133.4($5\frac{1}{4}$)	$5\frac{1}{2}$FH	63.5($2\frac{1}{2}$)	170.4($6\frac{23}{32}$)
133.4($5\frac{1}{4}$)	NC56	63.5($2\frac{1}{2}$)	171.0($6\frac{47}{64}$)

表 E-5　六方方钻杆用下部旋塞阀

方钻杆规格/mm(in)	上端右旋内螺纹和下端右旋外螺纹连接规格和尺寸	最小孔径 d_{min}/mm(in)	倒角直径 $D_F$mm(in) ±0.4(±1/64)
76.2(3)	NC26($2\frac{3}{8}$IF)	31.8($1\frac{1}{4}$)	83.0($3\frac{17}{64}$)
88.9($3\frac{1}{2}$)	NC31($2\frac{7}{8}$IF)	38.1($1\frac{1}{2}$)	100.4($3\frac{61}{64}$)
108.0($4\frac{1}{4}$)	NC38($3\frac{1}{2}$IF)	44.4($1\frac{3}{4}$)	116.3($4\frac{37}{64}$)
133.4($5\frac{1}{4}$)	NC46(4IF)	57.2($2\frac{1}{4}$)	145.30($5\frac{23}{32}$)
133.4($5\frac{1}{4}$)	NC50($4\frac{1}{2}$IF)	57.2($2\frac{1}{4}$)	154.0($6\frac{1}{16}$)
152.4(6)	$5\frac{1}{2}$FH	63.5($2\frac{1}{2}$)	170.4($6\frac{23}{32}$)
152.4(6)	NC56	63.5($2\frac{1}{2}$)	171.0($6\frac{47}{64}$)

表 E-6　额定工作压力与等效工作压力

额定工作压力/MPa	等效工作压力/MPa(psi)
21	20.7(3000)
35	34.5(5000)
70	69.0(10000)
105	103.5(15000)

表 E-7　金属材料及非金属材料的温度等级

温度等级	温度范围/℃		温度范围/℉	
	最低	最高	最低	最高
K	-60	82	-75	180
L	-46	82	-50	180
N	-46	60	-50	140
P	-29	82	-20	180
S	-18	60	0	140
T	-18	82	0	180
U	-18	121	0	250
V	2	121	35	250

GB/T 20972 通过试验或现场使用文件证明规定了超出其参数范围的特定酸性环境下使用材料的鉴定。它包括超出 GB/T 20972 限定的流体条件下材料的使用和 GB/T 20972 中未定义的材料的使用。上述酸性环境下使用的装置被定义和标志为材料级别 ZZ。

对于材料级别 ZZ，制造商应满足买方提供或批准的材料规范并且保留可追溯性记录，用文件证明装置的材料，不考虑产品规范级别。

表 E-8 材料等级

材料级别	工况特性	材料最低要求	
		本体、端部和出口连接	阀孔密封机构、阀杆
AA：一般使用	无腐蚀	碳钢或低合金钢或不锈钢或 CRA	碳钢或低合金钢或不锈钢或 CRA
BB：一般使用	轻度腐蚀	碳钢或低合金钢或不锈钢或 CRA	不锈钢或 CRA
CC：一般使用	中等腐蚀到高度腐蚀	不锈钢或 CRA	不锈钢或 CRA
DD：酸性环境	无腐蚀	碳钢或低合金钢或 CRA	碳钢或低合金钢或 CRA
EE：酸性环境	轻度腐蚀	碳钢或低合金钢或 CRA	不锈钢或 CRA
FF：酸性环境	中等腐蚀到高度腐蚀	不锈钢或 CRA	不锈钢或 CRA
HH：酸性环境	严重腐蚀	耐蚀合金	耐蚀合金

E. 2 技术要求

E. 2. 1 设计应符合 E. 2. 1. 1~E. 2. 1. 5 的规定。

E. 2. 1. 1 旋塞阀的设计、制造和试验应使其在各个方面均达到预期的目的。旋塞阀应安全地传递预定的载荷。旋塞阀的设计应能保证操作简便、安全可靠。

E. 2. 1. 2 旋塞阀的设计分析应考虑超过屈服、疲劳或弯曲这些可能发生的失效形式。强度分析通常应以弹性理论为依据。适当情况下可采用极限强度(塑性)分析，也可采用和有限元法一起分析的方法。所有和设计有关的力均应予以考虑。对于所考虑的每个横截面，应采用力的作用位置和方向最不利的组合方式。

E. 2. 1. 3 额定工作压力小于 35MPa 的旋塞阀设计安全系数为 2，大于或等于 35MPa 的产品设计安全系数为 1. 5。设计安全系数只作为设计准则，不应在任何情况下解释为允许产品上的载荷超过额定载荷值。

E. 2. 1. 4 额定载荷值应以 E. 2. 1. 3 规定的设计安全系数，所用材料规定的最小屈服强度，以及设计计算确定的应力分布和(或)SY/T 5525—2020 第 6 章规定的设计验证载荷试验得出的数据来确定。

E. 2. 1. 5 设计文件应包括方法、假设、计算和设计要求。设计要求至少应包括尺寸、试验和工作压力、材料、环境和规范的要求及其他有关的设计要求。这些要求也适用于设计更改文件。

E. 2. 2 旋塞阀的阀体应有书面材料规范，应使用锻件，其材料力学性能应符合表 E-9 的规定，并在技术文件中详列以下内容：

a) 化学成分；

b) 热处理条件；

c) 力学性能：

——抗拉强度；

——屈服强度；
——延伸率；
——硬度。

E. 2. 3　冲击吸收能量，在-29℃试验时，三个试样的平均冲击吸收能量应不小于42J，且单个试样冲击吸收能量不低于32J。-46℃及-60℃试验时，三个试样的平均冲击吸收能量应不小于27J，且单个试样冲击吸收能量不低于20J。

E. 2. 4　旋塞阀的阀座和阀芯应防腐、耐磨，宜选用不锈钢或堆焊耐蚀合金。旋塞阀的橡胶密封件应耐油、耐弱碱、耐弱酸，耐温应不低于产品最高温度，邵氏硬度宜为(80±5)HS。额定工作压力70MPa及以上产品，橡胶密封件宜使用氟橡胶。

E. 2. 5　旋塞阀两端应留有距离上下台阶面不少于200mm长的吊钳夹持部位。

E. 2. 6　下部旋塞阀在有内螺纹的一端，应留有至少修切一次后不少于200mm长的吊钳夹持部位。

表 E-9　阀体材料力学性能要求

阀体外径范围/mm	低合金钢的力学性能				无磁材料的力学性能和试验					
					不锈钢			铍铜		
	最小屈服强度/MPa	最小抗拉强度/MPa	五倍直径标距长度的最小伸长率/%	硬度HBW	最小屈服强度/MPa	最小抗拉强度/MPa	最小伸长率/%	最小屈服强度/MPa	最小抗拉强度/MPa	最小伸长率/%
88. 9~174. 6	827	965	13	285~341	758	827	18	758	965	12
177. 8~297. 4	689	931	13	277~331	689	758	20	689	931	13

E. 2. 7　旋塞阀的密封性能应考虑地面、地面和井下两种服役条件。用在顶驱钻井系统中的钻柱内防喷器宜按井下服役进行设计。服役条件及设计性能要求见表E-10。

表 E-10　使用类别定义

等级号	使用类别	压力密封的设计性能要求
1级	地面	a）阀和钻柱密封件应承受阀体试验压力[a]； b）密封件应承受来自井下1.7MPa的低压和最大工作压力的高压
2级	地面和井下	a）阀体和钻柱密封件应承受阀体试验压力[a]； b）钻柱密封件应承受外部压力，低压为1.7MPa，最低的高压为13.8MPa[b]； c）密封机构应承受来自井下1.7MPa的低压和最大工作压力的高压； d）密封机构应承受来自上方1.7MPa的低压和最大工作压力的高压[c]； e）密封件的温度范围由试验确定[d]

[a]每一阀体应至少试验一次。
[b]密封件的性能应验证。
[c]只适用于球形阀。
[d]密封件的温度范围应验证

E. 2. 8　旋塞阀(无论何种密封机构)在设计时应符合以下的基本性能要求：

a）能在钻井液中反复工作；

b）关闭后，能切断钻柱内的钻井液流动；

c）在设计的温度范围和压力载荷状态下能密封。

E.2.9 气密性试验适用于购买方在合同中有气密性要求时，为气密封条件下使用而设计的阀，称作气密阀。购买方可要求把气密性的验证试验作为一项补充要求，以验证气密阀的气密性设计，并对每一个阀进行验收试验。

E.2.10 抗硫化氢（H_2S）阀内零件（除阀体外的所有零件）的要求：若阀内零件材料符合GB/T 20972.2或GB/T 20972.3关于H_2S使用条件的要求，在制造商规定的工况下，抗H_2S阀内零件可作为购买方的一项补充要求，并在一个独立的铣槽内标志出“H_2S TRIM”。

E.2.11 上部和下部旋塞阀的连接除订购单另有规定外，应为表E-2、表E-3、表E-4和表E-5所示的规格和型式。当使用这些连接时，倒角直径应符合表E-2、表E-3、表E-4和表E-5相应的规定。

E.2.12 旋塞阀的螺纹应符合GB/T 22512.2的规定。订购单规定的特殊扣型的连接应按生产厂家的企业标准执行。阀两端连接的螺纹与密封台肩应进行磷酸锌或磷酸锰的抗磨损处理（磷化处理）。磷化处理应在螺纹测量完成后进行。处理类型应由制造商选择。

E.2.13 螺纹的冷加工是可选的。但是买方应考虑规定螺纹测量后的冷加工，冷加工的方法由制造商选择。使用时可向制造商咨询两端连接和其他螺纹的推荐上紧扭矩及复合载荷额定值。

E.2.14 两端连接和其他工作连接螺纹应对横向和纵向缺陷进行无损检测。

E.2.15 阀体在热处理后，应有针对内部缺陷的无损检测。

E.2.16 根据测量钻柱实际压力需要，旋塞阀宜增加压力测量显示装置。

E.2.17 根据自动化需要，旋塞阀宜增加信号采集传输及自动执行机构。【SY/T 5525—2020】

附录 F　钻具止回阀

F.1　结构型式

F.1.1　钻具止回阀(NRV)设备按其结构型式分为 5 种，其名称、代号应符合表 F-1 规定。

表 F-1　NRV 结构型式及代号

名　　称	结构型式代号
箭形止回阀	FJ
球形止回阀	FQ
碟形止回阀	FD
投入式止回阀	FT
浮式止回阀(或称钻具浮阀)	FZF

F.1.2　NRV 型号表示方法如下：

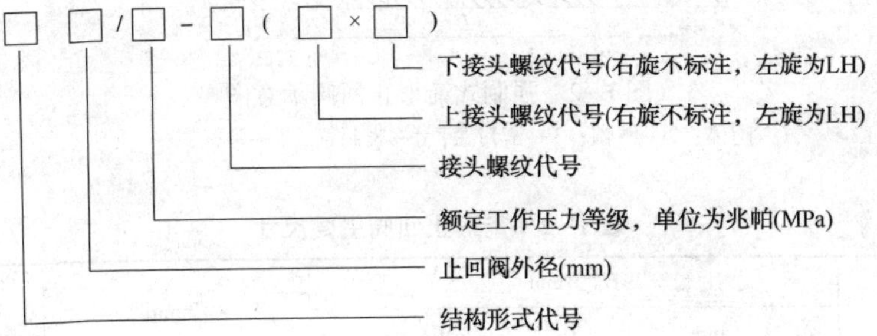

示例：外径为 Φ168.3mm，额定工作压力为 70MPa，接头螺纹代号为 410×411 的箭形止回阀，其型号表示为 FJ168/70-410×411，接头螺纹代号为 NC50，其型号表示为 FJ168/70-NC50。

注 1：额定工作压力等级为 35MPa、52MPa、70MPa、105MPa、140MPa 等。

注 2：型号表示方法中括号外和括号内的螺纹接头代号是螺纹的不同类型。

F.2　要求

F.2.1　总则

用户应向制造商提供明确的产品信息。包括但不限于：NRV 设备的结构型式、额定工作压力、外径尺寸、接头螺纹代号等。

F.2.2　设计要求

F.2.2.1　总则

NRV 设备基本结构与参数宜符合本章要求，表 F-2～表 F-7 的尺寸仅供参考，实际尺寸及公差可由用户与制造商确定。如某型号、类型的 NRV 不再生产，其图纸、制造规范和确认试验结果应由制造商保存 10 年。

F. 2. 2. 2　NRV 基本结构及尺寸

F. 2. 2. 2. 1　箭形止回阀

箭形止回阀与钻杆接头连接。箭形止回阀可分为普通式和强制式两种，分别如图 F-1 和图 F-2 所示，其主要尺寸宜符合表 F-2 的规定。

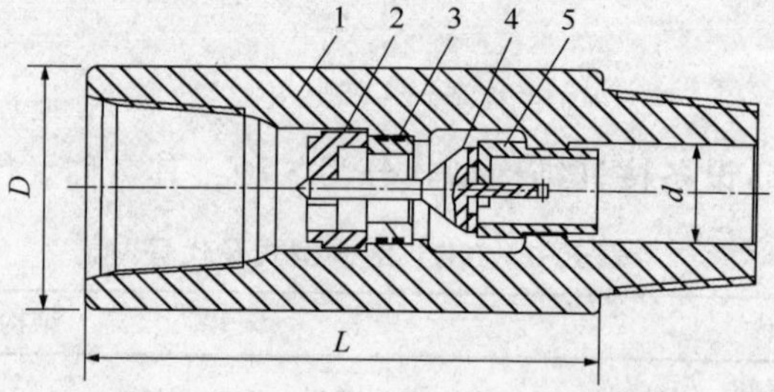

图 F-1　普通式箭形止回阀示意图

1—阀体；2—压帽；3—密封盒；4—密封箭；5—支座

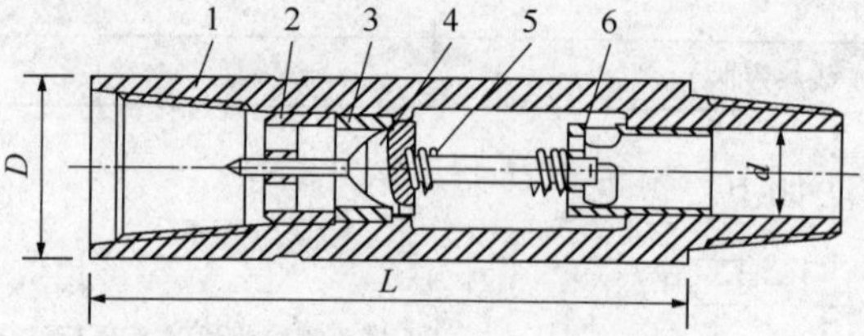

图 F-2　强制式箭形止回阀示意图

1—阀体；2—压帽；3—密封盒；4—密封箭；5—弹簧；6—支座

表 F-2　箭形止回阀主要尺寸

型　号	$D_0^{+1.0}$mm		d/mm	L/mm
	mm	(in)		
FJ 86/□-NC26	85. 7	(3⅜)	33	400
FJ 105/□-NC31	104. 8	(4⅛)	44	410
FJ 121/□-NC38	120. 7	(4¾)	56	440
FJ 140/□-NC40	139. 7	(5½)	56	440
FJ 152/□-NC46	152. 4	(6)	70	470
FJ 168/□-NC50	168. 3	(6⅝)	83	490
FJ 178/□-5½FH	177. 8	(7)	83	500
FJ 203/□-6⅝FH	203. 2	(8)	83	520
FJ 229/□-7⅝REG	228. 6	(9)	83	570

注：□——额定工作压力等级

F. 2. 2. 2. 2　球形止回阀

球形止回阀与钻杆接头相连。球形止回阀的阀体为上、下接头组合式和整体式，如图 F-3、图 F-4 所示。其主要尺寸宜符合表 F-3 的规定。

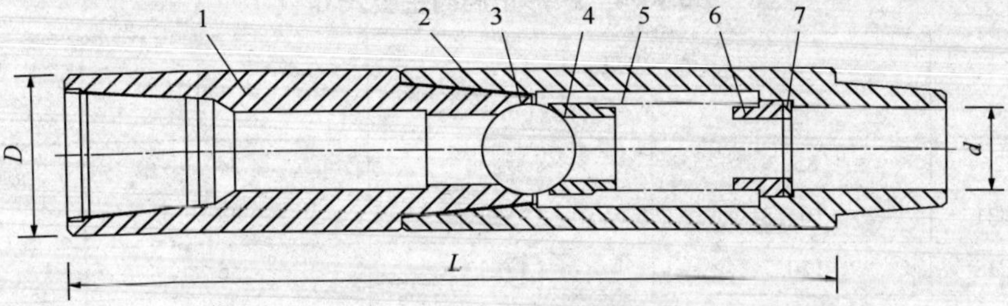

图 F-3　组合式球形止回阀示意

1—上接头；2—下接头；3—密封球；4—球座；5—弹簧；6—弹簧座；7—调节垫片

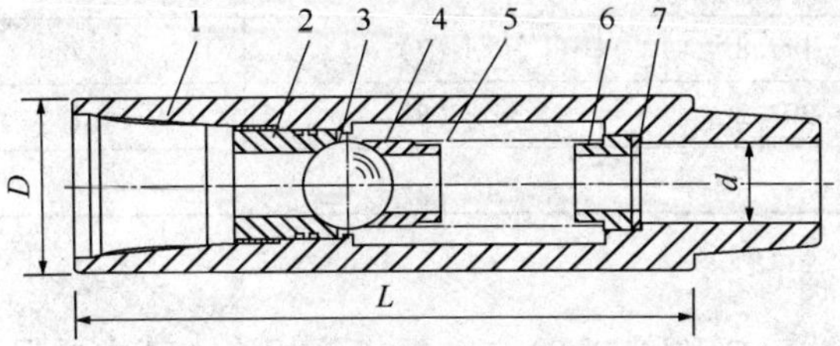

图 F-4　整体式球形止回阀示意图

1—阀体；2—压帽盒；3—密封球；4—球座；5—弹簧；6—弹簧座；7—调节垫片

表 F-3　球形止回阀主要尺寸

型　号	$D_0^{+1.0}$mm		d/mm	L/mm
	mm	(in)		
FQ 86/□-NC26	85.7	(3⅜)	36	500
FQ 105/□-NC31	104.8	(4⅛)	46	530
FQ 121/□-NC38	120.7	(4¾)	56	540
FQ 127/□-NC38	127.0	(5)	56	540
FQ 140/□-NC40	139.7	(5½)	56	550
FQ 152/□-NC46	152.4	(6)	70	560
FQ 168/□-NC50	168.3	(6⅝)	83	570
FQ 178/□-5½FH	177.8	(7)	83	620
FQ 203/□-6⅝FH	203.2	(8)	83	700

注：□——额定工作压力等级

F.2.2.2.3　蝶形止回阀

蝶形止回阀与钻杆接头连接，如图 F-5 所示，其主要尺寸宜符合表 F-4 的规定。

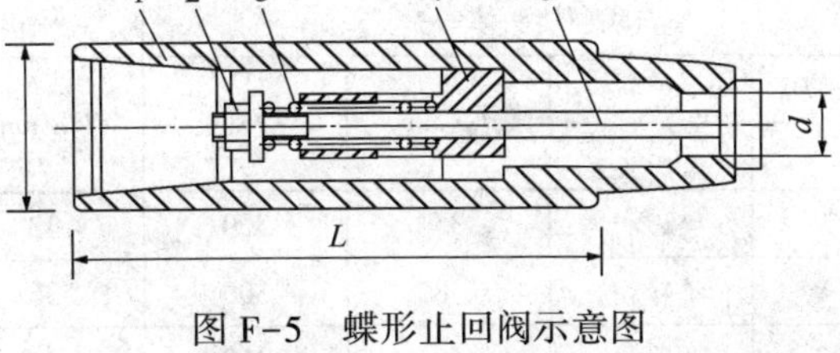

图 F-5　蝶形止回阀示意图

1—阀体；2—调节压帽；3—弹簧；4—扶正套；5—阀瓣

表 F-4　蝶形止回阀主要尺寸

型　　号	$D_0^{+1.0}$ mm		d/mm	L/mm
	mm	(in)		
FD 86/□-NC26	85.7	(3⅜)	34	270
FD 105/□-NC31	104.8	(4⅛)	44	300
FD 121/□-NC38	120.7	(4¾)	56	350
FD 140/□-NC40	139.7	(5½)	56	350
FD 152/□-NC46	152.4	(6)	68	380
FD 168/□-NC50	168.3	(6⅝)	78	400
FD 178/□-5½FH	177.8	(7)	78	450
FD 203/□-6⅝FH	203.2	(8)	78	500

注：□——额定工作压力等级

F.2.2.2.4　投入式止回阀

投入式止回阀(图 F-6、图 F-7 和图 F-8)与钻杆接头相连，其主要尺寸宜符合表 F-5 的规定。

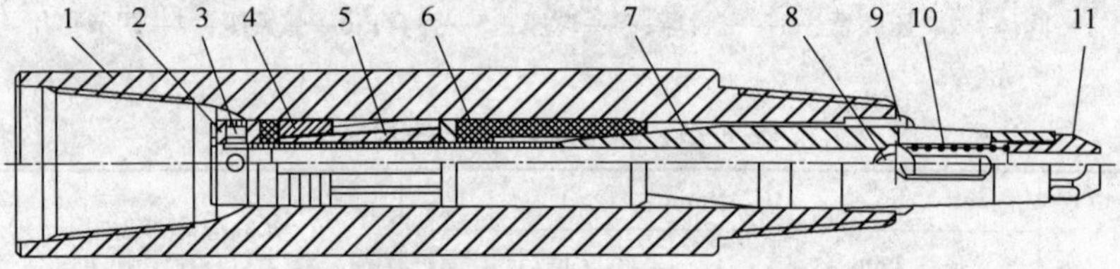

图 F-6　投入式止回阀示意图

1—联顶接头；2—爪盘螺母；3—紧定螺钉；4—卡爪；5—卡爪体；6—筒形密封圈；
7—阀体；8—钢球；9—止动环；10—弹簧；11—尖形接头

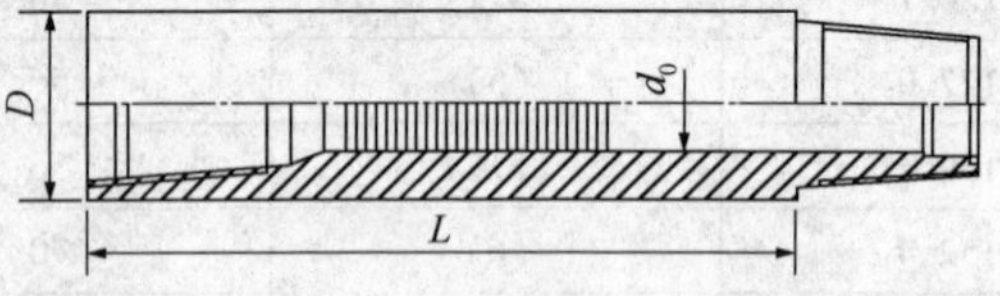

图 F-7　投入式止回阀联顶接头示意图

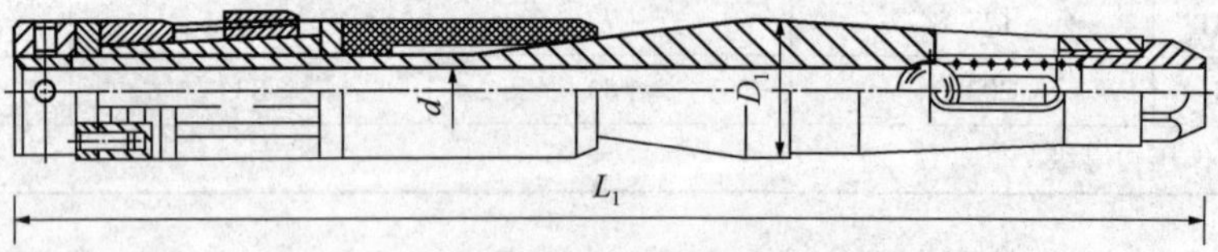

图 F-8　投入式止回阀阀芯组件示意图

表 F-5　投入式止回阀主要尺寸

型号	联顶接头体				止回阀阀芯组件		
	$D_0^{+1.0}$ mm		d_0/mm	L/mm	D_1/mm	d/mm	L_1/mm
	mm	(in)					
FT 86/□-NC26	85.7	(3⅜)	35	300	33	8	400
FT 105/□-NC31	104.8	(4⅛)	38	300	36	10	450
FT 121/□-NC38	120.7	(4¾)	56	310	54	17	480

续表

型号	联顶接头体				止回阀阀芯组件		
	$D_0^{+1.0}$mm		d_0/mm	L/mm	D_1/mm	d/mm	L_1/mm
	mm	(in)					
FT 140/□-NC40	139.7	(5½)	56	300	54	17	480
FT 152/□-NC46	152.4	(6)	60	320	58	22	500
FT 168/□-NC50	168.3	(6⅝)	70	350	68	25	530
FT 178/□-5½FH	177.8	(7)	70	350	68	25	530
FT 203/□-6⅝FH	203.2	(8)	78	400	76	29	550

注：□——额定工作压力等级

F.2.2.2.5 钻具浮阀

钻具浮阀分为A型和B型两种。A型钻具浮阀下端与钻柱转换接头连接，上端与钻铤或钻具稳定器连接。B型钻具浮阀下端与钻头连接，上端与钻铤或钻具稳定器连接。钻具浮阀芯组件分为板式浮阀芯(G型)和箭式浮阀芯(F型)等。(图F-9和图F-10)其主要尺寸宜符合表F-6的规定。内浮阀槽(图F-11)其主要尺寸宜符合表F-7的规定。

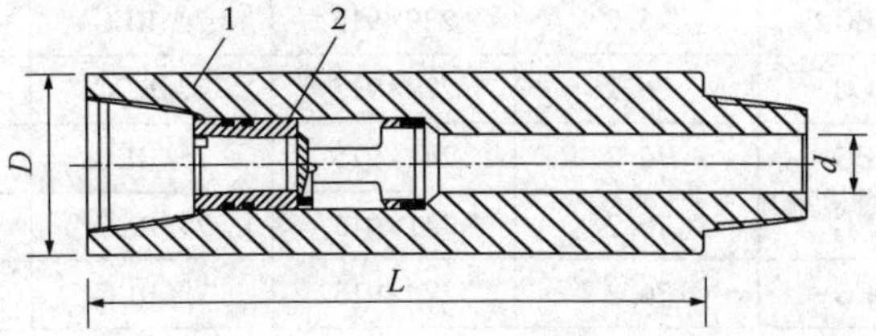

图F-9 A型钻具浮阀示意图

1—阀体；2—浮阀芯组件

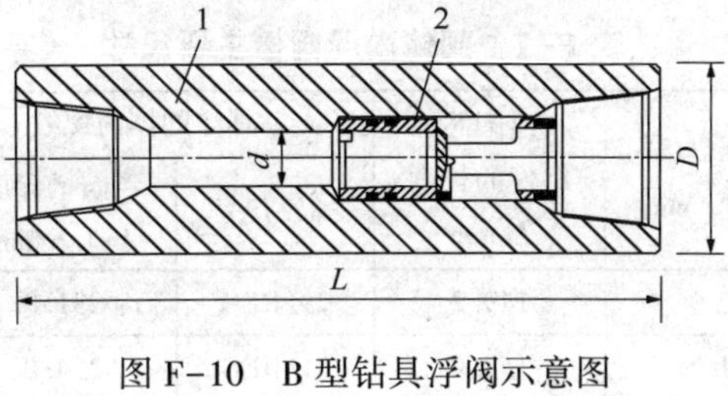

图F-10 B型钻具浮阀示意图

1—阀体；2—浮阀芯组件

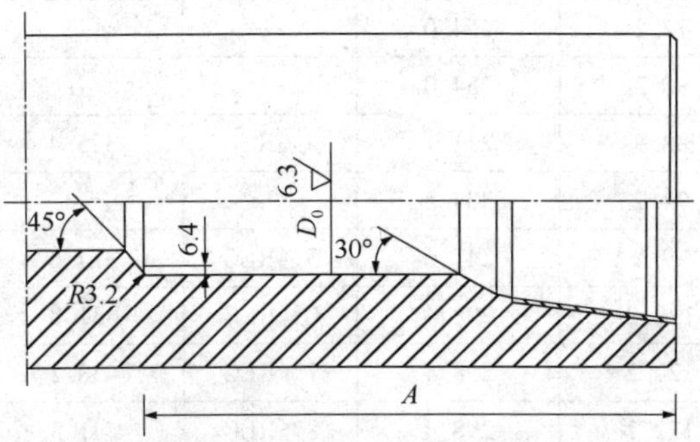

A= L(浮阀芯组件的长度)+钻杆接头外螺纹锥体长度+6.4mm

图F-11 阀体内浮阀槽(A型钻具浮阀的上端和B型钻具浮阀的下端)示意图

表 F-6　钻具浮阀主要尺寸

型　　号	水眼 d/mm	阀体 $D \times L$/mm	上端接头螺纹代号	下端接头螺纹代号	浮阀芯型号
FZF79.4/□-NC23×2⅜REG	31.8	79.4×610	NC23	2⅜REG	1R 1F-2R 2F-3R 3F 3½IF 4R 4F 5R 5F-6R 6F
FZF89/□-NC26×NC26	38.1	89×610	NC26	NC26	
FZF105/□-NC31×NC31	50.8	105×610	NC31	NC31	
FZF121/□-NC35×NC35	50.8	121×610	NC35	NC35	
FZF121/□-NC35×3½REG	50.8	121×610	NC35	3½REG	
FZF127/□-NC38×NC38	57.2	127×610	NC38	NC38	
FZF127/□-NC38×3½REG	57.2	127×610	NC38	3½REG	
FZF165/□-NC46×4½REG	57.2	165×610	NC46	4½REG	
FZF165/□-NC50×4½REG	57.2	165×610	NC50	4½REG	
FZF165/□-NC50×NC50	57.2	165×610	NC50	NC50	
FZF178/□-NC50×NC50	71.4	178×610	NC50	NC50	
FZF203/□-6⅝REG×6⅝REG	71.4	203×915	6⅝REG	6⅝REG	
FZF203/□-7⅝REG×6⅝REG	71.4	203×915	7⅝REG	6⅝REG	
FZF229/□-7⅝REG×6⅝REG	76.2	229×915	7⅝REG	6⅝REG	
FZF229/□-7⅝REG×7⅝REG	76.2	229×915	7⅝REG	7⅝REG	
FZF241/□-7⅝REG×6⅝REG	76.2	241×915	7⅝REG	6⅝REG	
FZF241/□-7⅝REG×7⅝REG	76.2	241×915	7⅝REG	7⅝REG	
FZF279/□-7⅝REG×8⅝REG	76.2	279×915	7⅝REG	8⅝REG	

注 1：□——额定工作压力等级。

注 2：上下端接头螺纹可按实际需要而定

表 F-7　阀体内浮阀槽主要尺寸

浮阀芯型号	浮阀芯组件的直径 D_1/mm	浮阀槽直径 $D_0^{+0.4}$/mm	浮阀芯组件的长度 L/mm	钻具浮阀体内螺纹		其他连接螺纹	
				螺纹代号	浮阀槽深度 $A \pm 1.6$/mm	螺纹代号	浮阀槽深度 $A \pm 1.6$/mm
1R	42.1	42.9	149.2	2⅜REG	231.8	NC23	231.8
1F-2R	48.4	49.2	158.8	2⅞REG	254.0	NC26	241.3
2F-3R	61.1	61.9	165.1	3½REG	266.7	NC31	260.4
3F	71.4	72.2	254.0	—	—	3½FH	355.6
3½F	79.4	80.2	254.0	—	—	NC38	362.0
4R	88.1	88.9	211.1	4½REG	325.4	NC44	331.8
4F	92.9	93.7	304.8	—	—	NC46	425.4
5R	98.4	99.2	247.6	5½REG	374.6	NC50	368.3
5F-6R	121.4	122.2	298.4	6⅝REG	431.8	5½IF	431.8
5F-6R	121.4	122.2	298.4	7⅝REG	438.2	5½FH	431.8
5F-6R	121.4	122.2	298.4	8⅝REG	441.3	NC61	444.5
6F	144.5	145.2	371.5	8⅝REG	514.4	6⅝IF	504.8

F.2.3　功能要求

NRV 的设计应对 NRV 使用要求的等级、压力或其他条件做出预测，并使之可重复实现。

F.3　检测

F.3.1　总则

F.3.1.1　按本标准生产的 NRV(钻具止回阀)、NRV 短节、NRV 定位接头和 NRV 泄压接头应采用符合本标准的材料，并且通过本章规定的验证和功能试验。

F.3.1.2　本标准中的测试要求不代表钻井工况。

F.3.1.3　除非有特殊规定，所有的压力应定义为表压，并自动记录压力—时间曲线。

F.3.1.4　未标明范围的视为测试条件的最小值。最大值不应超过最小值的 10%。

F.3.1.5　确认试验使用的通径规应由制造商提供。制造商应规定通径规尺寸，并规定唯一标识。

F.3.1.6　如检测机构和制造商达成协议，可采用更高的流速并用于所有的流动试验。

F.3.1.7　本试验要求的目的是为了验证特定工况下的 NRV 设备的符合性和运行是否正常。本标准涉及的 NRV 设备需要进行的试验有：

a）证明在特定工况下(包括 1 级或 1 级和 2 级)工作的各规格、类型和型号的 NRV 符合性的确认试验；

b）各 NRV 确认试验；

c）NRV 短节和 NRV 定位接头的确认试验；

d）NRV 泄压接头的验证试验。

F.3.2　NRV 确认试验

F.3.2.1　应进行 NRV、NRV 短节、NRV 定位接头和 NRV 泄压接头设计确认试验，并在制造商书面规范中进行规定。API 接头不要求进行设计确认。

F.3.2.2　设计确认试验应形成文件并符合 F.2.2 的要求进行。

F.3.2.3　1 级或 2 级 NRV 的确认试验应由制造商和第三方共同进行以确保测试结果的权威性。

F.3.2.4　NRV 短节、NRV 定位接头和 NRV 泄压接头以及所有密封件的确认试验应由制造商和第三方共同进行，以确保测试结果的权威性。

F.3.3　NRV 确认试验装置的一般要求

F.3.3.1　测试装置的组件应具备与被测试 NRV 的规格和(或)工作压力要求匹配的容量和工作压力。

F.3.3.2　压力控制系统应至少由下列部分组成：

a）出口带过滤器的储液罐；

b）泵；

c）泵的控制装置；

d）系统保护泄压装置。

F.3.3.3　应有用于渗漏试验所需氮气的供应装置和指示渗漏率的气体流量计。

F.3.3.4　应提供带气体泄放装置的储气罐和测量试验参数的仪表。

F. 3. 3. 5　液体检测装置应至少由下列部分组成：

a）最小直径为 50. 8mm(2in)的试验装置管线；

b）淡水罐；

c）砂浆罐；

d）符合 GB/T 16783. 1 要求的带计时器和量杯的马氏漏斗形黏度计；

e）符合 API RP MPMS 中 10. 4 要求的带有收集底部沉积物和水的样品瓶的离心机；

f）循环泵；

g）流量计；

h）压力测试系统；

i）用于同步记录压力和流量的具有时间轴的记录仪；

j）回压调节阀；

k）高压水泵。

F. 3. 4　NRV 设计确认试验程序

F. 3. 4. 1　确认被试 NRV 上的型号和序列号与厂家提供的数据一致。

F. 3. 4. 2　进行 NRV 压力试验(见 F. 3. 6)。

F. 3. 4. 3　F. 3. 4. 4~F. 3. 4. 11 的所有试验应使用相同的 NRV 浮动密封件和试验短节，不得更换或修理。

F. 3. 4. 4　对 NRV 浮动密封件进行氮气压力试验(见 F. 3. 5)。F. 3. 4 规定的系列试验应在环境温度 18℃~32℃(65℉~90℉)，52℃(125℉)和 82℃(180℉)进行。

F. 3. 4. 5　在试验短节中注满水排出气体。

F. 3. 4. 6　对 NRV 浮动密封件进行水压试验(见 F. 3. 6)。F. 3. 4 规定的系列试验应在环境温度 18℃~32℃(65℉~90℉)，52℃(125℉)和 82℃(180℉)进行。

F. 3. 4. 7　对 NRV 浮动密封件进行循环试验(见 F. 3. 7)。

F. 3. 4. 8　对 NRV 浮动密封件进行冲蚀试验(见 F. 3. 8)。

F. 3. 4. 9　重复 F. 3. 4. 2~F. 3. 4. 8。

F. 3. 4. 10　如果 NRV 浮动密封件通过了规定条件的测试，即通过了确认试验。

F. 3. 4. 11　归纳确认试验数据并附完整的数据表格。最少测试数据的样表见表 F-8。确认试验报告中应包括校准数据。执行测试的人员应在每张数据表格上签署姓名和日期。

表 F-8　钻具止回阀(NRV)试验数据样表

试验地点：	制造商：
地址：	代表：
	地址：
	电话：
	合格证：　　年　月　日

被试阀

类型：NRV	等级：	型号：	序列号：
额定压力/MPa			
短节公称尺寸/mm			
最小规定内径/mm			

N_2压力试验：

压力/MPa	平均试验温度/℃	渗漏率/(mL/min)

水压试验：

压力/MPa	平均试验温度/℃	渗漏率/(mL/min)

循环试验：

循环介质	压力/MPa	循环数

流动试验/冲蚀试验：

循环介质	
流速[最小 6.1m/s]	
温度/℃	
时间/s	

N_2压力试验(2)：

压力/MPa	平均试验温度/℃	渗漏率/(mL/min)

水压试验(2)：

压力/MPa	平均试验温度/℃	渗漏率/(mL/min)

F.3.5 NRV 氮气(N_2)压力试验

F.3.5.1 确保 NRV 的上部和下部均无液体。

F.3.5.2 在被试 NRV 浮动密封件的上端(NRV 短节的销子端)施加 1.4MPa±0.07MPa(200psi±10psi)[1 级为 1.7MPa±0.07MPa(250psi±10psi)，2S 级和 2C 级为 1.1MPa±0.07MPa(150psi±10psi)]的氮气压力。保持至少 1min，然后测试通过密闭机构的氮气渗漏。记录被试阀的孔内压力、渗漏率和保持压力的开始和结束时间。渗漏率不应超过 0.14mL/min(5scf/min)。对可回收 NRV 的接头不应存在可见渗漏。

F.3.5.3 在 NRV 的(25±5)%额定压力下重复 F.3.5.2。

F.3.5.4 卸掉被试 NRV 浮动密封件上端的压力直至为零。

F.3.6 NRV 水压试验

F.3.6.1 确保 NRV 的上部和下部充满液体。

F.3.6.2　对被试 NRV 浮动密封件上端（NRV 短接的销子端）施加阀额定压力的 95%～100%的水压。记录被试 NRV 的腔内压力和开始对 NRV 施加压力的时间。

F.3.6.3　对被试 NRV 关闭机构的上端施加水压，等待至少 3min，收集下端排放阀排出的渗漏水。连续收集渗漏水至少 5min。记录收集渗漏水开始和结束的时间以及收集期间所收集的水的总量。计算并记录平均渗漏率。平均渗漏率不应超过 10mL/min。可回收的 NRV 本体应无可见渗漏。

F.3.7　NRV 循环试验

F.3.7.1　将 NRV 按正向连接在可循环试验装置上并循环。

F.3.7.2　从 NRV 正向循环淡水直至达到制造商规范要求的循环率，该循环率基于 NRV 打开时的总流量面积（TFA）。记录水循环速度和开始循环的时间。

F.3.7.3　NRV 通道按规定的速度循环至少 5min。

F.3.7.4　使流体从 NRV 限制的方向进行反向循环并且施加压力 15s～30s。记录压力、时间和上端流速。

F.3.7.5　将流体流向切换到正向。

F.3.7.6　按 F.3.7.3 至 F.3.7.5 重复试验 100 次。

F.3.8　NRV 冲蚀试验（按表 F-8 记录结果）

F.3.8.1　准备由砂和增黏水配置的砂浆。

F.3.8.2　将 NRV 垂直安装在试验装置中。

F.3.8.3　按 API RP MPMS 10.4 的规定，确定砂浆中的含砂量。通过添加 180μm～150μm（80 目～100 目）的砂或用水稀释砂浆将含砂量调节到 2%±0.5%。

F.3.8.4　按 GB/T 16783.1 的规定用马氏漏斗形黏度计确定砂浆样本的黏度。通过添加增黏剂或用水稀释砂浆将黏度调节到 70s±5s。

F.3.8.5　在试验前，应使上述规定的黏度和含砂量达到要求。

F.3.8.6　NRV 的砂浆循环应沿 NRV 正向流动，流体呈紊流状态通过 NRV。

F.3.8.7　调节砂浆循环速度到 6.1m/s（20ft/s）的最低流速。记录砂浆循环率，含砂量和砂浆黏度。记录砂浆循环开始的时间。

F.3.8.8　砂浆的循环温度应保持在 16℃～82℃（60℉～180℉）之间。记录砂浆循环温度。

F.3.8.9　以规定的速度循环被试 NRV 中的砂浆至少 200h。

F.3.8.10　循环过程结束后，测量并记录砂浆中的含砂量和黏度。

F.3.9　NRV 浮动短节和 NRV 定位接头试验

确认试验如下：

a）试验装置应至少能够对 NRV 浮动短节或 NRV 定位接头在额定工作压力下提供和记录试验的压力；

b）制造商应根据书面试验程序，在 NRV 短节和 NRV 定位接头的额定压力下对每种尺寸、类型和型号的 NRV 短节和 NRV 定位接头进行阀体整体压力测试；

c）经过确认试验的 NRV 短节和 NRV 定位接头，制造商应将其标有零件尺寸和公差的图纸归档；制造商应对试验前和试验后的尺寸进行确认并形成文件；

d）制造商应将确认试验程序和结果形成文件；

e）将确认试验数据汇总并附上完整的数据表格。测试数据的样表见表 F-9。确认试验报告中应包括校准记录。执行测试的人员应在每张数据表格上签署姓名和日期。

表 F-9　NRV 浮动短节和定位接头试验数据样表

试验地点：	制造商：
地址：	代表：
	地址：
	电话：
	合格证：　　年　月　日

被试 NRV 浮动短节和定位接头：

类型：NRV	等级：	型号：	序列号：
额定压力/MPa			
短节公称尺寸/mm			
最小规定内径/mm			

水压试验：

压力/MPa	平均试验温度/℃	渗漏率/(mL/min)

F. 3. 10　NRV 泄压接头试验

F. 3. 10. 1　NRV 泄压接头确认试验应符合以下规定：

a）试验设备至少能够提供和记录 NRV 泄压接头进行额定压力试验的压力；

b）制造商应按形成文件的试验程序，在额定压力下对每种尺寸、类型和型号的 NRV 泄压接头进行阀体整体压力测试；

c）经过确认试验的 NRV 泄压接头，制造商应将其标有零件尺寸和公差的图纸归档；制造商应对试验前和试验后的尺寸进行确认并形成文件；

d）制造商应对确认试验程序和结果形成文件；

e）将确认试验数据汇总并附上完整的数据表格。测试数据的样表见表 F-10。确认试验报告中应包括校准记录。执行测试的人员应在每张数据表格上签署姓名和日期。

表 F-10　NRV 泄压接头试验数据样表

试验地点：	制造商：
地址：	代表：
	地址：
	电话：
	合格证：　　年　月　日

试验的 NRV 泄压接头：

类型：NRV	等级：	型号：	序列号：
额定压力/MPa			
短节公称尺寸/mm			
最小规定内径/mm			

水压试验：

压力/MPa	平均试验温度/℃	渗漏率/(mL/min)

功能试验：

各型号 NRV 试验方式	
各型号短节和定位接头试验方式	

F.3.10.2　NRV 泄压接头功能试验应符合以下规定：

a）记录序列号；

b）检测每个 NRV 泄压接头的尺寸以确保符合设计规范和图纸；

c）将每个 NRV 泄压接头与制造商规定的 NRV 设备安装在测试设备中进行试验。应按制造商规定的 NRV 设备额定压力对每个 NRV 泄压接头的功能进行确认；

d）制造商应将确认试验程序和结果形成文件。

F.3.11　密封材料确认试验

F.3.11.1　密封材料确认试验的试验装置应满足如下要求：

a）试验芯轴：

（a）O 形密封圈——试验芯轴的外径不应比使用 O 形密封圈部件的最小尺寸大。O 形密封圈槽的外径应是规定的最小尺寸。芯轴应设计成能够在两个 O 形密封圈之间施加压力；

（b）其他垫圈——试验芯轴的外径不应比使用其他垫圈部件的最小尺寸大。芯轴应设计成在置于试验短节内时，能够在两组垫圈之间施加压力。每组测试垫圈的数量不应超过制造商规定使用在设备上的垫圈数。

b）试验短节的内径应与制造商的设备的最大直径一致，加工精度不能高于制造商对设备的最高要求；

c）水浴试验池应设计成能安全容纳用于浸泡密封材料的液体并且能承受测试时的温度。

F.3.11.2　密封材料确认试验按如下程序进行：

a）压差试验程序：

（a）在试验芯轴上安装上密封件，然后将其放在试验短节中，确保试验池中的液体充满被试密封件的间隙；

（b）将芯轴和短节放在试验油中，加热到密封件的最高额定温度，保持最高温度 3h。使用的试验油应为热传导油或开杯闪点为 260℃（500℉）的油；

（c）在两组密封材料之间施加最大工作压力 150%的压力，并保持 10min；

（d）在 10min 之内，被试腔每 500cm^3容积的最大渗漏造成的压降应低于试验压力 1%。

b）受热膨胀测试程序：

（a）将四个密封件装在试验芯轴上，测量密封件的外径；

（b）将芯轴和密封件放入适宜的试验油中，加热到密封件最高额定温度，然后放置2h。对于工况为1、2级的被试设备，试验油应为2号柴油，其闭杯闪点约为74℃（165℉）。对于工况2S级的被试设备，试验油应为在24℃（75℉）和1.7MPa（250psi）下浸有H_2S的上面所述的2号柴油（H_2S的浓度约为300000ppm）。

（c）将试验芯轴从试验池取出，取出后立刻测量密封件的外径，O形密封圈的外径增量不应超过截面直径10%；高于环境温度每38℃（100℉），其他垫圈外径的增量应不超过垫圈直径的2%，总增长不应超过3.18mm（0.125in）。

F.3.12 产品出厂验收试验

F.3.12.1 压力试验。

F.3.12.1.1 总则：制造商应对按本标准生产的每一个新的NRV进行压力试验。压力试验分为阀体静水压强度试验和密封试验。制造商的试验装置应安装可显示和记录测试程序所需信息的仪表。

F.3.12.1.2 阀体静水压强度试验。试验介质为清水，在环境温度下，试验要求符合表F-11的规定。在初次保压结束后压力降至零，再进行第二次阀体静水压强度试验。稳压时间应从压力已稳定在规定范围内，且阀体外表面已彻底干燥后开始计算。阀体静水压强度试验稳压期间，各零部件应无可见渗漏，试验后阀体和阀芯组件应无永久变形。

表F-11 阀体静水压强度试验要求

NVR额定工作压力/MPa（psi）	试压要求		
	试验压力/MPa（psi）	初次保压时间/min	二次保压时间/min
34.5（5000）	≥51.8（7500）	≥3	≥15
51.7（7500）	≥77.6（11250）		
68.9（10000）	≥103.4（15000）		
103.4（15000）	≥155.1（22500）		
138.0（20000）	≥207.0（30000）		

F.3.12.1.3 密封试验。试验介质为清水，在环境温度下，试验应符合表F-12的规定。在初次保压结束后压力降至零，再进行第二次密封试验。稳压时间应从压力已稳定在规定范围内，且阀体外表面已彻底干燥后开始计算。密封试验保压期间，各零部件应无可见渗漏。

表F-12 密封试验要求

NVR额定工作压力/MPa（psi）	试验要求			
	低压		高压	
	试验压力/MPa（psi）	保压时间/min	试验压力/MPa（psi）	保压时间/min
34.5（5000）	1.4（200）~2.1（300）	≥10	34.5（5000）	≥10
51.7（7500）			51.7（7500）	
68.9（10000）			68.9（10000）	
103.4（15000）			103.4（15000）	
138.0（20000）			138.0（20000）	

F. 3. 12. 2　成品检验。

NRV 成品检验项目应包括：

a）NRV 外径尺寸；

b）NRV 外部各处工作密封表面采取的防腐保护措施；

c）投入式止回阀的卡瓦牙在卡瓦牙座的燕尾槽内应滑动灵活、无卡阻。

F. 3. 12. 3　记录控制。

记录应按如下要求进行：

a）应顾客要求，各 NRV 都应按序编号并附压力试验结果；

b）在 NRV 售出后，制造商应保留压力试验结果 5 年；

c）执行测试的人员应记录压力测试数据并签署姓名和日期。记录测试数据的样表见表 F-8。【GB/T 25429—2019】

附录 G　*dc* 指数法录取地层压力

G.1　现场资料采集

G.1.1　应在钻入成岩后的砂泥岩层后开始监测。

G.1.2　计算 *dc* 指数的点距可选 1m～5m，进入可能的压力过渡带时应每 1m 一点。为提高绘图及计算精度，宜采用较密的采集点。

G.1.3　资料采集的要求为：

——按点距采集纯钻进时间、井深、钻压、转速、钻井液密度的参数值。各参数应采用均匀层段的平均值，而不应采用瞬时值；

——正常孔隙压力当量密度根据地层水密度确定；

——应记录所采用的钻头尺寸及类型；

——应记录所采用的排量及泵压；

——出现井漏时，应记录井漏的时间、井深、层位、漏失量、钻井液密度；

——出现溢流时，应记录时间、井深、层位、循环池液体增量、钻井液密度、关井立管压力和关井套管压力；

——出现油气水侵时，应记录时间、井深、层位、进口和出口的钻井液密度及黏度；

——具有测试和试油资料的层段，应获取相应的时间、井深、层位、实测孔隙压力资料。

G.1.4　*dc* 指数数据表格式见表 G-1。

表 G-1　*dc* 指数数据

井深/m	钻时/(min/m)	钻压/kN	转速/(r/min)	钻井液密度/(g/cm^3)	排量/(L/s)	泵压/MPa	钻头				地层	岩性	*dc* 指数	地层压力当量密度/(g/cm^3)	备注
							直径/mm	型号	水眼直径/mm	比水功率/(W/mm^2)					

G.2　*dc* 指数计算公式

dc 指数计算公式见式(G-1)。

$$dc=\frac{\rho_n}{\rho_d}\cdot\frac{\lg\frac{3.28L}{n\cdot t}}{\lg\frac{0.0685w}{d_b}} \tag{G-1}$$

式中　*dc*——*dc* 指数；

ρ_n——正常孔隙压力当量密度，单位为克每立方厘米(g/cm^3)；

L——计算 dc 指数的点距，单位为米(m)；

n——转盘转速，单位为转每分钟(r/min)；

t——点距 L 的纯钻进时间，单位为分(min)；

ρ_d——实际钻井液密度(宜采用当量循环密度)，单位为克每立方厘米(g/cm^3)；

W——钻压，单位为千牛(kN)；

d_b——钻头直径，单位为毫米(mm)。

G.3 正常趋势线确定

G.3.1 正常趋势线的确定原则是：

——用于确定正常趋势线的正常孔隙压力井段宜大于300m；

——应由泥页岩 dc 指数点来确定正常趋势线；

——纠斜吊打、取心钻进、钻头磨合及磨损后期、井底不清洁等非正常钻进 dc 指数点不参加正常趋势线定位。

G.3.2 正常趋势线方程的形式见式(G-2)：

$$dc_n = a \times 10^{b \cdot D} \tag{G-2}$$

式中 dc_n——正常趋势线及其延伸线上的 dc 指数值；

a——半对数坐标图上 dc 指数与深度关系正常趋势线的截距；

b——半对数坐标图上 dc 指数与深度关系正常趋势线的斜率；

D——垂深，单位为米(m)。

G.3.3 正常趋势线方程系数 a 和 b 按以下方法确定：

——对正常孔隙压力井段所求得 dc 指数数据，按式(G-2)回归确定 a，b 值；

——钻井较多、资料充足的地区，按式(G-2)回归各井的 a，b 值，取其平均值作为该地区的正常趋势线的截距和斜率；只有当计算得到的孔隙压力值与实测压力值间的相对误差在10%以内时，才能作为地区性方程应用；

——新区探井宜采用正常孔隙压力井段所取得资料回归确定 a，b 值；在数据缺乏、回归困难时，可采用推荐 b 值为 $5.5329 \times 10^{-5} m^{-1}$，并求出相应的 a 值。

G.4 孔隙压力当量密度计算

G.4.1 孔隙压力当量密度的计算可采用式(G-3)或式(G-4)。

G.4.2 比值式的公式见式(G-3)：

$$\rho_p = \frac{dc_n}{dc_a} \cdot C_d \cdot \rho_n \tag{G-3}$$

式中 ρ_p——地层孔隙压力当量密度，单位为克每立方厘米(g/cm^3)；

ρ_n——正常孔隙压力当量密度，单位为克每立方厘米(g/cm^3)；

dc_n——正常趋势线及其延伸线上的 dc 指数值；

C_d——校正系数，C_d 由实测压力代入求得，无实测压力时宜取1；

dc_a——实际 dc 指数值。

G.4.3 伊顿式的公式见式(G-4)：

$$\rho_p = \rho_0 - (\rho_0 - \rho_n)\left(\frac{dc_a}{dc_n}\right)^U \tag{G-4}$$

式中 ρ_p——地层孔隙压力当量密度，单位为克每立方厘米(g/cm^3)；

ρ_0——覆岩层压力当量密度，计算公式见附录A，单位为克每立方厘米(g/cm^3)；

dc_a——实际 dc 指数值；

ρ_n——正常孔隙压力当量密度，单位为克每立方厘米(g/cm^3)；

dc_n——正常趋势线及其延伸线上的 dc 指数值；

U——指数，由实测压力代入求得，无实测压力时宜取1.2。

G.4.4 计算孔隙压力当量密度应注意的事项：

——应选取 dc 指数曲线中变化趋势相同的测点进行计算，计算井段的长度不小于3m；

——当 dc 指数曲线由于钻头尺寸和类型改变、钻头水功率变化较大或钻遇地层不整合等原因产生整体向左或向右偏离时，应基于偏离前后孔隙压力相等的原则，将正常趋势线适当平移(斜率不变)或改用新的正常趋势线后，再作计算；

——非砂泥岩的以及与G.3.1所指明的情况相悖的 dc 指数点，不参与孔隙压力的解释和计算。其孔隙压力当量密度值等于相邻砂泥岩 dc 指数点计算的孔隙压力当量密度。

G.5 *dc* 指数录井图解释

dc 指数求解地层孔隙力作图方法和要求如下。

G.5.1 dc 指数录井图记录纸的有关规定。

G.5.1.1 横坐标：dc 指数用对数尺度，从1到2相当于纸上40mm。

G.5.1.2 纵坐标：井深用算术尺度，每大格长度为25mm，并等分成10小格。

G.5.1.3 绘图比例：井深可选1大格表示100m(每5m一点)，或1大格表示40m(每2m一点)，或1大格表示20m(每1m一点)中的任一比例。

G.5.2 dc 指数录井图绘制要求。

绘制内容包括井深、钻井简况、钻速、dc 指数、钻压、泵压、孔隙压力当量密度(记录纸中简称孔隙压力系数)、钻井液密度和岩性剖面。

G.5.3 绘制符号规定。

G.5.3.1 起下钻位置、钻头尺寸和类型的标注方式：

——在“钻井简况”栏中对应井深处以“$\frac{\text{尺寸和类型}}{\downarrow}$”表示，例如“$\frac{215P2}{\downarrow}$”。

——当仅为钻头类型变化时，除相同尺寸的第一只钻头外，其余钻头可简化为“$\frac{\text{类型}}{\downarrow}$”，例如“$\frac{P2}{\downarrow}$”。

G.5.3.2 测试、试油或关井求得的孔隙压力当量密度的标注方式：

在“钻井简况”栏中对应井深处以“$\frac{\text{测试(试油或关井)}}{\text{孔隙压力当量密度(数值)}}$”表示，例如“$\frac{\text{测试}}{1.00}$”。

G.5.3.3 气侵、溢流、井塌等情况标注方式：

在“钻井简况”栏中对应井深处用文字表示，例如“溢流”。

G.5.3.4 岩性剖面标注方式：

在“岩性剖面”一栏中，按地质录井有关规定画出岩性剖面。

G.5.3.5 孔隙压力当量密度和钻井液密度曲线绘制方法：

宜在相应栏内分别以不同线型、不同颜色的线条绘制孔隙压力当量密度和钻井液密度曲线，如数值超过横坐标范围，应在图上的关键峰值点上标注具体数值。

G.5.3.6　地质分层标注方式：

将层位标注在“井深”栏内，例如东营组表示为“东营”。

G.5.3.7　绘图示例：

绘图示例如图 G-1 所示。

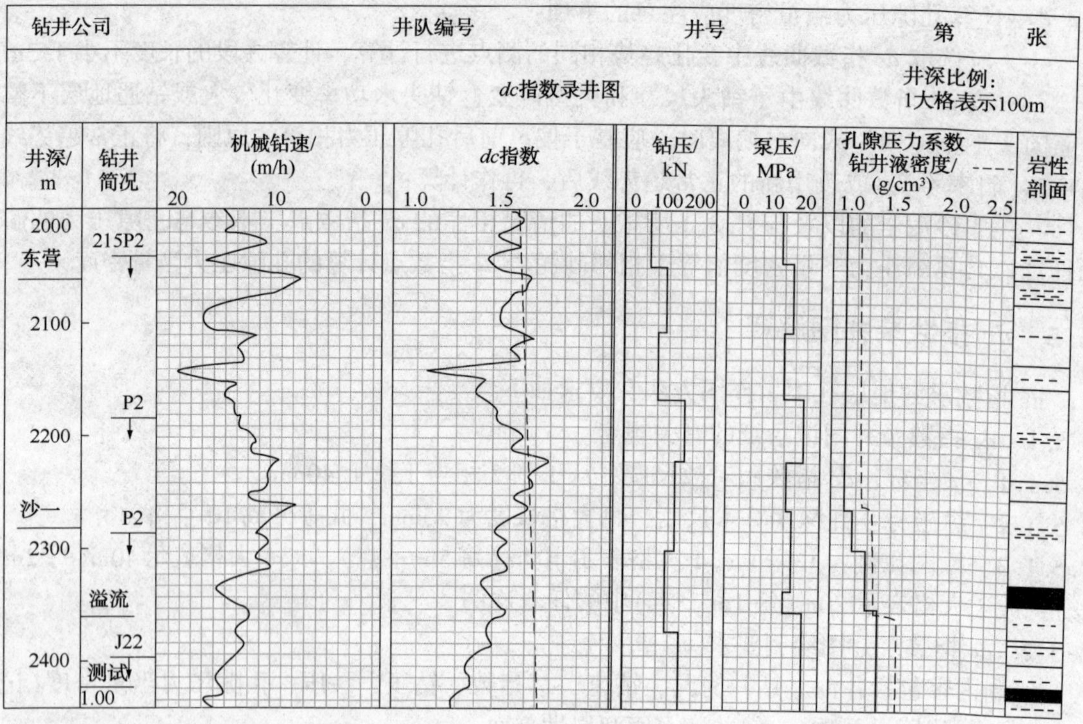

注：本图为示意图，未标实物比例尺

图 G-1　*dc* 指数录井图

【SY/T　5623—2009】

附录 H　电缆式地层测试器实测地层孔隙压力规范

H.1　测前设计

H.1.1　地层测试器实施项目(以井为单位)均应有完整的测井设计，施工队按测井设计要求实施作业。

H.1.2　地层测试器测井设计内容和格式要求规范，现场处理成果图件、表格和文字内容齐全。

H.1.2.1　电缆式地层测试测前设计封面。电缆式地层测试测前设计封面格式如图 H-1 所示。

××井电缆式地层测试测前设计

设计单位:

设计人:

测井监督:

图 H-1　××井电缆式地层测试测前设计封面格式

H.1.2.2　电缆式地层测试测前设计内容。

H.1.2.2.1　油藏评价的需求。油藏评价对电缆式地层测试录取(采集)资料的要求。

H. 1. 2. 2. 2　测井解释的需求：

a）现场初步解释成果。现场初步解释成果见表 H-1；

表 H-1　××井现场初步解释成果表

序号	层系	储层的顶、底深度/m	厚度/m	解释结果	备注
1					
2					
…					

b）测井解释需求。阐述测井解释对电缆式地层测试录取资料的需求。

H. 1. 2. 2. 3　电缆式地层测试测前设计表和相应的处理解释成果图。

a）电缆式地层测试测前设计。电缆式地层测试测前设计表见表 H-2；

表 H-2　××井电缆式地层测试测前设计表

层系	储层（组）顶、底深度/m	有效厚度/m	预计 R_w/Ω·m	*SP* 异常值/mV	预计地层温度/℃	现场初步解释结果	预计的气油水界面深度/m	测点设计深度/m	流体分析设计深度位置/m	取样要求

b）电缆式地层测试器测试层段的初步处理成果图。

如果现场对其他测井资料进行了快速处理和评价，则可以按层系、储层组分段成图。如果有核磁共振等特殊测井项目，宜引入相应测井资料，展示储层的含水饱和度与束缚水饱和度成果曲线。

H. 1. 2. 2. 4　对电缆式地层测试测井设计表的补充说明。

表格的空间有限，设计者可以在此做必要的文字说明，如阐述流体分析点位置的设计思想，PVT 取样要求，压力点设计的基本思路，压力测试总体工作量的把握要求等。

H. 1. 2. 2. 5　审核意见。由测井监督给出对电缆式地层测试设计的审核意见并签字。

H. 1. 3　用于获取地层压力资料的压力测试点，根据相关地质需求在相应层位进行设计。

H. 1. 4　用于判别流体性质的压力测试点，其设计应满足求取流体密度基本的数据量要求：同一储层（组）中，合格地层压力点数不少于三个，储层（组）累积厚度大于 5. 0m 的不少于五个。测压顺序采取由上向下，从深度最浅的设计点开始测量。

H. 1. 5　同一储层（组）中流体性质相同的层段，原则上只设计一个流体分析点，其位置宜设计在本测试段中物性最好的深度。

H. 1. 6　根据地质需求，确定取常规样品和 *PVT* 的测试点。

H. 1. 7　当存在较大的粘卡风险时，应首先对主要目的层段直接进行流体分析和取样。

H. 2　测试仪器标定

H. 2. 1　压力计车间刻度应符合 SY/T 5692 的规定。

H. 2. 1. 1　石英压力传感器应每 6 个月进行一次校验，至少每 24 个月进行一次刻度。

H. 2. 1. 2　流体分析传感器应每 6 个月进行一次刻度。

H.2.2　流体分析模块每个月刻度一次，在一定的压力下分别在气、油和水中进行刻度。

H.2.3　测井前应在地面进行压力计检查，测井过程中利用钻井液柱压力检查压力计读数，确保压力计正常工作。

H.3　数据采集质量要求

H.3.1　总则。地层测试器测井深度应以本井组合测井深度为准，各测试点在进行测试之前应先进行深度校正。深度误差不超过±0.2m。

H.3.2　压力测试。

H.3.2.1　选择压力测试容积。根据储层特性，尽可能采用较大的压力预测试室容积完成压力测试，预测试室容积应不小于5cm³。

H.3.2.2　测前、测后的泥浆柱压力数据应稳定后测量60s~120s。

H.3.2.3　压力恢复时间宜以1000s为限，分三个恢复时间段对测试点进行采集质量控制：

——恢复时间在600s以内，压力波动小于70Pa(0.01psi)稳定120s以上，可结束该点的压力测试；

——恢复时间在600s~1000s之间，压力波动小于70Pa(0.01psi)稳定45s以上，可结束该点的压力测试；

——恢复时间达到1000s以上，无论压力是否稳定均可结束该点的压力测试。

H.3.2.4　压力测试数据表：

——压力测试数据表格式参见表H-3；

表H-3　××井电缆式地层测试压力测试数据表

测压点相关信息			钻井液柱压力		流度/[$10^{-3}\mu m^2/(Pa\cdot s)$]	外推压力值/MPa(psi)	地层压力测试				
序号	文件号	深度/m	测前压力值/MPa(psi)	测后压力值/MPa(psi)			压力值/MPa(psi)	稳值次数	复压时间/s	测试室容积/cm³	测试流速/(cm³/s)
1											
2											
…											
备注：记录压力值的时间间隔________s											
操作工程师：________			解释工程师：________			测井监督：________					

——在测压点相关信息中填写压力测试点的序号、数据记录文件号和仪器坐封深度。压力测试点的深度读值精确到小数点后两位；

——压力值应首选石英压力计的数据；当石英压力计读数出现异常时，可使用应变压力计的数据。压力数据读值应保留到小数点后两位；

——记录压力值的时间间隔应在压力测试数据表中注明(一般为10s或9s)；

——压力恢复时间应记录从最后一次压降开始到测试结束的时间；

——预测试室容积、测试流速应记录最后一次压降所采用的容积和流速。

H.4　确定地层压力剖面

H.4.1　由每个测试点计算的地层压力对应深度坐标作交会图，确定出测试井段的地层压力剖面。

H. 4. 2　地层压力系数的计算见公式(H-1)：

$$\beta=\frac{101.937P}{H\rho_{w}} \tag{H-1}$$

式中　β——地层压力系数；

P——地层压力，单位为兆帕(MPa)；

H——垂直深度，单位为米(m)；

ρ_{w}——清水密度，单位为克每立方厘米(g/cm^3)。

H. 4. 3　储层流体密度的计算见公式(H-2)：

$$\rho_{f}=\frac{1000\Delta P_{f}}{g} \tag{H-2}$$

式中　ρ_{f}——储层流体密度，单位为克每立方厘米(g/cm^3)；

ΔP_{f}——从压力剖面上读取的地层压力梯度，单位为兆帕每米(MPa/m)。

H. 5　确定流体性质

依据压力测试资料计算的流体密度，定性解释储层流体性质。【SY/T 5691—2013】

附录I 常规地层测试实测地层孔隙压力技术规程

I.1 常规管柱测试

I.1.1 施工准备

I.1.1.1 井眼准备

I.1.1.1.1 对裸眼井进行通井，确保起下钻畅通无阻。

I.1.1.1.2 对套管井，通井至人工井底，刮削至坐封井段以下20m。

I.1.1.1.3 钻井液或压井液要求为：

a）采用优质钻井液或压井液，确保测试期间钻井液或压井液性能稳定，裸眼井段不出现坍塌、缩径现象；

b）充分循环调整钻井液或压井液，使其性能达到设计要求；

c）裸眼井测试，根据泥浆性能确定是否需要在裸眼坐封井段的钻井液或压井液中加入不少于200m的液相防卡剂；

d）钻井液或压井液的配备量应不少于井筒容积的1.5倍。

I.1.1.1.4 裸眼井测试前实探井底，探三次，分别加压300kN，要求井底无沉砂。

I.1.1.2 测试设备准备

根据储层地质条件、井筒情况和施工设计要求，准备井下工具、地面设备、仪器仪表，并调试、检验合格。

I.1.1.3 施工现场地面准备

I.1.1.3.1 对动力设备、提升系统、循环系统及井控装置进行全面检查，其性能应达到要求。

I.1.1.3.2 指重表应灵活可靠，在有效检定期之内。

I.1.1.3.3 检查下井管柱与接头，按要求通径且承压符合设计要求。

I.1.1.3.4 丈量下井管柱和工具的长度，准备不同长度的调整短节，使封隔器坐封在设计的位置。

I.1.1.3.5 按设计要求准备钻铤或加重钻杆，以备坐封加压和支撑尾管使用。

I.1.1.3.6 安装、连接、固定井口控制装置、地面流程、地面监测系统。

I.1.1.3.7 施工前，应对井口控制装置及地面流程试压，介质为清水或氮气，试压要求：

a）分离器：按分离器额定工作压力的80%试压，稳压30min压降不超过0.5MPa为合格；

b）分离器至热交换器的管线：按分离器额定工作压力试压，稳压30min压降不超过0.5MPa为合格；

c）热交换器至油嘴管汇的管线：按热交换器额定工作压力试压，稳压30min压降不超过0.5MPa为合格；

d）油嘴管汇至井口控制装置：关闭井口控制装置主阀，按设计要求压力进行试压，稳压 30min 压降不超过 0.5MPa 为合格。

I.1.1.3.8　对地面监测系统进行调试，保证各系统正常运行。

I.1.1.4　技术交底

I.1.1.4.1　测试施工方对内部人员进行技术交底。

I.1.1.4.2　测试施工方对相关方进行技术交底。

I.1.2　施工步骤

I.1.2.1　连接测试管柱

I.1.2.1.1　使用电子压力计，编制工作程序后进行组装、连接。

I.1.2.1.2　若使用机械压力计需将时钟上满弦，卡片装入卡片筒后应平整，划出的基线偏差范围不超过 0.25mm。

I.1.2.1.3　按设计要求连接下井测试管柱。

I.1.2.2　下测试管柱

I.1.2.2.1　测试工具入井后通过指重表确定工具悬重。

I.1.2.2.2　下测试管柱速度应不大于 0.5m/s。下管柱遇阻超过 20kN 时，应立即上提管柱，排除遇阻因素后再下管柱。

I.1.2.2.3　下测试管柱的过程中，应检查管柱的漏失情况，根据漏失情况采取相应的措施。

I.1.2.2.4　对地层有漏失的井，应边下管柱边灌环空，确保井控安全。

I.1.2.2.5　下钻过程中，每下 10 根~20 根管柱，加满测试液垫，直至设计液垫高度为止。

I.1.2.2.6　下完测试管柱后记录管柱的总悬重。

I.1.2.3　计算自由点

坐封前应缓慢上提、下放管柱，分别记录管柱的悬重。自由点的计算如下：

I.1.2.3.1　裸眼测试。

裸眼测试自由点的计算公式为：

$$Q_L = W_S - W_C + B_L \tag{I-1}$$

式中　Q_L——自由点的理论悬重，单位为千牛(kN)；

W_S——测试管柱在井中上提的悬重，单位为千牛(kN)；

W_C——多流测试器下部管柱在井中的悬重，单位为千牛(kN)；

B_L——浮力损失，单位为千牛(kN)。

不加液垫时，浮力损失的计算公式为：

$$B_L = 9.8 \times 10^{-4} A_1 h_1 \gamma_1 \tag{I-2}$$

式中　A_1——多流测试器阀的面积，单位为平方厘米(cm^2)；

h_1——多流测试器在井中的深度，单位为米(m)；

γ_1——钻井液或压井液的密度，单位为克每立方厘米(g/cm^3)。

加液垫时，浮力损失的计算公式为：

$$B_L = 9.8 \times 10^{-4} A_1 (h_1 \gamma_1 - h_2 \gamma_2) \tag{I-3}$$

式中　h_2——液垫高度，单位为米(m)；

γ_2——液垫密度，单位为克每立方厘米(g/cm^3)。

I.1.2.3.2　套管测试。

套管测试自由点的计算公式为：

$$Q_L = W_S - W_C + B_L - Q_S \tag{I-4}$$

式中　Q_S——液压锁紧接头的锁紧力，单位为千牛(kN)。

Q_S 由式(I-5)计算：

$$Q_S = 9.8\times10^{-4} A_2 h_3 \gamma_3 \tag{I-5}$$

式中　A_2——液压锁紧接头锁紧面积，单位为平方厘米(cm^2)；

h_3——液压锁紧接头在井中的深度，单位为米(m)；

γ_3——钻井液或压井液的密度，单位为克每立方厘米(g/cm^3)。

I.1.2.4　封隔器坐封

要求为：

a）缓慢上提、下放测试管柱，分别记录其悬重，留出合理的方余长度，确保满足封隔器的坐封载荷和开关井的要求；

b）根据封隔器的类型和坐封操作要求进行坐封；

c）按封隔器型号及技术要求对封隔器加坐封载荷；

d）若封隔器未坐封，应分析原因，采取措施。

I.1.2.5　开井求产和关井测压

要求为：

a）下放测试管柱，给测试阀上部施加足够钻压打开测试阀，观察环空液面和泡泡头气泡显示，判断管柱与封隔器的密封情况，如有漏失情况采取相应的措施；

b）按设计要求进行求产；

c）求产结束后，上提管柱悬重超过"自由点"4.5kN~8.9kN 后，刹车并下放管柱恢复关井前加压吨位，实现关井；

d）开关井的次数及时间分配按设计要求执行。

I.1.2.6　解封、反循环与起管柱

I.1.2.6.1　测试开关井结束，上提管柱，待封隔器胶筒收缩后起管柱。

I.1.2.6.2　循环压井后才能起管柱，非自喷井可以在起管柱见液面后进行反循环。

I.1.2.6.3　起测试管柱时不允许转动井内管柱，控制起管柱速度，防止抽吸，及时向环空补充钻井液或压井液。

I.1.2.7　现场取样

现场取样包括地面取样和井下取样器取样，要求：

a）地面取样两个，井下取样器取样一个；

b）气层测试，待产量稳定后地面取样两个，井下取样器取气样一个；

c）若回收液为地层水，见液面取样一个，中部取样一个，多流测试器上部取样一个，井下取样器取样一个；

d）按设计要求做高压物性转样或地面分离器取样 PVT 配样。

I.1.2.8　压力卡片注明的内容

压力卡片应注明以下内容：

a）井号；

b）测试层位；

c）测试井段；

d）压力计编号及量程；

e）压力计类别；

f）压力计下深；

g）计时器编号及量程；

h）温度计量程；

i）最高温度；

j）测试日期。

I. 1. 2. 9　压力曲线节点的压力值

读取并计算出压力曲线各节点的压力值(图 I-1)

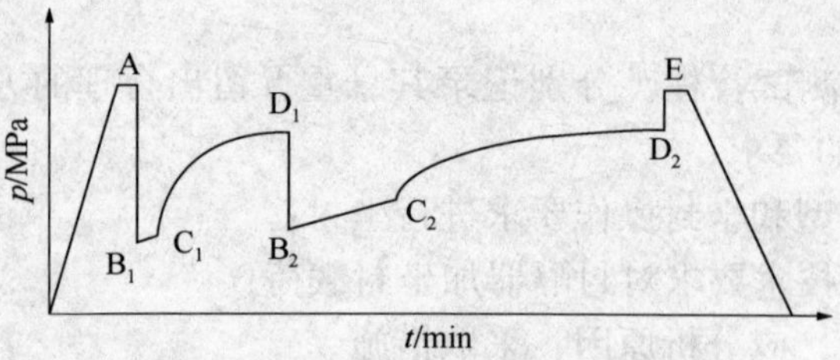

图 I-1　钻杆测试标准压力卡片曲线

A—初静液柱压力；B_1—初流动起始压力；C_1—初流动终止压力；D_1—初关井压力；

B_2—二次流动起始压力；C_2—二次流动终止压力；D_2—二次关井压力；E—终静液柱压力

I. 1. 2. 10　电子压力计数据的回放

使用电子压力计，应回放并打印出电子压力计记录的资料数据及压力、温度曲线展开图。

I. 1. 3　地层测试现场报告

地层测试现场报告的格式参见表 I-1。

表 I-1　××井地层测试现场报告

××井地层测试现场报告							
用户单位							
地理位置							
构造位置							
井位坐标	X:			Y:			
井　　别		测试类型		测试编号			
测试井段		测试层位		测试时间			
基本数据			测试层段				
测试时井深	m	测试射孔深		层位	厚度(m)/层数	录井显示及电测解释	
表层套管尺寸及深度	m	m					
技术套管尺寸及深度	m	m					
油层套管尺寸及深度	m	m					
裸眼尺寸及深度	m	m					
压井液类型		相对密度	含砂　%	黏度　mPa·s	失水　mL	氯离子　mg/L	pH 值
通井类型	通井规尺寸及通井深度			钻头尺寸及划眼深度			
地　面　数　据		坐封类别:		油补距:　m		方余:　m	

续表

测试阶段	时间	压力	地面油嘴及说明
坐封			
初开井			
射孔			
初关井			
二次开井			
终关井			
解封			

工具下井数据

部件	规格	内径	长度	深度/m

回收物数据

回收物总高度	m	纯回收高度	m
		油	m^3
氯离子	mg/L	水	m^3
		泥浆	m^3
		砂	m^3

加垫情况

类型	高度/m	数量/m^3	氯离子/(mg/L)

抽汲数据

时间	抽深/m	抽次/次	动液面/m	总液量/m^3	油量/m^3	含水/%	水量/m^3	氯离子/(mg/L)

流动曲线折产/(m^3/d)	平均流压/MPa

取样器放样数据

放样地点	油/mL	气/m^3	水/mL	泥浆/mL
放样压力/(MPa)	油气比	油水比	氯离子/(mg/L)	原油相对密度

压力计数据

压力计编号				
位置	上	中上	中下	下
下入深度	m	m	m	m
压力计量	MPa	MPa	MPa	MPa
实测温度	℃	℃	℃	℃
A 初静液柱压力	MPa	MPa	MPa	MPa
B_1 初流动 始压	MPa	MPa	MPa	MPa
C_1 初流动 终压	MPa	MPa	MPa	MPa

校深射孔数据

枪型:	弹型:	装弹: 发
实际发射: 发	发射率: %	零长: m
实际射孔长度(m):	夹层长度(m):	

续表

选用短套管深度(m)：	电缆明显记号长度(m)：	D_1	初关井压力	MPa	MPa	MPa	MPa
放射性校正值(m)：		B_2	二次流动 始压	MPa	MPa	MPa	MPa
调整距离(m)：		C_2	二次流动 终压	MPa	MPa	MPa	MPa
校深短节下接箍应在深度(m)：		D_2	二次关井压力	MPa	MPa	MPa	MPa
实际校深短节下接箍深度(m)：		B_3	终流动 始压	MPa	MPa	MPa	MPa
地面流量		C_3	终流动 终压	MPa	MPa	MPa	MPa

时间/h：min	油嘴/mm	压力/MPa	流量 油/(m^3/d)	流量 气/(m^3/d)	流量 水/(m^3/d)						
						D_3	终关井压力	MPa	MPa	MPa	MPa
						E	终静液柱压力	MPa	MPa	MPa	MPa
						评述					

离开基地时间	到达井场时间	工具下井时间	坐封时间	解封时间	工具起出时间	离开井场时间	返回基地时间

用户单位(签字)　月　日	测试队号　队	测试负责人(签名)　月　日	

I.2 电缆地面直读测试

I.2.1 常规地面直读测试

I.2.1.1 施工准备

I.2.1.1.1 根据施工设计要求，选定电缆绞车或橇装设备、电缆测试工具、仪器仪表、井口防喷装置和辅助工具，并进行调试检查。

I.2.1.1.2 井口防喷装置应按额定工作压力进行试压，稳压 30min，压力下降不超过 0.5MPa 为合格，下电缆测试工具之前应通井，要求起下工具畅通无阻。

I.2.1.2 现场作业

I.2.1.2.1 绞车或橇装设备应停放在距离井口 20m 以外、侧风或上风方向，使电缆滚筒正对井口。

I.2.1.2.2 安装井口防喷装置，安装电缆张力计和天地滑轮，地滑轮与电缆夹角应为 90°。

I.2.1.2.3 井口防喷装置安装后，在防喷装置工作状态下，按照井口预计最高压力对防喷装置进行试压，稳压 30min，压力下降不超过 0.5MPa 为合格。

I.2.1.2.4 下放电缆测试工具之前，应先测补心差，根据补心差调整计数器，并在滚筒或电缆上做一个记号。启动供电设备，使仪器进入工作状态。

I.2.1.2.5 下放电缆最大速度不大于 50m/min，根据井的深度每下放 500m 或 1000m 应停止下放，上提 10m，检测电缆张力变化，下放过程中应观察张力计的变化，一旦发现遇阻，应上下活动解阻，解阻后继续下放。按设计要求测压力梯度及温度梯度。

I. 2. 1. 2. 6　当电缆测试工具下至预定位置后，给静密封装置打压，其压力值应高于井口压力 10%；测试过程中若电缆防喷装置(防喷管、防喷盒)失控，应立即关闭井口防喷器。

I. 2. 1. 2. 7　根据设计和现场测试情况，对工作制度进行修正。

I. 2. 1. 2. 8　井下采集数据及地面记录数据要求见 SY/T 6013。

I. 2. 1. 2. 9　在采集数据的过程中，对所测的资料应进行同步处理、解释。

I. 2. 1. 2. 10　起电缆之前，应首先打开静密封，停留 1min，待橡胶半封完全收缩后再上提电缆。

I. 2. 1. 2. 11　上提电缆的速度不大于 50m/min。上起电缆测试工具距离喇叭口或井径、管径变化 100m 处，速度应控制在 18m/min 以内。若张力突然增加，应上下活动解卡，上提拉力控制在电缆弱点许可的范围内。

I. 2. 1. 2. 12　按设计要求测压力梯度及温度梯度。电缆起至距井口 100m 处时，放慢上提速度，保持 10m/min；电缆起至距井口 30m 处时，用人拉电缆，同时让滚筒缓慢回收电缆，当井口人员手拉电缆测试工具完全进入防喷管内时，刹住滚筒。

I. 2. 1. 2. 13　通过人工探闸板，确定电缆测试工具全部进入防喷管后，关闭采油树总闸门，放压后拆卸井口防喷装置、电缆测试工具以及辅助工具。

I. 2. 2　对接地面直读测试

I. 2. 2. 1　施工准备

I. 2. 2. 1. 1　设备准备执行 I. 2. 1. 1. 1。

I. 2. 2. 1. 2　测试管柱内应洁净、无堵塞物，保证电缆测试工具顺利下入到对接位置。

I. 2. 2. 1. 3　选用(泵压)压控式循环阀。

I. 2. 2. 1. 4　绞车或橇装设备定位执行 I. 2. 1. 2. 1。

I. 2. 2. 1. 5　安装张力计执行 I. 2. 1. 2. 2。

I. 2. 2. 2　对接测试

I. 2. 2. 2. 1　下电缆前，深度计数器复位回零，记下张力计此时的读数。

I. 2. 2. 2. 2　启动供电设备，使仪器进入工作状态，录取井筒内的温度和压力数据。

I. 2. 2. 2. 3　下放电缆测试工具执行 I. 2. 1. 2. 5。

I. 2. 2. 2. 4　当电缆所带仪器串定位部分或信号接收部分距离对接位置 30m 时，下放速度应降为 10m/min。有定位装置时，电缆下放到对接深度附近且电缆张力下降，表明对接已经成功，继续下入电缆 5m~10m；无定位装置时，地面设备监测到管柱所携带仪器的数据，表明已对接成功。否则重复上述步骤，直至对接成功。

I. 2. 2. 2. 5　测试过程中应根据设计和现场情况对工作制度进行调整。

I. 2. 2. 2. 6　测试期间若密封流管失封，关闭井口防喷器。

I. 2. 2. 2. 7　起出电缆测试工具时，如有定位装置，首先缓慢上提电缆，若张力较大，应再下放电缆 5m~10m，重复上述步骤，直至井下仪器脱开对接位置 5m~10m 后上起。

I. 2. 2. 2. 8　若电缆所携带的仪器遇卡不能脱离对接位置，增大电缆上提拉力，将电缆从受力弱点处拉断。

I. 2. 2. 2. 9　上起电缆执行 I. 2. 1. 2. 11、I. 2. 1. 2. 12 和 I. 2. 1. 2. 13。

I. 2. 3　测试过程中车装或橇装动力设备使用要求

柴油发电机、液力发电机、供电动力控制箱、计算机系统、空气压缩机、电缆绞车和气动注脂泵应运转正常。

I. 2. 4 地面直读测试现场报告

地面直读测试现场报告的格式参见表 I-2。

表 I-2 ××井地面直读测试现场报告

×××井地面直读测试现场报告					
用户单位					
地理位置					
构造位置					
井位坐标	X：			Y：	
井别		测试类型		测试编号	
测试井段		测试层位		测试时间	

井身结构							
井斜数据	井深/m		套管程序	外径/mm	壁厚/mm	下人深度/m	人工井底/m
	井斜角/(°)		表层套管				
	方位角/(°)		技术套管				
	造斜点深度/m		技术套管				
	备注		油层套管				
短套管位置				固井质量			

设备(仪器)参数

序号	名称	型号	压力量程	温度量程	压力精度	温度精度
1	井口防喷器					
2	电子压力计					
3	流量计					
4	其他					

备注：根据具体施工情况添加。

电缆组合测试工具

序号	名称	外径/mm	长度/m	下深/m	质量/kg	备注
1	电缆					
2	电缆头					
3	加重杆					
4	电子压力计					
5	其他					

备注：根据具体施工情况添加

测试施工记录

日期	时间	测试内容	备注

备注：根据具体施工情况添加附表

续表

测试成果数据									
流压流温梯度					静压静温梯度				
测试时间					测试时间				
斜深/m	压力/MPa	压力梯度/(MPa/100m)	温度/℃	温度梯度/(℃/100m)	斜深/m	压力/MPa	压力梯度/(MPa/100m)	温度/℃	温度梯度/(℃/100m)

备注：根据具体施工情况添加附表

地面流量数据							
日期	时间	油嘴/mm	井口压力/MPa		流体产量/(m^3/d)		
			油压	套压	油	气	水

备注：根据具体施工情况添加附表

压力数据		
下入深度/m	实测静压压力/MPa	实测温度/℃

附压力温度曲线图

测试结果初步描述

离开基地时间	到达井场时间	工具入井时间	工具起出时间	离开井场时间	返回基地时间
用户单位签字		施工队号		施工队负责人签字	

【SY/T 5483—2017】

附录J　地层破裂、坍塌压力预测及试验方法

J.1　地层破裂压力预测方法

J.1.1　方法选择

地层破裂压力预测涉及到的计算方法较多，且各方法适应的条件不同。各油田宜从本区域的地层特点出发，以提高预(监)测精度为目的，选用或修正现有方法。

J.1.2　伊顿法

J.1.2.1　伊顿法适用的地层为：地层沉积较新，受构造运动影响较小的连续沉积盆地。对于地层年代较老、构造运动影响大的地区，效果欠佳。

J.1.2.2　伊顿法的计算公式见式(J-1)：

$$p_f = p_p + \left(\frac{\mu_s}{1-\mu_s}\right)(p_0 - p_p) \tag{J-1}$$

式中　p_f——地层破裂压力，单位为兆帕(MPa)；

p_p——地层孔隙压力，单位为兆帕(MPa)；

μ_s——静态泊松比；

p_0——上覆岩层压力，单位为兆帕(MPa)。

J.1.3　艾克斯劳格法

J.1.3.1　艾克斯劳格法适用的地层为：连续沉积盆地。该方法把构造应力所产生的影响从地层的泊松比中分离出来，计算时可采用岩层的实测泊松比。

J.1.3.2　艾克斯劳格法的计算公式见式(J-2)：

$$p_f = p_p + \left(\frac{\mu_s}{1-\mu_s} + \beta\right)(p_0 - p_p) \tag{J-2}$$

式中　p_f——地层破裂压力，单位为兆帕(MPa)；

p_p——地层孔隙压力，单位为兆帕(MPa)；

μ_s——静态泊松比；

β——均匀构造应力系数；

p_0——上覆岩层压力，单位为兆帕(MPa)。

J.1.4　黄荣樽法

J.1.4.1　黄荣樽法适用的地层为：连续沉积盆地。该方法认为地层的破裂是由井壁上的应力状态决定，并考虑了非均匀地应力场的作用和地层的抗拉强度影响。

J.1.4.2　黄荣樽法的计算公式见式(J-3)：

$$p_f = \left[\frac{2\mu_s}{(1-\mu_s)} - K_{ss}\right](p_0 - p_p) + p_p + S_t \tag{J-3}$$

式中　p_f——地层破裂压力，单位为兆帕(MPa)；

p_p——地层孔隙压力，单位为兆帕(MPa)；

p_0——上覆岩层压力，单位为兆帕(MPa)；

μ_s——静态泊松比；

K_{ss}——非均匀的地质构造应力系数；

S_t——岩石抗拉强度，单位为兆帕(MPa)。

J. 1. 5　Holbrook 法

J. 1. 5. 1　Holbrook 法适用的地层为：胶结较差、岩层的抗拉强度可以忽略、井眼与地层间的连通性好的砂岩地层。

J. 1. 5. 2　Holbrook 法的计算公式见式(J-4)：

$$p_f=(1-\varphi)(p_0-p_p)+p_p \quad (J-4)$$

式中　p_f——地层破裂压力，单位为兆帕(MPa)；

φ——岩石孔隙度；

p_p——地层孔隙压力，单位为兆帕(MPa)；

p_0——上覆岩层压力，单位为兆帕(MPa)。

J. 1. 6　安德森法

J. 1. 6. 1　安德森法适用的地层为：考虑井壁上应力集中的影响，假定无构造应力，地层抗张强度为 0，取均匀水平应力的条件，且认为砂岩中的泥质含量对泊松比及砂岩的变形有明显影响。

J. 1. 6. 2　安德森法的计算公式见式(J-5)：

$$p_f=\alpha \cdot p_p+\left(\frac{2\mu_s}{1-\mu_s}\right)(p_0-\alpha \cdot p_p) \quad (J-5)$$

式中　p_f——地层破裂压力，单位为兆帕(MPa)；

α——有效压力系数；

p_p——地层孔隙压力，单位为兆帕(MPa)；

p_0——上覆岩层压力，单位为兆帕(MPa)；

μ_s——静态泊松比。

J. 2　破裂(漏失)压力试验法

J. 2. 1　试验原则及要求

J. 2. 1. 1　实测地层破裂(漏失)压力的方法适用于砂泥岩为主的地层，对于脆性地层时只做承压试验。

J. 2. 1. 2　一般在钻穿套管鞋以下第一个砂岩层进行破裂压力试验，新井眼长度不宜超过 100m。

J. 2. 1. 3　利用预测模型或邻井资料估算试验层的破裂压力。根据估算结果及钻井液的密度，选择合适的泵型和试压流程。

J. 2. 1. 4　试验压力应低于井口承压设备中的最小额定工作压力，应同时低于套管中承受的最小抗内压强度的 80%；或当试验井底压力当量密度达到下部钻井施工钻井液密度要求时，应终止试验。

J. 2. 2　试验程序

a）调整钻井液性能，保证均匀稳定，满足试验要求；

b）上提钻头到套管鞋以上，井内灌满钻井液，关闭相应尺寸的防喷器；

c）缓慢开泵，向井内泵入钻井液。当裸眼长度 5m 以内时宜选用 0.7L/s~1L/s 的排量；超过 5m 时宜选用 2L/s~4L/s 的排量；

d）当试验压力不再随注入量的增大而增大，或当试验压力随着注入量的增大而下降时，终止试验。

J.2.3　试验数据记录

J.2.3.1　应记录井号、试验日期、井深、地层岩性、钻井液密度、泵型号、套管直径、套管钢级、套管壁厚、套管下深及防喷器额定工作压力。

J.2.3.2　每增加 20L~50L 泵入量记录一次相应的时间、总泵入量、立管压力或套管压力。宜采用较小的泵入量间隔，以提高绘图和计算精度。试验数据记录格式见表 J-1。

表 J-1　地层破裂(漏失)压力试验数据

______井　地层破裂压力(漏失)压力试验数据			
试验时间	年　月　日	套管直径/mm	
井深/m		套管钢级	
地层岩性		套管壁厚/mm	
钻井液密度/(g/cm³)		套管下深/m	
泵型号		防喷器额定压力/MPa	
试验方式	钻具内加压 □		环空内加压 □

时间—泵入量—压力记录

时间/h：min	总泵入量/L	立管压力/MPa	套管压力/MPa	备注
……				

J.2.4　试验数据处理

J.2.4.1　绘制泵入量—压力关系图。典型的泵入量随试验压力的变化关系曲线形式如图 J-1 所示。

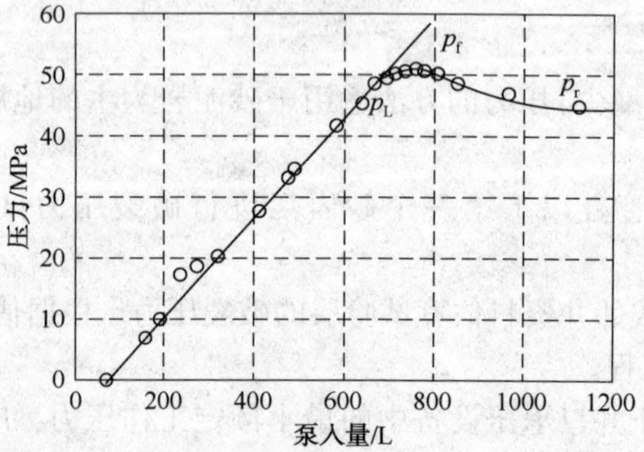

图 J-1　典型的地层破裂(漏失)压力试验曲线

p_L——漏失压力，单位为兆帕(MPa)，指试验曲线开始偏离直线的点的压力值，此点之后的压力仍有上升，但有偏离直线趋势；

p_f——破裂压力，单位为兆帕(MPa)，指试验曲线上最大压力值点的压力，此点之后压力随泵入量下降；

p_r——传播压力，单位为兆帕(MPa)，指试验曲线上压力随泵入量下降并趋于平缓时的压力。

J. 2. 4. 2　破裂(漏失)压力的计算公式见式(J-6)：

$$p_f = p_L + 0.00981\rho_m \cdot H_L \tag{J-6}$$

式中　p_f——地层破裂压力，单位为兆帕(MPa)；

p_L——漏失压力，单位为兆帕(MPa)；

ρ_m——钻井液密度，单位为克每立方厘米(g/cm^3)；

H_L——试验地层深度，单位为米(m)。

J. 2. 4. 3　按照上述方法计算所得地层破裂压力，对于砂岩或硬的泥页岩地层，一般称为破裂压力；对于易漏失的裂缝性地层，一般称为漏失压力。

J. 3　地层坍塌压力预测方法

J. 3. 1　剪切破坏条件下的坍塌压力

J. 3. 1. 1　对于地层的坍塌破坏服从库仑准则的硬脆性泥页岩，易发生剪切破坏。分为不考虑渗透作用和考虑渗透作用两种情况。

J. 3. 1. 2　不考虑渗透作用时的地层坍塌压力。

a）适用的地层为：渗透率极低的泥页岩，且钻井液性能良好，不考虑钻井液向地层中的渗透，把泥页岩井壁近似看作不渗透井壁。

b）计算公式见式(J-7)：

$$\rho_{b1} = \frac{\eta(3\sigma_H - \sigma_h) - 2C \cdot K_m + \alpha \cdot p_p(K_m^2 - 1)}{(K_m^2 + \eta)D} \times 100 \tag{J-7}$$

$$K_m = \cot(45° - \frac{\varphi}{2})$$

式中　ρ_{b1}——地层剪切坍塌压力当量密度，单位为克每立方厘米(g/cm^3)；

σ_H——地层最大水平主应力，单位为兆帕(MPa)；

σ_h——地层最小水平主应力，单位为兆帕(MPa)；

C——岩石的黏聚力，单位为兆帕(MPa)；

η——应力非线性修正系数；

p_p——地层孔隙压力，单位为兆帕(MPa)；

α——有效压力系数；

D——垂深，单位为米(m)；

φ——岩石的内摩擦角，单位为度(°)。

J. 3. 1. 3　考虑渗透作用时的地层坍塌压力。

a）适用的地层为：渗透性好的地层。考虑钻井液向地层中的渗透，把井壁近似看作渗透井壁。

b）计算公式见式(J-8)：

$$\rho_{b1} = \frac{\eta[3\sigma_H - \sigma_h - (\xi - \varphi)p_p] + K_m^2 \cdot p_p \cdot \varphi - 2C \cdot K_m}{(1 - \alpha + \varphi)K_m^2 - \eta(\xi - \varphi - 1 - \alpha)} \cdot \frac{100}{D} \tag{J-8}$$

其中：

$$\xi = \frac{\alpha(1 - 2\mu_s)}{1 - \mu_s}$$

式中　ρ_{b1}——地层剪切坍塌压力当量密度，单位为克每立方厘米(g/cm^3)；

σ_H——地层最大水平主应力，单位为兆帕(MPa)；

σ_h——地层最小水平主应力，单位为兆帕(MPa)；

C——岩石的黏聚力，单位为兆帕(MPa)；

η——应力非线性修正系数；

p_p——地层孔隙压力，单位为兆帕(MPa)；

α——有效压力系数；

D——垂深，单位为米(m)；

φ——岩石内摩擦角，单位为度(°)。

J.3.2　拉伸崩落条件下的坍塌压力

a）适用地层：井筒钻井液压力小于地层孔隙压力时的过渡带欠压实超压低渗泥页岩。

b）计算公式见式(J-9)：

$$\rho_{b2}=\frac{100}{D}(p_p-S_t) \tag{J-9}$$

式中　ρ_{b2}——地层拉伸崩落坍塌压力当量密度，单位为克每立方厘米(g/cm³)；

p_p——地层孔隙压力，单位为兆帕(MPa)；

D——垂深，单位为米(m)；

S_t——岩石抗拉强度，单位为兆帕(MPa)。

J.3.3　坍塌压力取值

坍塌压力取值见式(J-10)。

$$\rho_b=\max\{\rho_{b1},\ \rho_{b2}\} \tag{J-10}$$

J.3.4　相关参数的计算

J.3.4.1　有效应力系数计算公式见式(J-11)：

$$\alpha=1-\frac{\rho(3v_p^2-4v_s^2)}{\rho_g(3v_{mp}^2-4v_{ms}^2)} \tag{J-11}$$

式中　ρ——岩石密度，单位为克每立方厘米(g/cm³)；

ρ_g——岩石骨架体积密度，单位为克每立方厘米(g/cm³)；

v_{mp}——岩石骨架的纵波速度，单位为米每秒(m/s)；

v_{ms}——岩石骨架的横波速度，单位为米每秒(m/s)；

注：相关资料缺乏时，宜取$\rho_g=2.65\text{g/cm}^3$，$v_{mp}=5950\text{m/s}$，$v_{ms}=3000\text{m/s}$。

J.3.4.2　应力非线性修正系数计算公式见式(J-12)：

$$\eta=\sigma_{\theta n}/\sigma_{\theta l} \tag{J-12}$$

其中：

$$\sigma_{\theta l}=2\sigma_h-p_m$$

$$\sigma_{\theta n}=\frac{\mu_s(1-n)-1}{(1-n)(1-\mu_s)}p_m-\frac{(2\mu_s-1)(1-n)}{(1-\mu_s)(1-n)}p_m^n\sigma^{1-n}$$

$$p_m=0.00981\times D\times\rho_m$$

式中　η——应力非线性修正系数；

$\sigma_{\theta l}$——均匀地应力下切向应力的线性弹性解，单位为兆帕(MPa)；

$\sigma_{\theta n}$——均匀地应力下切向应力的非线性弹性解，单位为兆帕(MPa)；

σ_h——水平地应力的平均应力，单位为兆帕(MPa)；

p_m——钻井液液柱压力，单位为兆帕(MPa)；

ρ_m——钻井液的密度，单位为克每立方厘米(g/cm³)；

μ_s——静态泊松比；

n——待定系数，资料缺乏时，宜取 $n=0.1$。

J.3.4.3 水平主应力计算公式见式(J-13)和式(J-14)：

$$\sigma_H=\frac{1}{2}\left[\frac{\varepsilon_H\cdot E_s}{1-\mu_s}+\frac{2\mu_s(\sigma_z-\alpha\cdot p_p)}{1-\mu_s}+\frac{\varepsilon_h\cdot E_s}{1+\mu_s}\right]+\alpha\cdot p_p \quad (J-13)$$

$$\sigma_h=\frac{1}{2}\left[\frac{\varepsilon_H\cdot E_s}{1-\mu_s}+\frac{2\mu_s(\sigma_z-\alpha\cdot p_p)}{1-\mu_s}-\frac{\varepsilon_h\cdot E_s}{1+\mu_s}\right]+\alpha\cdot p_p \quad (J-14)$$

式中 σ_H——最大水平地应力，单位为兆帕(MPa)；

σ_h——最小水平地应力，单位为兆帕(MPa)；

ε_H——最大水平应力方向地层构造应力系数，可通过室内声发射实验或水力压裂法实验数据确定出某深度处的 σ_H 值，并代入式(J-13)反算求得；

ε_h——最小主应力方向地层构造应力系数，可通过室内声发射试验或水力压裂法实验数据确定出某深度处 σ_h 值，并代入式(J-14)反算求得；

σ_z——有效垂直应力，单位为兆帕(MPa)；

E_d——动态弹性模量，单位为兆帕(MPa)；

E_s——静态弹性模量，单位为兆帕(MPa)。

J.3.4.4 弹性模量的计算见式(J-15)和式(J-16)。

$$E_d=\frac{\rho\cdot v_s^2(3v_p^2-4v_s^2)}{(v_p^2-v_s^2)}\times10^{-3} \quad (J-15)$$

$$E_s=A_2+K_2\cdot E_d \quad (J-16)$$

其中：

$$A_2=a_{21}+a_{22}\lg(SD)$$

$$K_2=k_{21}+k_{22}\lg(SD)$$

式中 E_d——动态弹性模量，单位为兆帕(MPa)；

E_s——静态弹性模量，单位为兆帕(MPa)；

ρ——岩石密度，单位为克每立方厘米(g/cm³)；

SD——三轴强度实验时的围压差，单位为兆帕(MPa)；

a_{ij}、k_{ij}——回归系数。

J.3.4.5 岩石黏聚力计算见式(J-17)：

$$C=3.326\times10^{-6}\sigma_c\cdot K \quad (J-17)$$

其中：

$$K=\frac{E}{3(1-2\mu_s)}$$

式中 C——岩石黏聚力，单位为兆帕(MPa)；

σ_c——抗压强度，单位为兆帕(MPa)；

K——体积弹性模量，单位为兆帕(MPa)。

J.3.4.6 岩石的内摩擦角计算见式(J-18)：

$$\varphi=2.654\lg\sqrt{M+M^2+1}+20 \quad (J-18)$$

其中：

$$M=58.93-1.785C$$

式中 φ——岩石的内摩擦角，单位为度(°)；

C——岩石黏聚力，单位为兆帕(MPa)。

J.4 地层孔隙压力、破裂压力和坍塌压力预(监)测报告

J.4.1 地层孔隙压力、破裂压力和坍塌压力预(监)测报告的表格形式

地层孔隙压力、破裂压力和坍塌压力预(监)测报告的表格形式见表J-2。

表J-2 ××井地层孔隙压力、破裂压力和坍塌压力数据

起止井深/m	层位	岩性	钻井液当量密度/(g/cm³)			钻井液密度/(g/cm³)
			孔隙压力	破裂压力	坍塌压力	

J.4.2 地层孔隙压力、破裂压力和坍塌压力预(监)测报告的图形形式

地层孔隙压力、破裂压力和坍塌压力的图形形式如图J-2所示。横轴水平向右，表示地层孔隙压力、破裂压力和坍塌压力下的钻井液当量密度，单位为克每立方厘米(g/cm³)，纵轴向下，表示垂直井深，单位为米(m)。

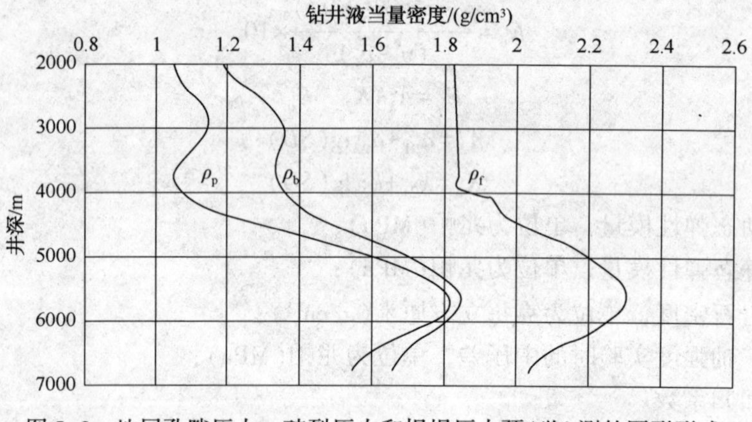

图J-2 地层孔隙压力、破裂压力和坍塌压力预(监)测的图形形式

【SY/T 5623—2009】

附录K　关井操作程序

K.1　陆地钻井关井程序

K.1.1　软关井操作程序

K.1.1.1　钻进中发生溢流时

K.1.1.1.1　发出信号。

K.1.1.1.2　停转盘，停泵，上提方钻杆(带顶驱时为：停顶驱，停泵，上提钻具)。

K.1.1.1.3　开启液(手)动平板阀。

K.1.1.1.4　关防喷器(先关环形防喷器，后关半封闸板防喷器)。

K.1.1.1.5　先关节流阀(试关井)，再关节流阀前端的平板阀。

K.1.1.1.6　观察、记录立管和套管压力以及钻井液增减量，并迅速向队长或钻井技术人员及甲方监督报告。

K.1.1.2　起下钻杆中发生溢流时

K.1.1.2.1　发出信号。

K.1.1.2.2　停止起下钻作业。

K.1.1.2.3　抢接钻具止回阀或旋塞阀。

K.1.1.2.4　开启液(手)动平板阀。

K.1.1.2.5　关防喷器(先关环形防喷器，后关半封闸板防喷器)。

K.1.1.2.6　先关节流阀(试关井)，再关节流阀前端的平板阀。

K.1.1.2.7　观察、记录套管压力以及钻井液增减量，并迅速向队长或钻井技术人员及甲方监督报告。

K.1.1.3　起下钻铤中发生溢流时

K.1.1.3.1　发出信号。

K.1.1.3.2　停止起下钻作业。

K.1.1.3.3　抢接防喷单根或防喷立柱。

K.1.1.3.4　开启液(手)动平板阀。

K.1.1.3.5　关防喷器(先关环形防喷器，后关半封闸板防喷器)。

K.1.1.3.6　先关节流阀(试关井)，再关节流阀前端的平板阀。

K.1.1.3.7　观察、记录套管压力以及钻井液增减量，并迅速向队长或钻井技术人员及甲方监督报告。

K.1.1.4　空井发生溢流时

K.1.1.4.1　发出信号。

K.1.1.4.2　开启液(手)动平板阀。

K.1.1.4.3　关全封闸板防喷器。

K.1.1.4.4　先关节流阀(试关井)，再关节流阀前端的平板阀。

K. 1. 1. 4. 5　观察、记录套管压力以及钻井液增减量，并迅速向队长或钻井技术人员及甲方监督报告。

注：空井发生溢流时，若井内情况允许，可在发出信号后抢下几柱钻杆，然后实施关井。

K. 1. 2　硬关井操作程序

K. 1. 2. 1　钻进中发生溢流时

K. 1. 2. 1. 1　发出信号。

K. 1. 2. 1. 2　停转盘，停泵，上提方钻杆(带顶驱时为：停顶驱，停泵，上提钻具)。

K. 1. 2. 1. 3　关防喷器(先关环形防喷器，后关半封闸板防喷器)。

K. 1. 2. 1. 4　关节流阀前端的平板阀。

K. 1. 2. 1. 5　开启液(手)动平板阀。

K. 1. 2. 1. 6　观察、记录立管和套管压力以及钻井液增减量，并迅速向队长或钻井技术人员及甲方监督报告。

K. 1. 2. 2　起下钻杆中发生溢流时

K. 1. 2. 2. 1　发出信号。

K. 1. 2. 2. 2　停止起下钻作业。

K. 1. 2. 2. 3　抢接钻具止回阀或旋塞阀。

K. 1. 2. 2. 4　关防喷器(先关环形防喷器，后关半封闸板防喷器)。

K. 1. 2. 2. 5　关节流阀前端的平板阀。

K. 1. 2. 2. 6　开启液(手)动平板阀。

K. 1. 2. 2. 7　观察、记录套管压力以及钻井液增减量，并迅速向队长或钻井技术人员及甲方监督报告。

K. 1. 2. 3　起下钻铤中发生溢流时

K. 1. 2. 3. 1　发出信号。

K. 1. 2. 3. 2　停止起下钻作业。

K. 1. 2. 3. 3　抢接防喷单根或防喷立柱。

K. 1. 2. 3. 4　关防喷器(先关环形防喷器，后关半封闸板防喷器)。

K. 1. 2. 3. 5　关节流阀前端的平板阀。

K. 1. 2. 3. 6　开启液(手)动平板阀。

K. 1. 2. 3. 7　观察、记录套管压力以及钻井液增减量，并迅速向队长或钻井技术人员及甲方监督报告。

K. 1. 2. 4　空井发生溢流时

K. 1. 2. 4. 1　发出信号。

K. 1. 2. 4. 2　关全封闸板防喷器。

K. 1. 2. 4. 3　关节流阀前端的平板阀。

K. 1. 2. 4. 4　开启液(手)动平板阀。

K. 1. 2. 4. 5　观察、记录套管压力以及钻井液增减量，并迅速向队长或钻井技术人员及甲方监督报告。

注：空井发生溢流时，若井内情况允许，可在发出信号后抢下几柱钻杆，然后实施关井。

K. 1. 3　使用剪切闸板防喷器剪断井内钻具/油管操作程序

K.1.3.1 确保钻具/油管接头不在剪切闸板防喷器剪切位置后，锁定钻机刹车系统。

K.1.3.2 关闭剪切闸板防喷器上面的环形防喷器。

K.1.3.3 打开放喷管线闸阀泄压。

K.1.3.4 在转盘面上的钻具/油管上适当位置处安装相应的钻具死卡，并与钻机底座连接固定。

K.1.3.5 打开剪切闸板防喷器上面和下面的半封闸板防喷器。

K.1.3.6 打开防喷器远程控制台蓄能器旁通阀，关闭剪切闸板防喷器，直到剪断井内钻具/油管。

K.1.3.7 关闭全封闸板防喷器，控制井口。

K.1.3.8 手动锁紧全封闸板防喷器和剪切闸板防喷器。

K.1.3.9 关闭防喷器远程控制台蓄能器旁通阀，将防喷器远程控制台管汇压力调整至常规值。【GB/T 31033—2014】

K.2 海洋钻井关井操作程序

K.2.1 固定式/自升式钻井装置的硬关井推荐程序

K.2.1.1 钻进时关井程序

K.2.1.1.1 发出溢流信号。

K.2.1.1.2 停钻，上提钻具。

K.2.1.1.3 停顶驱及钻井泵。

K.2.1.1.4 关闭环形防喷器后再关闭闸板防喷器。

K.2.1.1.5 打开遥控放喷阀。

K.2.1.1.6 报告钻井监督和高级队长。

K.2.1.1.7 连续记录关井后15min内每1min的立管和套管压力值及钻井液的增量。

K.2.1.2 起下钻杆关井程序

K.2.1.2.1 发出溢流信号。

K.2.1.2.2 停止起下钻，抢接钻杆内防喷工具。

K.2.1.2.3 关闭环形防喷器。

K.2.1.2.4 调整钻具位置，再关闭闸板防喷器。

K.2.1.2.5 打开遥控放喷阀。

K.2.1.2.6 报告钻井监督和高级队长。

K.2.1.2.7 连续记录关井后15min内每1min的立管和套管压力值及钻井液的增量。

K.2.1.3 起下钻铤关井程序：

K.2.1.3.1 发出溢流信号。

K.2.1.3.2 停止起下钻，抢接防喷单根或防喷钻杆立柱。

K.2.1.3.3 关闭环形防喷器。

K.2.1.3.4 调整钻具位置，再关闭闸板防喷器。

K.2.1.3.5 打开遥控放喷阀。

K.2.1.3.6 报告钻井监督和高级队长。

K.2.1.3.7 连续记录关井后15min内每1min的立管和套管压力值及钻井液的增量。

K.2.1.4 下套管关井程序

K. 2. 1. 4. 1　发出溢流信号。

K. 2. 1. 4. 2　停止下套管，抢接防喷单根或防喷钻杆立柱。

K. 2. 1. 4. 3　关闭环形防喷器。

K. 2. 1. 4. 4　调整钻具位置，再关闭闸板防喷器。

K. 2. 1. 4. 5　打开遥控放喷阀。

K. 2. 1. 4. 6　报告钻井监督和高级队长。

K. 2. 1. 4. 7　连续记录关井后 15min 内每 1min 的套管压力值及钻井液的增量。

K. 2. 1. 5　空井关井程序

K. 2. 1. 5. 1　发出溢流信号。

K. 2. 1. 5. 2　关闭剪切/全封闸板防喷器。

K. 2. 1. 5. 3　打开遥控放喷阀。

K. 2. 1. 5. 4　报告钻井监督和高级队长。

K. 2. 1. 5. 5　连续记录关井后 15min 内每 1min 的套管压力值及钻井液的增量。

K. 2. 1. 6　测井作业关井程序

K. 2. 1. 6. 1　发出溢流信号。

K. 2. 1. 6. 2　停止测井作业，关闭环形防喷器。

K. 2. 1. 6. 3　打开遥控放喷阀。

K. 2. 1. 6. 4　报告钻井监督和高级队长。

K. 2. 1. 6. 5　连续记录关井后 15min 内每 1min 的套管压力值及钻井液的增量。

K. 2. 2　浮式钻井装置的硬关井推荐程序

K. 2. 2. 1　钻进时关井程序

K. 2. 2. 1. 1　发出溢流信号。

K. 2. 2. 1. 2　停钻，上提钻具。

K. 2. 2. 1. 3　停顶驱及钻井泵。

K. 2. 2. 1. 4　关闭环形防喷器后再关闭闸板防喷器。

K. 2. 2. 1. 5　打开节流端的水下事故安全阀。

K. 2. 2. 1. 6　报告钻井监督和高级队长。

K. 2. 2. 1. 7　连续记录关井后 15min 内每 1min 的立管和套管压力值及钻井液的增量。

K. 2. 2. 2　起下钻杆关井程序(防喷器组位置为钻杆)

K. 2. 2. 2. 1　发出溢流信号。

K. 2. 2. 2. 2　停止起下钻，抢接钻杆内防喷工具。

K. 2. 2. 2. 3　调整钻具位置。

K. 2. 2. 2. 4　关闭环形防喷器后再关闭闸板防喷器。

K. 2. 2. 2. 5　打开节流端的水下事故安全阀。

K. 2. 2. 2. 6　报告钻井监督和高级队长。

K. 2. 2. 2. 7　连续记录关井后 15min 内每 1min 的立管和套管压力值及钻井液的增量。

K. 2. 2. 3　起下钻铤关井程序(防喷器组位置为钻铤)

K. 2. 2. 3. 1　发出溢流信号。

K. 2. 2. 3. 2　停止起下钻作业，抢接防喷钻杆立柱。

K. 2. 2. 3. 3　关闭环形防喷器。

K. 2. 2. 3. 4　调整钻具位置，再关闭闸板防喷器。

K. 2. 2. 3. 5　打开节流端的水下事故安全阀。

K. 2. 2. 3. 6　报告钻井监督和高级队长。

K. 2. 2. 3. 7　连续记录关井后 15min 内每 1min 的立管和套管压力值及钻井液的增量。

K. 2. 2. 4　下套管关井程序(防喷器组位置为套管)

K. 2. 2. 4. 1　发出溢流信号。

K. 2. 2. 4. 2　停止下套管，抢接防喷单根或防喷钻杆立柱(或套管循环头及管线)。

K. 2. 2. 4. 3　关闭环形防喷器(或套管闸板防喷器)。

K. 2. 2. 4. 4　打开节流端的水下事故安全阀。

K. 2. 2. 4. 5　报告钻井监督和高级队长。

K. 2. 2. 4. 6　连续记录关井后 15min 内每 1min 的套管压力值及钻井液的增量。

K. 2. 2. 5　空井关井程序

K. 2. 2. 5. 1　发出溢流信号。

K. 2. 2. 5. 2　迅速关剪切/全封闸板防喷器。

K. 2. 2. 5. 3　打开节流端的水下事故安全阀。

K. 2. 2. 5. 4　报告钻井监督和高级队长。

K. 2. 2. 5. 5　连续记录关井后 15min 内每 1min 的套管压力值及钻井液的增量。

K. 2. 2. 6　测井作业关井程序

K. 2. 2. 6. 1　发出溢流信号。

K. 2. 2. 6. 2　停止测井作业，关闭环形防喷器。

K. 2. 2. 6. 3　打开节流端的水下事故安全阀。

K. 2. 2. 6. 4　通知钻井监督和高级队长。

K. 2. 2. 6. 5　连续记录关井后 15min 内每 1min 的套管压力值及钻井液的增量。

K. 2. 3　固定式/自升式钻井装置的软关井推荐程序

K. 2. 3. 1　钻进时关井程序

K. 2. 3. 1. 1　发出溢流信号。

K. 2. 3. 1. 2　停止钻进，上提钻具，停顶驱及钻井泵。

K. 2. 3. 1. 3　打开遥控放喷阀。

K. 2. 3. 1. 4　关闭环形防喷器后再关闭闸板防喷器。

K. 2. 3. 1. 5　关闭节流管汇上的遥控节流阀。

K. 2. 3. 1. 6　报告钻井监督和高级队长。

K. 2. 3. 1. 7　连续记录关井后 15min 内每 1min 的立管和套管压力值及钻井液的增量。

K. 2. 3. 2　起下钻杆关井程序

K. 2. 3. 2. 1　发出溢流信号。

K. 2. 3. 2. 2　停止起下钻，抢接钻杆内防喷工具。

K. 2. 3. 2. 3　打开遥控放喷阀。

K. 2. 3. 2. 4　关闭环形防喷器后再关闭闸板防喷器。

K. 2. 3. 2. 5　关闭节流管汇上的遥控节流阀。

K. 2. 3. 2. 6　报告钻井监督和高级队长。

K. 2. 3. 2. 7　连续记录关井后 15min 内每 1min 的立管和套管压力值及钻井液的增量。

K.2.3.3　起下钻铤关井程序

K.2.3.3.1　发出溢流信号。

K.2.3.3.2　停止起下钻，抢接防喷单根或防喷钻杆立柱。

K.2.3.3.3　打开遥控放喷阀。

K.2.3.3.4　关闭环形防喷器，调整钻具位置，再关闭闸板防喷器。

K.2.3.3.5　关闭节流管汇上的遥控节流阀。

K.2.3.3.6　报告钻井监督和高级队长。

K.2.3.3.7　连续记录关井后15min内每1min的立管和套管压力值及钻井液的增量。

K.2.3.4　下套管关井程序

K.2.3.4.1　发出溢流信号。

K.2.3.4.2　停止下套管，抢接防喷单根或防喷钻杆立柱。

K.2.3.4.3　打开遥控放喷阀。

K.2.3.4.4　关闭环形防喷器，调整钻具位置，再关闭闸板防喷器。

K.2.3.4.5　关闭节流管汇上的遥控节流阀。

K.2.3.4.6　报告钻井监督和高级队长。

K.2.3.4.7　连续记录关井后15min内每1min的套管压力值及钻井液的增量。

K.2.3.5　空井关井程序

K.2.3.5.1　发出溢流信号。

K.2.3.5.2　打开遥控节流阀。

K.2.3.5.3　关闭剪切/全封闸板防喷器。

K.2.3.5.4　关闭节流管汇上的遥控节流阀。

K.2.3.5.5　报告钻井监督和高级队长。

K.2.3.5.6　连续记录关井后15min内每1min的套管压力值和钻井液的增量。

K.2.3.6　测井作业关井程序

K.2.3.6.1　发出溢流信号。

K.2.3.6.2　停止测井作业。

K.2.3.6.3　打开遥控放喷阀。

K.2.3.6.4　关闭环形防喷器。

K.2.3.6.5　关闭节流管汇上的遥控节流阀。

K.2.3.6.6　报告钻井监督和高级队长。

K.2.3.6.7　连续记录关井后15min内每1min的套管压力值和钻井液的增量。

K.2.4　浮式钻井装置的软关井推荐程序

K.2.4.1　钻进时关井程序

K.2.4.1.1　发出溢流信号。

K.2.4.1.2　停钻，上提钻具，停顶驱及钻井泵。

K.2.4.1.3　打开节流端的水下事故安全阀。

K.2.4.1.4　关闭环形防喷器后再关闭闸板防喷器。

K.2.4.1.5　关闭节流管汇上的遥控节流阀。

K.2.4.1.6　报告钻井监督和高级队长。

K.2.4.1.7　连续记录关井后15min内每1min的立管和套管压力值及钻井液的增量。

K. 2. 4. 2　起下钻杆关井程序(防喷器组位置为钻杆)

K. 2. 4. 2. 1　发出溢流信号。

K. 2. 4. 2. 2　停止起下钻，抢接钻杆内防喷工具，调整钻具位置。

K. 2. 4. 2. 3　打开节流端的水下事故安全阀。

K. 2. 4. 2. 4　关闭环形防喷器后再关闭闸板防喷器。

K. 2. 4. 2. 5　关闭节流管汇上的遥控节流阀。

K. 2. 4. 2. 6　报告钻井总监和高级队长。

K. 2. 4. 2. 7　连续记录关井后 15min 内每 1min 的立管和套管压力值及钻井液的增量。

K. 2. 4. 3　起下钻铤关井程序(防喷器组位置为钻铤)

K. 2. 4. 3. 1　发出溢流信号。

K. 2. 4. 3. 2　停止起下钻，抢接防喷单根或防喷钻杆立柱。

K. 2. 4. 3. 3　打开节流端的水下事故安全阀。

K. 2. 4. 3. 4　关闭环形防喷器，调整钻具位置，再关闭闸板防喷器。

K. 2. 4. 3. 5　关闭节流管汇上的遥控节流阀。

K. 2. 4. 3. 6　报告钻井总监和高级队长。

K. 2. 4. 3. 7　连续记录关井后 15min 内每 1min 的立管和套管压力值及钻井液的增量。

K. 2. 4. 4　下套管关井程序(防喷器组位置为套管)

K. 2. 4. 4. 1　发出溢流信号。

K. 2. 4. 4. 2　停止下套管，抢接防喷单根或防喷钻杆立柱(或套管循环头及管线)。

K. 2. 4. 4. 3　打开节流端的水下事故安全阀。

K. 2. 4. 4. 4 关闭环形防喷器(或套管闸板防喷器)。

K. 2. 4. 4. 5　关闭节流管汇上的遥控节流阀。

K. 2. 4. 4. 6　报告钻井总监和高级队长。

K. 2. 4. 4. 7　连续记录关井后 15min 内每 1min 的套管压力值及钻井液的增量。

K. 2. 4. 5　空井关井程序

K. 2. 4. 5. 1　发出溢流信号。

K. 2. 4. 5. 2　打开节流端的水下事故安全阀。

K. 2. 4. 5. 3　关闭剪切/全封闸板防喷器。

K. 2. 4. 5. 4　关闭节流管汇上的遥控节流阀。

K. 2. 4. 5. 5　报告钻井总监和高级队长。

K. 2. 4. 5. 6　连续记录关井后 15min 内每 1min 的套管压力值及钻井液的增量。

K. 2. 4. 6　测井作业关井程序

K. 2. 4. 6. 1　发出溢流信号。

K. 2. 4. 6. 2　停止测井作业。

K. 2. 4. 6. 3　打开节流端的水下事故安全阀。

K. 2. 4. 6. 4　关闭环形防喷器。

K. 2. 4. 6. 5　关闭节流管汇上的遥控节流阀。

K. 2. 4. 6. 6　报告钻井总监和高级队长。

K. 2. 4. 6. 7　连续记录关井后 15min 内每 1min 的套管压力值及钻井液的增量。【SY/T 7453—2019】

附录 L　欠平衡钻井井控特殊要求

L.1　设计依据和主要内容

L.1.1　设计依据

L.1.1.1　地质设计：包括但不限于油气藏类型，油气水层分布及性质、地质分层、岩性、岩石理化特性和矿物组分，地层孔隙压力、坍塌压力和破裂压力、地表温度和地温梯度。

L.1.1.2　井场周边地理环境。

L.1.1.3　实施欠平衡钻井的目的。

L.1.1.4　邻井及本井已钻井段的钻井、测井和测试等地质工程资料。

L.1.1.5　宜提供油藏工程数据，估算地层流体产量，计算数据如下：

——油井计算数据见表 L-1；

——气井计算数据见表 L-2。

表 L-1　计算油层产量的油藏工程数据表

序号	层段/m	有效厚度/m	原始地层压力系数	近期地层压力系数	渗透率/$10^{-3}\mu m^2$	孔隙度/%	油黏度/mPa·s	油密度/(g/cm^3)	溶解气油比/(m^3/m^3)	综合压缩系数/Pa^{-1}	采油指数/[t/(d·MPa·m)]	地层流体产量[a]/(m^3/d)		
												油	气	水

[a]气相欠平衡钻井计算参数

表 L-2　计算气层产量的油藏工程数据表

序号	层段/m	有效厚度/m	原始地层压力系数	近期地层压力系数	渗透率/$10^{-3}\mu m^2$	孔隙度/%	气体黏度/mPa·s	气体相对密度	综合压缩系数/Pa^{-1}	绝对无阻流量/(m^3/d)

L.1.2　设计内容

L.1.2.1　井身结构、套管强度的要求：

a）井身结构设计应考虑欠平衡钻井作业可能导致的井壁失稳问题及随钻产出地层流体对作业造成的影响，产层欠平衡钻井技术套管宜封至产层顶部；

b）对欠平衡钻井井段的上层套管抗挤强度进行校核。气相欠平衡钻井井段的上层套管抗外挤强度按全掏空进行校核，抗外挤安全系数不小于 1.00。

L.1.2.2　井口和地面设备选择配套及地面流程示意图。

L.1.2.3　工艺流程、钻具组合、钻井参数、井控要求以及发生异常情况的处理措施等。

L.1.2.4　液相欠平衡钻井的欠压值、钻井液类型选择，水力参数设计参见表 L-3。

表 L-3　欠平衡钻井水力参数设计

井段/m	液相密度/(g/cm³)	液体注入量/(L/s)	气体注入量/(m^3/min)	套压/MPa	立压/MPa	地层压力/MPa	当量循环密度/(g/cm³)	欠平衡压差/MPa	环空压耗/MPa	最低环空返速/(m/s)

L.1.2.5　气相欠平衡钻井井下燃爆监测及防燃爆措施。

L.1.2.6　终止条件。

L.1.2.7　健康、安全、环保要求。

L.2　循环介质的选择及要求

L.2.1　循环介质的选择

L.2.1.1　纯液相欠平衡钻井可选择水基钻井液、油基钻井液等液相钻井液。

L.2.1.2　充气钻井的气相主要是空气和氮气，进入储层，充气钻井应使用氮气作为气相。

L.2.1.3　气相欠平衡钻井在无油气产出的情况下，可选择空气作为气相，否则应选择氮气或天然气作为气相。

L.2.2　循环介质的要求

L.2.2.1　液相钻井液应与储层岩性、流体具有良好的配伍性，满足油气层保护的要求。

L.2.2.2　液相钻井液应具有良好的维护井壁稳定性能。

L.2.2.3　钻井液黏度应利于地面油气分离，同时利于控制气体滑脱速度。

L.2.2.4　充气钻井液的基浆宜与储层流体具有良好的配伍性和稳定井壁作用，应能使充入的气体均匀地包裹在液相中，并能对返出井口的流体进行气液分离。

L.2.2.5　天然气钻井气源的气质和气量应满足天然气钻井的要求。

L.3　参数设计

L.3.1　液相欠平衡钻井

L.3.1.1　欠压值的设计。

a）欠压值小于孔隙压力与地层坍塌压力之差值；

b）欠压值应结合地面设备能力进行设计；

c）根据储层类型和岩性特点确定欠压值的大小，避免储层发生应力损害；

d）根据地层产液(气)量确定欠压值的原则：

——产液(气)量多，则欠压值尽可能小，反之欠压值适当放大；

——气油比高，则欠压值尽可能小，反之欠压值适当放大。

L.3.1.2　其他参数设计。

a. 纯液相欠平衡钻井。

a）设计的最大套压值不宜超过旋转控制头(旋转防喷器)动密封压力的50%；

b）钻具转速应不超过旋转控制头(旋转防喷器)额定转速；

c）钻井液密度，按式(L-1)计算；

$$\rho_m=\frac{102(p_p-\Delta p-p_{af}-p_a)}{h} \tag{L-1}$$

式中 ρ_m——钻井液密度，单位为克每立方厘米(g/cm^3)；

p_p——地层压力，单位为兆帕(MPa)；

Δp——欠压值，单位为兆帕(MPa)；

p_{af}——环空压耗，单位为兆帕(MPa)；

p_a——套压，单位为兆帕(MPa)；

h——垂深，单位为米(m)。

d) 紊流时，环空压耗按式(L-2)计算：

$$p_{af}=\frac{7628\rho_m^{0.8}\cdot\mu_p^{0.2}\cdot L\cdot Q^{1.8}}{(D_h-D_p)^3\cdot(D_h+D_p)^{1.8}} \tag{L-2}$$

式中 μ_p——塑性黏度，单位为毫帕秒(mPa·s)；

L——钻柱(钻杆或钻铤)长度，单位为米(m)；

Q——排量，单位为升每秒(L/s)；

D_h——井眼直径或套管内径，单位为毫米(mm)；

D_p——钻柱(钻杆或钻铤)外径，单位为毫米(mm)。

e) 层流时，环空压耗按式(L-3)计算：

$$p_{af}=\frac{61.1\cdot\mu_p\cdot Q\cdot L}{(D_h-D_p)^3\cdot(D_h+D_p)}+\frac{0.004\tau_y\cdot L}{D_h-D_p} \tag{L-3}$$

式中 τ_y——屈服值，单位为帕(Pa)。

f) 更准确地计算宜采用多相流专用软件设计；

g) “泥浆帽”钻井设计要点如下：

——确定油气藏压力；

——确定环空“泥浆帽”流体密度；

——计算钻杆注入排量，常规井满足携岩要求，使用动力钻具时应满足动力钻具的正常工作要求；

——计算立管注入压力；

——计算环空注入排量，始终保持套压低于设计值。

b. 充气钻井液钻井。

a) 主要设计液体排量、气体排量、设计钻井液类型及密度等相关钻井液性能参数，应满足如下要求：

——充气钻井液当量循环密度小于地层压力当量钻井液密度；

——满足携岩要求；

——采用动力钻具时，钻头处的体积流量应满足动力钻具的工作要求。

b) 处于静压控制区时，按式(L-4)确定气液比，更准确地计算宜采用多相流专用软件设计。

$$R=\frac{0.0098h_v\cdot\rho_f-(p_2-p_1)}{3.458\times10^{-4}T_a\cdot\ln\left(\frac{p_2}{p_1}\right)-1.156\times10^{-5}h_v} \tag{L-4}$$

c) 钻柱、连续油管或伴生井注气按式(L-5)计算预期的绝对井眼静液柱压力：

$$p_2=p_1+0.0098h_v\cdot\rho_d \tag{L-5}$$

d）同心管或寄生管注气按式（L-6）计算预期的绝对井眼静液柱压力：

$$p_2=p_1+0.0098h_v\cdot\rho_d-0.0098(h_v-h_p)\rho_f \tag{L-6}$$

式中 R——标准状态下的气液比；

h_v——垂深，单位为米（m）；

ρ_f——液相密度，单位为克每立方厘米（g/cm^3）；

p_2——预期的绝对井眼静液柱压力，单位为兆帕（MPa）；

p_1——绝对地面压力，单位为兆帕（MPa）（无回压时，为0.101325MPa）；

T_a——平均环空温度，单位为开（K）；

ρ_d——预期的充气钻井液平均密度，单位为克每立方厘米（g/cm^3）；

h_p——寄生管的深度，单位为米（m）。

e）充气钻井液钻井处于摩阻控制区时，使用多相流专用软件设计液体流量和气体流量。考虑到充气钻井井底压力控制的稳定性，建议在设备能力具备的前提下，应将充气钻井液钻井控制在摩阻控制区。

L.3.2 气相欠平衡钻井

L.3.2.1 气体、雾化钻井。

a）不同尺寸井眼所需气量推荐参见表L-4；

表L-4 不同尺寸井眼所需气量推荐表

井眼尺寸/mm	介质	井段/m	推荐气量/（m^3/min）
444.5	空气	<1000	110~130
		1000~2000	130~150
	雾化	<1000	150~180
		1000~2000	180~260
311.2	空气 氮气 天然气	<1000	80~110
		1000~2000	90~140
		2000~3000	120~170
		3000~4000	150~210
	雾化	<1000	110~160
		1000~2000	150~200
		2000~3000	190~250
		3000~4000	240~300
241.3	空气 氮气 天然气	<1000	70~80
		1000~2000	80~120
		2000~3000	100~130
		3000~4000	140~180
	雾化	<1000	100~150
		1000~2000	120~150
		2000~3000	150~200
		3000~4000	200~240
215.9	空气 氮气 天然气	<1000	60~90
		1000~2000	70~115
		2000~3000	80~120
		3000~4000	90~135
		4000~5000	100~170

续表

井眼尺寸/mm	介　质	井段/m	推荐气量/(m^3/min)
215.9	雾化	<1000	70~110
		1000~2000	100~140
		2000~3000	130~170
		3000~4000	160~190
		4000~5000	180~240
152.4	空气 氮气 天然气	<1000	30~55
		1000~2000	45~70
		2000~3000	55~80
		3000~4000	65~90
		4000~5000	75~100
		5000~6000	85~110
	雾化	<1000	40~65
		1000~2000	65~85
		2000~3000	65~95
		3000~4000	85~110
		4000~5000	95~135
		5000~6000	105~165

b）钻具转速不超过旋转控制头(旋转防喷器)额定转速；

c）同样井眼条件下，雾化钻井的气体流量比气体钻井高40%左右。

L. 3. 2. 2　泡沫钻井。

a）泡沫钻井应采用多相流专用软件设计气体流量和液体流量；

b）井口泡沫质量应不大于97%，井底泡沫质量应大于55%；

c）针对不同的地层，设计泡沫具有抗油、抗盐、抗温等抗污染能力；

d）设计泡沫半衰期应在一个循环时间的1. 2~1. 5倍。

L. 4　压井液和加重材料储备

L. 4. 1　液相欠平衡钻井

L. 4. 1. 1　加重材料：

按照GB/T 31033的规定储备加重材料。

L. 4. 1. 2　压井液密度：

a）探井、预测压力系数范围较大的井，储备压井液密度以地质设计提供的最大压力系数为基准，密度附加0. 20g/cm^3~0. 25g/cm^3；

b）开发井储备压井液密度按照0. 15g/cm^3~0. 20g/cm^3附加；

c）实际压井液密度参照GB/T 31033的规定选取。

L. 4. 1. 3　压井液数量：

a）探井、预测压力系数范围较大的井，压井液数量按照最大井筒容积的1. 5~2倍储备；

b）开发井压井液数量按照最大井筒容积的1~1. 5倍储备。

L. 4. 1. 4　压井液性能：

应与地层岩性、流体具有良好的配伍性。

L. 4. 2　气相欠平衡钻井

L. 4. 2. 1　加重材料：

按照GB/T 31033的规定储备加重材料。

L. 4. 2. 2　压井液密度和数量：

a）非目的层气相欠平衡钻井应准备 1 倍井筒容积以上的近平衡钻井液；

b）储层钻井应储备 1 倍井筒容积以上、密度高于设计中的最大地层压力当量密度 0. 2g/cm^3~0. 4g/cm^3 的加重钻井液；若后勤供应与井场距离较远，运输路况较差，则储备液数量按照最大井筒容积的 2 倍储备。

L. 4. 2. 3　压井液性能：

应与地层岩性、流体具有良好的配伍性。

L. 5　钻井设备、钻具和工具的配置

L. 5. 1　设备配置要求

L. 5. 1. 1　地面设备：

欠平衡钻井地面设备配置见表 L–5。

表 L–5　欠平衡钻井地面设备配置

配套装置	欠平衡钻井方式					
	名称	纯液相钻井液	充气钻井液	空气/雾化/泡沫	氮气	天然气
压力控制装置	旋转控制头[a]	√	√	√	√	√
	液动平板阀	△	△	△	△	△
	专用节流管汇	△	△			
流体分离装置	液气分离器	√	△			
	撇油罐[b]	△	△			
气体燃烧装置	点火装置	√	△	△	√	√
	火炬	√	△	△		
	防回火装置	√	△	△	△	△
	排屑管线		△	△	√	√
	排气管线	√	△			
注入装置	空气压缩机		√	√	√	
	增压机[c]		√	√	√	√
	氮气装置[d]		△	△	√	
	雾泵			△		
不压井起下钻装置[e]	套管阀	△	△			
	强制起下钻装置	△	△		△	△

注："√"必选；"△"可选。

[a]可以使用旋转防喷器。

[b]仅适用于油井。

[c]天然气钻井选专用增压机。

[d]根据现场实际情况选用。

[e]用于不压井起下钻作业

L. 5. 1. 2　井口设备。

a. 旋转控制头系统：

a）旋转控制头系统应符合 GB/T 25430 的规定；

b）旋转控制头系统包括旋转控制头、液压控制系统、冷却润滑站等；

c）闸板防喷器大于或等于70MPa的井应选择动密封不小于17.5MPa的旋转控制头；

d）通径选择应考虑钻井、完井作业管串及附件的最大外径和施工工艺的要求；

e）旋转控制头的法兰形式、法兰尺寸、法兰用密封垫环及技术要求应符合GB/T 22513的规定；

f）使用胶芯的尺寸应与所用18°斜坡钻杆及六方方钻杆尺寸匹配；

g）使用转盘钻井时，应配备、安装方钻杆驱动器，其尺寸应与使用的六方方钻杆相匹配；

b. 旋转防喷器系统：

a）旋转防喷器系统应符合GB/T 25430的规定；

b）旋转防喷器系统包括旋转防喷器、监控箱、液压控制系统和压力测试管汇等；

c）闸板防喷器大于等于70MPa的井要求选择动密封不小于17.5MPa的旋转防喷器；

d）通径选择应考虑钻井、完井作业管串及附件的最大外径和施工工艺的要求；

e）液压控制系统应能够保证旋转防喷器实现抱紧、泄压、设定抱紧压力值等功能，并且配备在主控制泵失效后仍能够有效控制旋转防喷器的应急系统；

f）监控箱应设置远程控制及数据显示装置，设置声光报警装置，能够远程监测环空压力和系统的工作情况，能够远程控制、操作系统工作，能够远程调节工作参数；

g）旋转防喷器应配备泄压装置；

h）使用转盘钻时是否需使用方钻杆驱动器，应根据具体设备确定。

c. 井口装置：

配备SY/T 5964所规定的井口装置，组合形式、压力等级和尺寸系列符合GB/T 31033的规定。

L.5.1.3　液动平板阀。

液相欠平衡钻井液动平板阀的压力等级不小于旋转控制头(旋转防喷器)的静压，通径不小于旋转控制头(旋转防喷器)的旁通孔通径。

L.5.1.4　井控管汇。

a）井控管汇的配备应符合SY/T 5964的规定；

b）在压井管汇处应配置两个压井管线接口，一个接压井车，一个通过铠装防火软管(或钢管)接至钻井泵。

L.5.1.5　欠平衡专用节流管汇。

a）液相欠平衡钻井宜使用专用节流管，并符合SY/T 5323的规定；

b）配备相同压力级别的压力表和读数精度为0.1MPa的小量程压力表；

c）应设置两通道或三通道节流线路；

d）节流阀的公称通径不小于65mm。

L.5.1.6　液气分离器。

a）液气分离器包括罐体、进浆管线、出浆管线、排渣管线、排气管线、压力表和安全阀等；

b）液气分离器与节流管汇连接管线可根据现场情况选择高压钢管或高压软管连接，软管两端安装安全链；

c）高压钢管连接应采用壁厚不小9mm、通径不小于100mm的硬管，转弯处应采用防冲蚀的铸(锻)钢弯头；

d）高压软管连接应采用通径不小于100mm的高压软管，管线中部用基墩固定；

e）液气分离器额定工作压力不低于1MPa，处理量不小于井口返出流体流量的1.5～2倍，气体分离能力应大于预计井最大压差下的最大产气量；当一个液气分离器的处理量满足不了要求时，允许采用两台以上的液气分离器并联使用。为了提高分离效率，可采用两台以上的液气分离器串联使用；

f）根据最高产气量，按式(L-7)确定液气分离器的最高工作压力：

$$p_i=\sqrt{\frac{8.736q_{sc}^2\cdot r_g\cdot L_g\cdot T\cdot Z}{d^{16/3}}+p_o^2} \tag{L-7}$$

式中 p_i——排气管入口的气体压力，单位为兆帕(MPa)；

q_{sc}——标准状态下的产气量，单位为立方米每天(m^3/d)；

r_g——气体相对密度；

L_g——管线全长，单位为米(m)；

T——管内气体温度，单位为开(K)；

Z——气体平均偏差系数；

d——排气管内径，单位为毫米(mm)；

p_o——排气管出口的气体压力，单位为兆帕(MPa)。

g）根据液气分离器最高工作压力来控制液气分离器工作液面，可用节流和静液两种方法控制。按静液法控制时，U形管高度按公式(L-8)计算：

$$h=102(p_i-p_o)/\rho \tag{L-8}$$

式中 h——U形管高度，单位为米(m)；

ρ——U形管或分离器内流体密度，单位为克每立方厘米(g/cm^3)。

L.5.1.7 气体燃烧装置。

a）气体燃烧处理装置包括排气管线(排屑管线)、防回火装置、点火装置和火炬等；

b）排屑管线直径不小于203mm。排气管线的通径应不小于液气分离器气体出口通径，或根据最大产气量和液气分离器的额定压力确定排气管线直径，按Weymouth公式计算，见式(L-9)。

$$d=2.667\sqrt{270q_{sc}\cdot\frac{p_{sc}}{T_{sc}}\cdot\left(\frac{p_i^2-p_o^2}{1000r_g\cdot L_g\cdot T\cdot Z}\right)^2} \tag{L-9}$$

式中 d——排气管内径，单位为毫米(mm)；

q_{sc}——标准状态下的产气量，单位为立方米每天(m^3/d)；

p_{sc}——标准状态下的压力，单位为兆帕(MPa)，取0.101325MPa；

T_{sc}——标准状态下的温度，单位为开(K)；

p_i——排气管入口的气体压力，单位为兆帕(MPa)；

p_o——排气管出口的气体压力，单位为兆帕(MPa)；

r_g——气体相对密度；

L_g——管线全长，单位为米(m)；

T——管内气体温度，单位为开(K)；

Z——气体平均偏差系数。

L. 5. 1. 8　撇油罐。

a）撇油罐应设置进浆装置、撇油装置、分离室、砂泵、油泵等；

b）撇油罐的处理能力应大于井口返出流体量的 1. 5 倍。

L. 5. 1. 9　注入装置

a. 气体注入设备：

a）气体注入设备包括空压机、制氮机、增压机等；采用液氮要配置换热器（汽化器）、液氮泵和液氮储备罐等；采用天然气钻井气源压力低时，应配置天然气增压机，天然气气质满足增压机处理要求；

b）根据钻井工程设计的排量和压力要求，结合实际海拔及气压条件确定注气设备规格与用量；

c）气体注入设备的排量与压力级别应留有余地。

b. 液体注入设备：

雾化、泡沫钻井用雾泵或钻井液泵等注入设备。

L. 5. 1. 10　地面流程布置

纯液相欠平衡钻井地面流程示意图参见图 L-1，充气钻井液钻井地面流程示意图参见图 L-2，空气/氮气/雾化/泡沫欠平衡钻井地面流程示意图参见图 L-3，天然气欠平衡钻井地面流程示意图见图 L-4。

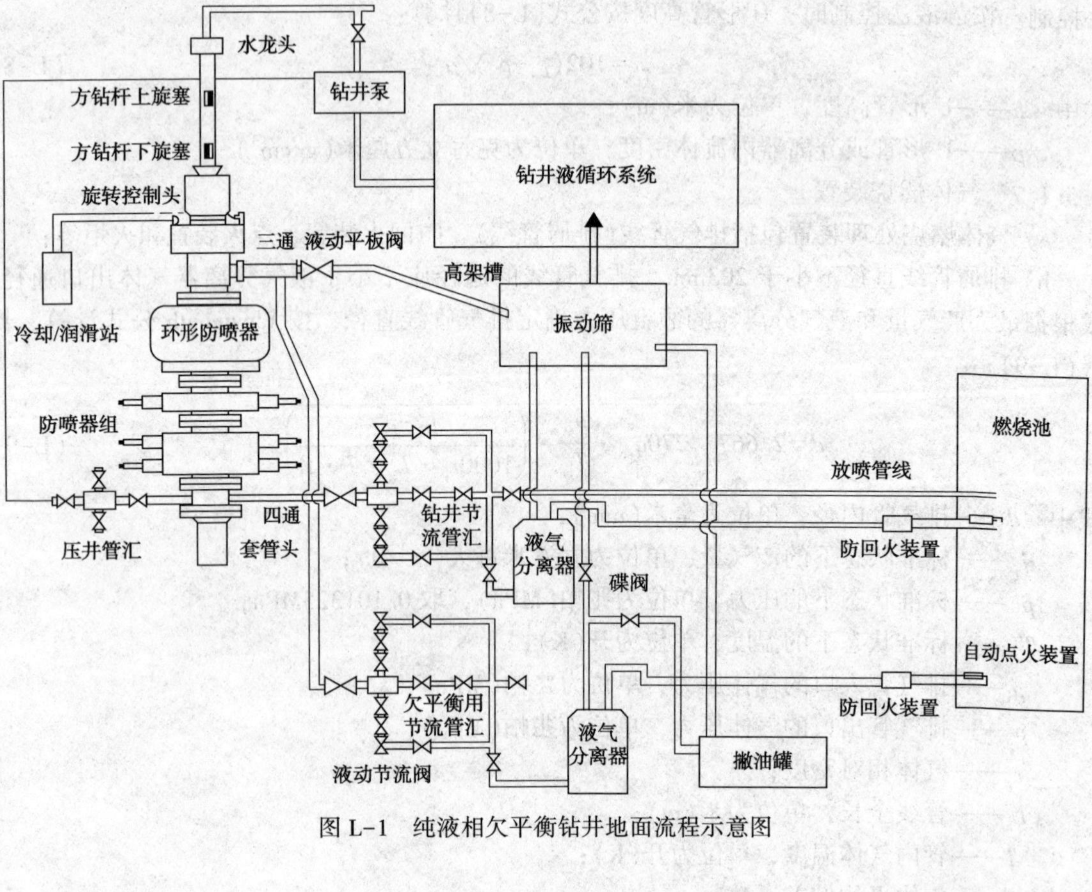

图 L-1　纯液相欠平衡钻井地面流程示意图

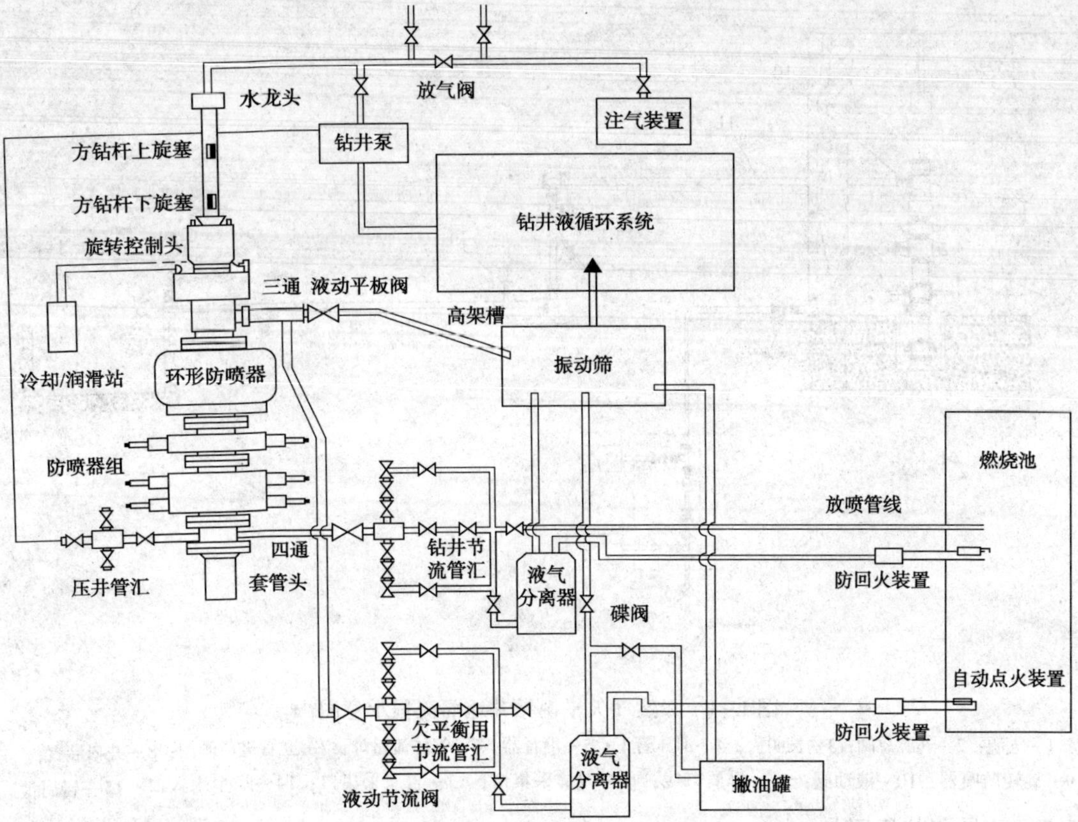

图 L-2　充气钻井液欠平衡钻井地面流程示意图

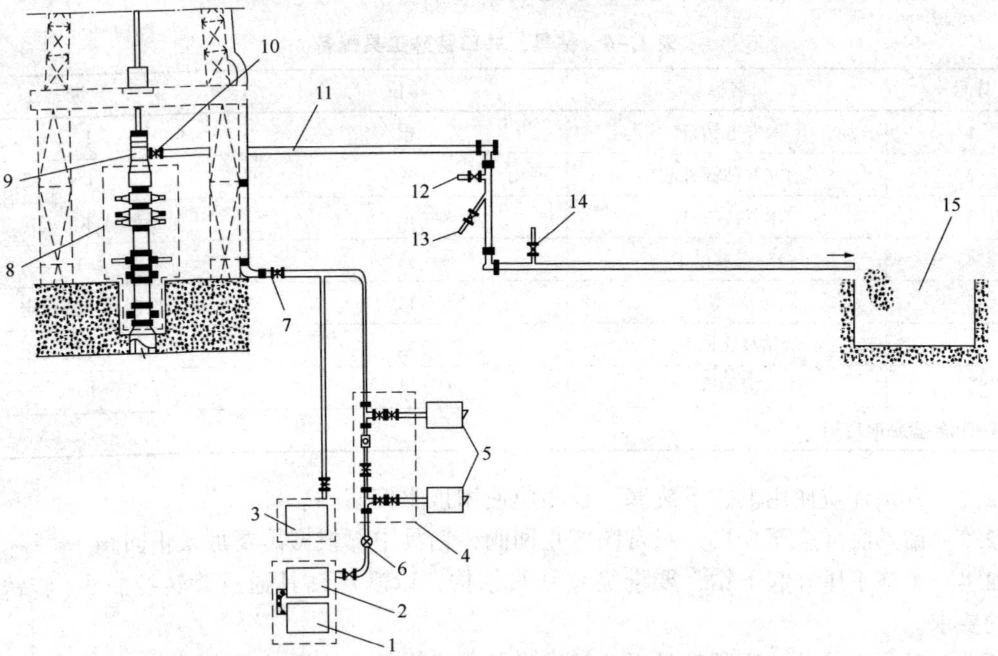

图 L-3　空气/氮气/雾化/泡沫欠平衡钻井地面流程示意图

1—空压机(需要注入氮气时增加制氮机)；2—增压机；3—雾泵；4—泄压管汇；5—消音器；6—气体流量计；7—立管进口闸门；8—井口装置；9—旋转防喷器；10—液动阀；11—排屑管线；12—气体采集口；13—岩屑采集口；14—降尘水入口；15—岩屑池

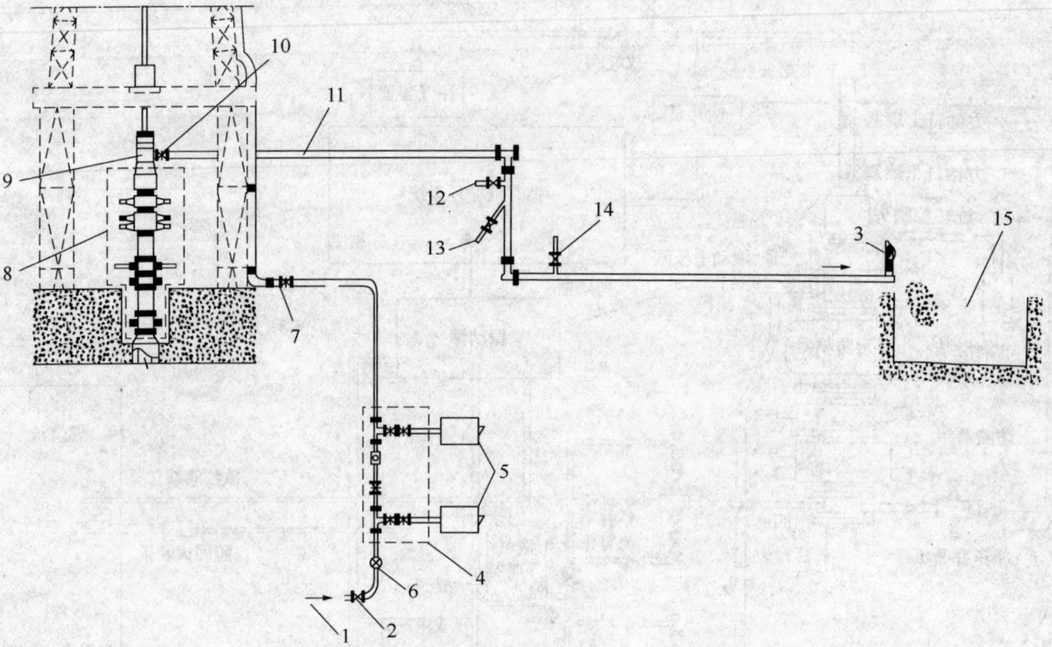

图 L-4　天然气欠平衡钻井地面流程示意图

1—气源；2—气源总闸；3—长明火；4—泄压管汇；5—消音器；6—气体流量计；7—立管进口闸门；8—井口装置；9—旋转防喷器；10—液动阀；11—排屑管线；12—气体采集口；13—岩屑采集口；14—降尘水入口；15—岩屑池

L. 5. 2　钻具和井口工具

L. 5. 2. 1　钻具、井口特殊工具配备要求见表 L-6。

表 L-6　钻具、井口特殊工具配备

序号	名称	单位	数量
1	六方方钻杆[a]	根	1
2	六方方钻杆补心[a]	套	1
3	18°斜坡钻杆	m	根据具体情况定
4	18°斜坡吊卡	只	≥3
5	旋塞	只	根据具体情况定
6	钻具止回阀	只	根据具体情况定
7	旁通阀	只	1

[a] 仅当使用转盘钻时应用

L. 5. 2. 2　方钻杆应使用上、下旋塞，顶驱应使用顶驱旋塞阀。

L. 5. 2. 3　钻具底部应至少接一只常闭式止回阀，钻具中部根据需要加入止回阀。

L. 5. 2. 4　实施不压井起下钻，要求简化钻具结构，以满足钻具通过旋转控制头(旋转防喷器)的要求。

L. 5. 2. 5　对于水平井，底部钻具组合按水平井要求设计，底部止回阀安装放置以不影响测斜为原则。

L. 5. 2. 6　要进行不压井起下钻作业时，钻台应配备止回阀泄压装置。

L. 5. 2. 7　使用旁通阀时，应安装在钻具底部止回阀之上。

L.5.2.8　使用转盘钻井时，应使用六方方钻杆，并符合 SY/T 6509 的相关规定。

L.5.2.9　选用 18°斜坡钻杆，应符合 SY/T 5369 的相关规定。

L.6　作业准备

L.6.1　技术交底

欠平衡技术人员与相关施工单位进行技术交底和安全交底，交底内容如下：

——欠平衡钻井工艺技术的基本原理及工艺流程；

——欠平衡钻井钻进、接单根、起钻、下钻、循环等的工艺要求；

——欠平衡钻井钻具组合、钻进参数要求；

——施工中存在的技术难点及技术对策；

——欠平衡钻井井口及地面设备安装需要井队和相关方配合的要求；

——欠平衡钻井井控要求及防喷、防硫化氢演习的要求；

——钻开油气层坐岗制度、干部值班制度；

——欠平衡钻井施工的其他注意事项。

L.6.2　施工场地和设备安装要求

L.6.2.1　钻前准备井场时，应为欠平衡钻井设备布置和安装做好场地准备，抗压强度不小于 0.2MPa。

L.6.2.2　旋转控制头（旋转防喷器）安装到位后，旋转控制头的顶面与转盘底面应留有空间，便于井口操作。

L.6.2.3　旋转控制头（旋转防喷器）按井口装置的安装要求执行，应使天车、转盘、井口三中心在同一垂线上，偏差小于 10mm。

L.6.2.4　沉砂罐旁应有足够的空间用于安装液气分离器和撇油罐，距井口和营房的距离符合 SY/T 5225 的要求。

L.6.2.5　空压机、增压机、制氮机及雾泵离井口距离应大于 10m，并保证足够的安全通道。

L.6.2.6　排气管线、排屑管线宜平直安放，出口距离井口要求如下：

——排气管线出口接出距井口 50m 以远的安全地带；

——空气、氮气、雾化和泡沫钻井，排屑管线排屑口接出距井口 46m 以远的安全地带；

——天然气钻井，排屑管线点火口接出距出口 75m 以远的安全地带。

L.6.2.7　排气管线和排屑管线每隔 10m~15m、转弯处和出口应固定。可采用固定式或移动式基墩，质量不小于 600kg。

L.6.2.8　对新方钻杆棱角和钻杆接箍进行打磨处理，以防磨损胶芯。

L.6.2.9　实施不压井完井作业的井，油管头内不装防磨套。

L.6.2.10　悬挂警示牌，注气设备及气体高压管线区域设立警戒线。

L.6.2.11　井场布置符合 SY/T 5466 的规定。

L.6.3　工具

L.6.3.1　按照表 L-6 准备好钻具和井口工具。

L.6.3.2　目的层欠平衡钻井还应准备以下工具：

——备用两副与所使用钻杆相对应的半封闸板芯子；

——应配备钻杆锥管挂和与之连接的转换接头，其锥管挂外径应小于特殊四通以上井口装置的通径；

——实施不压井完井作业的井，备用与所使用衬管、油管相对应的半封闸板芯子各一副，双闸板防喷器全封闸板安装在下，半封闸板安装在上。

L.6.4 设备试压、试运转

L.6.4.1 在不超过套管抗内压强度80%和井口其他设备额定工作压力的前提下，对旋转控制头(旋转防喷器)静密封试压不低于额定工作压力的70%或动密封试压不低于额定工作压力的70%，稳定时间不小于10min，压降不大于0.7MPa。

L.6.4.2 充气钻井液钻井和气相欠平衡钻井，对注气管线进行气密封试压。空压机与增压机之间管线试压值不低于空压机额定压力，增压机与立管之间管线试压值不低于增压机额定压力的80%，稳压时间不小于10min，压降不大于0.7MPa。

L.6.4.3 所有欠平衡钻井设备安装完毕，都应按欠平衡钻井循环流程试运转。试运转时，连接部位不刺不漏，正常运转时间不少于10min。

L.6.5 应急演练

欠平衡钻井作业实施前，应进行防喷演练；在地质设计预测可能含硫化氢等有毒气体地层进行作业，应进行防硫化氢中毒等应急演练。

L.6.6 开钻验收

由项目建设单位组织相关单位、部门进行开钻验收，各项准备验收合格方可开钻。

L.7 施工作业

L.7.1 液相欠平衡钻井

L.7.1.1 钻进准备。

a. 纯液相欠平衡钻井：

a）按照GB/T 31033的要求进行低泵冲试验，并做好记录；

b）按设计流量开泵循环，记录初始循环立管压力，作为井底压力控制的依据。

b. 充气钻井液钻井：

a）先开钻井泵，后充气，进行充气钻井液的循环。应缓慢开泵，以免产生太高的瞬时压力，导致过平衡；

b）井内充满充气钻井液，达到设计的气液量时，测量循环罐中的基液增量，并根据基液增量计算井底压力的减小值。当与理论计算相比小10%时，气液混合与速度是适宜的；

c）如果按基液增量计算出的井底压力减小偏低，可采取如下的措施：

——提高流体黏度，但应确保液气分离效率；

——增加流体流速，流体的返速应大于0.5m/s，要保证间歇流返出缓慢、平稳，间歇流的间隔不应大于2min；

——在水基钻井液中，可加入大分子聚合物降低气体滑脱速度。

L.7.1.2 井口返出流体的处理。

a）分离出的气体经排气管线引至安全地带燃烧；

b）分离出的油、水运到指定地点处理。

L.7.1.3 欠压值的控制。

a）液相欠平衡钻井，通过控制节流阀和调节钻井液密度，控制欠压值；

b）开始钻进时，全开节流阀，读出此时立管压力值作为立压参考值，供节流调节用；

c）钻进过程中钻井参数按工程设计执行；

d）钻遇油气层，立压逐渐降低，此时应逐渐调节节流阀，保持立压值约等于立压参考值。随着井深增加，新的立压参考值应考虑新增加井段的钻具内压耗与环空压耗值；

e）当地层流体进入井筒过多，导致套压增加过大时，可适当提高立压参考值，减少井底压力与地层压差值，控制地层流体进入量；

f）如果因井下气体滑脱至井口引起的套压升高，可关井排气，使套压降至安全范围内；

g）如果关井排气无法降低套压，造成实际的欠压值过大，需要进行关井求压，逐步提高钻井液密度，使套压降至合理范围，建立新的欠平衡关系；

h）当用立管压力难以监控井底压力时，可维持循环罐恒液面的方法进行节流控制；

i）在非循环和非流动条件下，应通过节流阀放掉气体滑脱上升所产生的圈闭压力，当井口压力超出旋转控制头(旋转防喷器)动密封压力值50%时，应向环空挤高密度钻井液来降低井口压力；

j）充气钻井液钻井节流控制时，需要采用多相流软件计算，通过调节注入气体流量、注入液体流量和节流的方法控制欠压值；

k）如果充气钻井液钻井时油气侵入，套压上升较快，应停止充气，增大环空当量密度，减小压差值。若仍不能降低套压，按L. 7. 1. 3. g)的规定操作；

l）在井壁稳定的前提下，若因地层压力预告不准，不能产生欠平衡条件时，应逐步降低钻井液密度，实现欠平衡钻井；

m）因安全等原因，需要中断欠平衡钻井时，应按GB/T 31033的要求进行压井，转化成常规钻井。

L. 7. 1. 4　流量控制。

a）合理控制地层产出流体的流量，确保地层产出流体的流量，特别是初始流量与塞流引起的瞬时流量，小于地面处理设备的处理能力；

b）可采用调节钻井液密度与性能、液体和气体的注入量以及节流等方法进行流量控制；

c）当塞流引起瞬时流量过大时，应节流排气。

L. 7. 1. 5　接单根(立柱)。

a）充气钻井液钻井接单根(立柱)时，先停止向钻具内注气，再继续泵入液体，直到液体将充气钻井液顶入最上面一只钻具止回阀后再停泵；

b）泄立管内压力为零方可卸方钻杆(顶驱)；

c）接单根(立柱)，液压大钳应使用无锐利咬痕的钳牙，咬痕明显则对咬痕进行打磨；

d）下放钻具并恢复循环。充气钻井液钻井，应先开液泵，再注气；

e）待返出口流体正常返出后，恢复钻进；

f）接单根(立柱)起下钻柱接箍过旋转控制头(旋转防喷器)时，严格控制起下速度。

L. 7. 1. 6　起下钻。

a. 安装套管阀的起下钻作业：

a）起钻前，充分洗井，确保井眼干净，并逐渐降低井底压差，停气、停泵；

b）将钻柱内的压力泄放到零，然后卸下方钻杆(顶驱)；

c）通过旋转控制头(旋转防喷器)胶芯密封起立柱，当起至钻具止回阀时，应放掉钻具内的压力，才能卸扣；

d）起钻时应控制上提速度并及时灌浆；

e）当钻头起至套管阀以上20m左右的位置时停止起钻作业，打压关闭舌板；

f）起出旋转控制头(旋转防喷器)轴承总成，进行正常起钻；

g）当钻头起至井口时，应降低起钻速度，防止钻头损坏井口设备；

h）起钻作业后，检查钻具止回阀是否失效，更换钻头，立即下钻；

i）下钻至套管阀以上 20m 左右的位置时停止下钻作业，安装旋转控制头(旋转防喷器)轴承总成，打压打开舌板；

j）如果套管阀气动泵输出压力高于额定开启压力，不返油，应按以下步骤进行管内憋压辅助开启作业：

——气动液压泵憋压 10MPa~15MPa；

——关环空憋压，初始值为 2MPa，每次增加 1MPa，当套管阀关闭管线返油时，停止憋压；

——按正常程序继续向套管阀开启管线打压开启套管阀，当套管阀完全开启后继续下钻作业；

——每下钻 10 柱~15 柱，向钻柱内灌满钻井液。

b. 安装强行起下钻装置的起下钻作业：

a）执行 L. 7. 1. 6. a. a) ~ L. 7. 1. 6. a. d)的步骤；

b）当起钻至钻具悬重与流体上顶力差值为 50kN 时，启用强行起下钻装置；

c）钻头起过全封位置后，关闭全封；

d）起出旋转控制头(旋转防喷器)轴承总成，更换；

e）钻具止回阀出井后应检查是否失效，更换钻头；

f）安装旋转控制头(旋转防喷器)轴承总成，下钻；

g）钻头下至全封上部，启用强行起下钻装置，打开全封，控压下钻；

h）下钻至钻具浮重超过井压所产生的上顶力后，终止使用强行起下钻装置；

i）每下钻 10 柱~15 柱，向钻柱内灌满钻井液。

L. 7. 1. 7　钻具止回阀失效。

a）接单根(立柱)泄放钻具内压力时，如果泄放时间明显增加，判定钻具止回阀失效，在确保安全的条件下，接一只新的钻具止回阀；

b）在起钻过程中，当起至上部钻具止回阀时，如果其下压力难以泄放，判定下部钻具止回阀失效。当钻具中有投入式止回阀时，将投入式止回阀总成从钻具水眼内投入并就位，否则应压稳地层。

L. 7. 1. 8　更换旋转控制头轴承总成。

发现胶芯刺漏，应按照以下要求操作：

——无油气显示时，直接更换旋转控制头轴承总成；

——有油气显示时，关闭环形防喷器，然后更换旋转控制头轴承总成。

L. 7. 1. 9　工作记录。

a）欠平衡钻井设备的工作日志，应包括气体注入设备、井口控制设备、地面处理设备和数据采集系统的运转记录等；

b）欠平衡钻井施工日报表，包括施工工序的记录、各种参数及欠平衡状态的情况等。

L. 7. 2　气相欠平衡钻井

L. 7. 2. 1　排液。

a. 分段气举排液：

a) 钻完水泥塞后应充分循环，清洁井底；

b) 根据井深、钻井液密度、增压机工作压力确定分段气举井深；

c) 气举前应检查相关闸阀的开关状态，关闭半封闸板防喷器，打开注气闸阀，气举过程中派专人负责控制节流阀开度，防止造成污染和伤人；禁止用排屑管线进行气举作业；

d) 气举钻具不应带螺杆或空气锤；

e) 天然气气举时，当污水池的排液管线出口有气液同喷迹象时，立即倒换至燃烧池，并及时点火；

f) 井筒内液体举净后，循环流程倒换至排屑管线，并大排量注气，充分循环干燥井筒；

g) 气举干燥过程中应注意对可燃气体、有毒气体的监测，发现异常立即采取相应措施处理。

b. 充气排液：

a) 下钻到底，安装好旋转控制头(旋转防喷器)总成；

b) 关闭半封闸板防喷器，开一台钻井泵，以小排量循环，保持较低的立管压力；

c) 打开注气阀，启动空气压缩机和增压机；注入气体，保持立管压力小于增压机额定工作压力；

d) 可开雾泵注入发泡剂，增加排液效率；

e) 当气体返到地面时，逐渐减小钻井泵排量，增加气体注入量；

f) 立管压力下降后，停钻井泵将井内液体排出；

g) 井筒内液体举净泄压后，打开半封闸板防喷器，关闭内控闸门，通过排屑管线以大排量充分循环干燥井筒；

h) 干燥井筒过程中应对可燃气体、有毒气体进行监测，发现异常立即采取相应措施处理。

L. 7. 2. 2 钻进。

a) 钻进前应先进行试钻进，根据机械钻速，观察立压、扭矩、岩屑返出是否正常，一切正常之后方可正常钻进；

b) 钻进过程中送钻均匀，钻井参数应根据机械钻速等情况及时合理调整；注意悬重、立压、扭矩、岩屑、全烃变化，发现异常及时处理；

c) 根据接单根泄压时间长短决定是否在钻杆上加装下旋塞和止回阀，起钻或测斜时应将上部钻具旋塞和止回阀取出；

d) 地面气体注入设备不能正常工作时，应停止钻进，尽可能坚持循环一段时间后起钻至安全井段，并及时进行处理；

e) 在钻速较高时应合理控制送钻速度，防止携砂不良造成卡钻；

f) 应对井口、管汇和排屑管线等进行巡回检查，发现异常及时汇报；

g) 应对可燃气体、有毒气体实时监测，发现异常及时采取相应措施处理；

h) 应对储备压井液性能进行维护，随时做好替浆和压井的准备。

L. 7. 2. 3 接单根(立柱)。

a. 操作步骤：

a) 空气、氮气钻井接单根(立柱)操作步骤：

——钻台发出停止注气信号；

——开泄压阀，关注气阀；

——泄钻具内气体压力；
——压力泄完后接单根(立柱)；
——钻台发出注气信号；
——开注气阀注气，关闭泄压阀，待各项参数正常后恢复钻进。

b）泡沫、雾化钻井接单根(立柱)操作步骤：
——钻台发出停止注气信号；
——停止雾泵；
——继续注气 2min；
——开泄压阀，关注气阀；
——泄钻具内气体压力；
——压力泄完后接单根(立柱)；
——钻台发出注入信号；
——开注气阀注气，关闭泄压阀，开雾泵，待各项参数正常后恢复钻进。

c）天然气钻井接单根(立柱)操作步骤：
——钻台发出停止注气信号；
——开启防爆排风扇；
——关注气阀，开泄压阀；
——泄钻具内压力；
——压力泄完后接单根(立柱)；
——钻台发出注气信号；
——关闭泄压阀，开注气阀注气，待各项参数正常后恢复钻进。

b. 注意事项：

a）接单根前应循环，循环时间不低于迟到时间的 1.5 倍，顶驱接单根循环时间应适当延长；

b）接单根(立柱)后应将钻杆接头上的毛刺锉平；向旋转控制头胶芯内加适量润滑液；

c）天然气钻井接单根(立柱)时，坡道及钻台面应铺放防撞击垫，井口周围操作时应使用防爆工具。

L.7.2.4　起下钻。

a. 如果地层没有出气，按照常规起下钻方式起下钻作业。

b. 如果地层出气采用强行起下钻装置，按照以下方式进行起下钻作业：

a）起钻前，充分循环，确保井眼干净；

b）将钻柱内的压力泄放到零，然后起钻；

c）通过旋转控制头(旋转防喷器)胶芯起立柱，当起到钻具止回阀时，应放掉钻具内的压力，才能卸钻具扣；

d）起钻时保持速度均匀，不应猛提猛放；

e）当起钻至钻具悬重与流体上顶力差值为 50kN 时，启用强行起下钻装置；

f）钻头起过全封闸板位置后，关闭全封；

g）起出旋转控制头总成；

h）钻具止回阀出井后应检查是否失效；

i）安装旋转控制头(旋转防喷器)轴承总成，下钻；

j）钻头下至全封上部，启用强行起下钻装置，打开全封，强行下钻；

k）下钻至钻具能够依靠自身重量下行时，停止使用强行起下钻装置。

L. 7. 2. 5　更换旋转控制头轴承总成。

发现胶芯刺漏，应按照以下要求操作：

——无油气显示时，直接更换旋转控制头轴承总成；

——有油气显示时，关闭环形防喷器，通过放喷管线点火，然后更换旋转控制头轴承总成。

L. 7. 2. 6　气液转换注意事项。

a）地层出液无法继续实施气相欠平衡钻井作业时，在保持环空畅通的前提下上提钻具1柱~2柱，然后替浆；

b）井壁失稳无法继续实施气相欠平衡钻井作业时，应起钻至安全井段或起钻后下光钻杆替浆，并保持钻具活动；

c）地层产气量或有毒气体含量达到终止条件时，应关井求压，再实施压井作业；

d）提出置换液性能要求，确定井筒替置程序、排气点火及恢复钻井液钻井方面的技术措施等。

L. 7. 2. 7　工作记录。

按照 L. 7. 1. 9 的相关要求执行。

L. 8　欠平衡钻井终止条件

L. 8. 1　液相欠平衡钻井

当钻遇以下情况之一时，立即终止欠平衡钻井：

——在线监测排气管线内硫化氢浓度大于 $75mg/m^3$(50ppm)，或者出口环境中硫化氢浓度大于 $30mg/m^3$(20ppm)；

——地层油、气、水严重影响钻井液性能，并导致欠平衡钻井不能正常进行；

——井眼条件不能满足液相欠平衡钻井施工要求。

L. 8. 2　气相欠平衡钻井

当钻遇以下情况之一时，立即终止气相欠平衡钻井：

——出口环境中硫化氢浓度大于 $30mg/m^3$(20ppm)；

——出口环境中一氧化碳浓度大于 $62.5mg/m^3$(50ppm)；

——地面装置无法满足处理地层产出的油气水要求，地层产量超过井口装置或地面管汇的控制能力；

——地层产气量大于 $50\times10^4m^3/d$；

——钻具内防喷工具失效，不能满足井控要求；

——空气钻井中可燃气体含量持续超过 3%；

——井眼条件不能满足气相欠平衡钻井施工要求。

L. 9　健康、安全与环保要求

L. 9. 1　应制定井控、环保、防火、防爆应急预案；地质设计预测含硫化氢等有毒气体地层作业，应制订防硫化氢等有毒气体的应急预案。

L. 9. 2　在井场入口、井架上、钻台、循环系统、燃烧口等位置设立风向标。

L. 9. 3　井场应设置危险区域图、逃生路线图、紧急集合点及两个以上的逃生出口，并有明显标识。

L. 9. 4　在钻台上下、地质取样口、排气管线上、排屑管线出口、振动筛、撇油罐等位置应安装可燃气体、硫化氢监测仪，在有毒气体易聚积场所安装工业防爆排风机，防止有毒或可燃气体聚集。

L. 9. 5　作业区应设置安全警戒线，非作业人员及车辆不得进入作业区内，不得携带火种或易燃易爆物品进入作业区域。

L. 9. 6　受油污染的岩屑应专门用容器存放，并到指定地点进行处理。

L. 9. 7　若欠平衡井为油井，则应配置足够的储油罐，并用管汇与撇油罐连接，以便产出的油安全、及时地运走。

L. 9. 8　应与消防队、医院保持联系，以备紧急情况时调用。

L. 9. 9　井场所有电器的安装应符合 SY/T 6202 的相关规定。

L. 9. 10　井场所有电器及电控箱应符合 GB 3836. 1 的规定。

L. 9. 11　井场的照明、设备颜色、联络信号应符合 SY/T 5974 的规定。

L. 9. 12　防火、防爆按 SY/T 5225 及 GB/T 31033 的规定执行。

L. 9. 13　硫化氢检测仪、硫化氢监测和人身安全防护用品的配备应符合 SY/T 5087 及 SY/T 6277 的规定。

L. 9. 14　施工人员作业安全按 SY/T 5974 的规定执行。【SY/T 6543—2019】

附录M　气体钻井井控特殊要求

M.1　适用条件

M.1.1　地层压力剖面、岩性剖面清楚。

M.1.2　井身结构合理，裸眼井段井壁稳定，地层出水量小于 $30m^3/h$，实施空气钻井井段返出气体中全烃含量小于3%，实施氮气钻井井段天然气出气量在 $8\times10^4m^3/d$ 以下。

M.1.3　地层流体不含硫化氢。

M.2　设计要求

M.2.1　气体钻井设计应纳入钻井总体设计。

M.2.2　地质设计中应提供气体钻井井段准确的地层出水量、水敏性、油气含量、硫化氢含量等资料以及安全提示。

M.2.3　工程设计除满足常规钻井要求外，还应包括预计实施空气钻井和氮气钻井的井段及可能出现的复杂情况的分析、施工前的准备和安全防护设施、施工安全技术措施、井场防燃爆安全措施、复杂情况的处置及应急措施等安全方面的内容。

M.2.4　应由具有甲级钻井设计资质的单位负责气体钻井设计，按审批程序审批。

M.3　施工前的准备

M.3.1　井场布置

M.3.1.1　燃烧池应距井口100m以上，可作为放喷池。

M.3.1.2　燃烧管线出口应距各种固定设施、高压线等50m以上。

M.3.1.3　应在季风入口处、井架上、振动筛、坐岗房、防喷器液控房等处设立风向标，并按不同上风方向设立两处安全集合点；撤离路线有明显标志和照明。

M.3.1.4　气体钻井设备安置的场地应坚实平整，能承受单台设备15吨的重量。

M.3.1.5　排砂管线出口应距井口100m以上，宜在排砂管线上设置观察孔和防回火装置。

M.3.1.6　排砂管线直径应满足井眼排气的需要。

M.3.1.7　泄压管线排出口应接到空旷处。

M.3.2　地面设备安装

M.3.2.1　井架底座净空高度足以安装正常钻井井口装置和旋转防喷器组合，环形防喷器上端面至转盘大梁下端的距离应不小于1.8m。

M.3.2.2　井控装置的安装应符合SY/T 6426—2005（编者注：该标准已被GB/T 31033—2014替代）中4.1.1和4.1.2的规定。一开如采用空气钻井，井口应安装防喷器。二开及以后应安装双四通、全封和剪切闸板、高压力级别的旋转防喷器。

M.3.2.3　气体钻井设备应集中摆放，与油罐之间距离不少于30m。

M.3.2.4　排砂管线、泄压管线应固定牢靠。

M.3.2.5　气体钻井设备的地面管汇应分段逐级试压合格，试压标准按表 M-1 执行。井控装置试压应按 SY/T 6426—2005（编者注：该标准已被 GB/T 31033—2014 替代）进行，合格后才能开钻。

表 M-1　气体钻井设备的地面管汇试压标准

名称	试压要求			
	试压介质	试压值/MPa	稳压时间/min	允许压降/MPa
低压管线	空气	2.5	≥10	≤0.2
一级高压管线(低压)	空气	1.5	≥10	≤0.2
一级高压管线(高压)	空气	12	≥10	≤0.2
二级高压管线(低压)	空气	1.5	≥10	≤0.2
二级高压管线(高压)	空气	12	≥10	≤0.2
雾化泵至主气路旋阀的管线	清水	15	≥10	≤0.7

注：低压管线为空压机出口至增压机进口的管线，一级高压管线为增压机出口至主气路旋阀的管线，二级高压管线为主气路旋阀至立管的管线

M.3.2.6　正式气体钻进前，应试钻合格。

M.3.3　施工前的交底和培训

由气体钻井技术服务队工程师、地质工程师、井队工程师对全体施工作业人员进行地质和工程技术交底，主要内容是：气体钻井井段的地质情况、气体钻井的工艺流程和安全技术规范、可能出现的复杂情况及应急处理措施。

M.3.4　泥浆及处理材料、加重材料的储备

16in 以上陆相大井眼应储备 1 倍井筒容积的加重钻井液及 1.5 倍井筒容积的常规钻井液，16in 以下井眼应储备 2 倍井筒容积的加重钻井液及 1.5 倍井筒容积的常规钻井液，储备加重剂不少于 500t，应储备一次用量以上的堵漏材料；储备钻井液应按规定循环和维护。

M.3.5　消防、安全防护器材及监测仪器的配备

M.3.5.1　井场应按照 SY/T 6426—2005（编者注：该标准已被 GB/T 31033—2014 替代）的规定配备干粉、二氧化碳灭火器。设置防护室，储备急救箱、担架等用具。

M.3.5.2　钻台上配备 ABC 型 70kgMT 灭火器 2 台；ABC 型 8kgMF 灭火器 4 台。气体钻井设备区配备 ABC 型 35kgMT 灭火器 2 台；ABC 型 8kgMF 灭火器 4 台。

M.3.5.3　钻台下和井口装置周围应禁止堆放杂物，并设置防爆通风设备（鼓风机或风扇），防止有害或可燃气体聚集。

M.3.5.4　在排砂管线的出口处设置长明火，并备用其他有效的点火方式。

M.3.5.5　在捞砂口处应设置固定式 H_2S 监测探头，并与井场监测仪联网。

M.3.6　组织措施

成立气体钻井施工安全领导小组。组长由钻井队平台经理担任，副组长由气体钻井技术服务队队长、钻井工程师、钻井监督担任；成员包括：钻井队平台副经理、钻井液工程师、安全员、气体钻井技术服务队工程师、录井队队长及其他协作单位现场负责人。负责整个气体钻井作业期间的安全措施、应急措施的制定、演练和实施。

M.3.7　应急预案

M.3.7.1　气体钻井应急预案的重点应是强化防火、防爆、防井喷和防硫化氢，其他应符合

Q/SH 0033—2007(编者注：该标准已被 Q/SH 0033—2009 替代)第 6 章的规定。

M. 3. 7. 2　钻井队应结合井上情况和钻井工艺的要求，制定、落实气体钻井的紧急情况处理及救援预案，预案应指明物资准备、处理工艺、安全区、危险区、人员紧急撤离路线等。

M. 3. 7. 3　制定的各项预案应进行联合演练并达到熟练程度。

M. 3. 8　施工前的检查验收

M. 3. 8. 1　施工前投资方主管部门应组织有关人员进行开工验收，合格后发放开工通知单。

M. 3. 8. 2　检查验收的内容：

——安全设施和防护设施的配备及安装；

——井控装备及地面配套设备的安装；

——气体钻井设备、旋转防喷器控制系统的安装；

——气体钻井设备各个管线(低压管线、高压管线、泄压管线、排砂管线等)、节流管汇、压井管线、放喷管线的连接和固定；点火装置及防回火装置的安装；

——多功能气体监测仪和钻井数据采集系统的安装和调试；

——压井管汇与压井泵；

——气体钻井设备、配套管线、节流管汇以及压井管汇上的各个闸阀、压力表、传感器；

——监测设备的配备及探头的安装；

——常规钻井液、高密度钻井液、加重材料、堵漏材料和钻井液处理剂的储备；

——入井工具的质量及钻台上的方钻杆旋塞、防喷钻杆单根等钻具内防喷工具的准备；

——电路和气路的安装；

——技术交底和培训；

——其他需要检查的项点。

M. 4　施工安全技术措施

M. 4. 1　人员防护

M. 4. 1. 1　气体钻井地面供气管线、泄压管线及供气设备应设置警戒线、警示牌标识，非操作人员严禁擅自进入，防止意外人身伤害。

M. 4. 1. 2　井队应在钻台、振动筛、坐岗房等场所配备足够数量的空气呼吸器、监测仪、监测报警装置。

M. 4. 1. 3　井场噪声大于 80dB 时，所有岗位人员应佩戴耳塞。

M. 4. 2　安全操作要求

M. 4. 2. 1　气体钻井设备、地面管线试压时，附近严禁站人；管线充气憋压后，严禁砸击管线。

M. 4. 2. 2　起钻或接单根时，应先停止供气，并打开泄压阀泄掉钻具内压力，当立压降至 0 时，方可卸扣。

M. 4. 2. 3　气体钻井时，起钻或接单根前必须进行充分的循环，上提、下放无阻卡。

M. 4. 2. 4　旁通管线应连接到排砂管上来制造真空效应，防止井下燃爆和可燃气体窜出井口。

M. 4. 2. 5　卸开方钻杆并上提钻具时，井口操作人员应退后。

M. 4. 2. 6　接单根动作要迅速，接单根期间空压机、增压机保持运转，由气体钻井服务人员操作控制泄压或向井内供气。

M. 4. 2. 7　接完单根，在各项参数正常后方可恢复钻进。

M. 4. 2. 8　停/供气操作应有专人负责，钻台上下联络方式可靠。

M. 4. 2. 9　定期检查井口装置状态和工作情况，每次起完钻后，应接上喷射接头，将井口防喷器内吹净。

M. 4. 2. 10　下钻时应点燃长明火，若监测发现井内有可燃气体存在，按设计排量采用分段循环除气方式排掉井内可燃气体，并保持压风机连续供气，当排砂口无可燃气体燃烧时，方可继续下钻。

M. 4. 2. 11　所有人员应坚守岗位，随时准备处理突发事件、转换钻井方式或启动应急预案。

M. 4. 2. 12　气体钻井期间执行 24h 干部值班制度，出现情况及时处理。

M. 4. 2. 13　气体钻进过程中出现刮风天气，如果风向使排砂口处于井场的上风口而危及井场安全时，应立即停止钻进。

M. 4. 3　钻具使用与管理

M. 4. 3. 1　入井钻具必须安装 3 只以上钻具止回阀，一只浮阀接在近钻头位置，另一只止回阀接在井口，止回阀下面接一只旋塞。

M. 4. 3. 2　钻具组合中宜使用震击器、减震器。

M. 4. 3. 3　选用六方方钻杆，其长度要满足旋转防喷器驱动补心能进入旋转防喷器的旋转总成。

M. 4. 3. 4　应使用全新或一级的 18°斜坡钻杆。

M. 4. 3. 5　钻具上下钻台应戴好护丝；下钻和接单根时，应涂好丝扣油。

M. 4. 3. 6　起钻时要严格检查钻具本体、丝扣、台肩和接头的磨损情况，下钻前对钻铤、接头、内防喷工具严格探伤并剔除不合格部件。

M. 4. 4　钻井方式的转换

M. 4. 4. 1　几种钻井方式转换的原则：

a）遇到下列情况之一或一种以上情况，应立即停止气体钻井，转换为常规钻井液钻井：

——地层出水影响正常钻进；

——返出气体中含硫化氢；

——扭矩、摩阻突然增大、起下钻困难，影响钻井安全；

——井斜大于设计要求，而且纠斜效果差。

b）遇到下列情况之一或一种以上情况，应立即停止空气钻井，转换为氮气钻井：

——钻至设计空气钻井须转换为氮气钻井井深；

——返出气体中全烃含量连续超过 3%或连续两次发生井下燃爆时。

c）遇到下列情况之一或一种以上情况，应立即停止氮气钻井，转换为常规钻井液钻井：

——钻至设计停止氮气钻井井深；

——天然气出气量达到 $8\times10^4 m^3/d$ 以上；

——出现可能超出控制的井控风险时；

——出现 M. 4. 4. 1a）的几种情况之一。

M. 4. 4. 2　钻井方式转换的安全技术要求：

a）井下有坍塌时，在钻井液中加入抑制剂，抑制泥页岩水化膨胀；

b）在建立循环后，控制一个适当的钻井液密度，提高井内液柱的侧压力；

c）尽量减轻钻具对井壁的碰撞，减轻压力激动和抽吸，减轻钻井液对井壁的冲刷；

d）发生漏失时，采用小排量（10L/s~15L/s）循环，降低环空压耗；

e）当漏失严重时，在泵入的钻井液中加入堵漏剂，实施堵漏。

M.4.5 防垮塌、卡钻

M.4.5.1 气体钻井参数应按设计执行，随时通过观察孔观察地层出水情况，如立压、扭矩变化较大时，应调整钻井参数；如地层出水影响气体钻井时，应及时转换钻井方式。

M.4.5.2 接单根和起下钻前，应充分循环；每钻进300m左右进行一次短程起下钻。

M.4.5.3 在建立循环的情况下，钻具在井内的静止时间不得超过10min，钻具活动范围3m~5m。如遇特殊情况必须静止或停止循环、停钻时间较长时，应将钻具起到套管内。

M.4.5.4 钻进过程中，若立管压力突然上升或下降，应立即停止钻进，上下活动钻具（必要时可将钻头起至套管内），循环观察排砂管口岩屑返出情况，正常后方可继续钻进。

M.4.5.5 起钻发生阻卡，应反复上下活动钻具，直到畅通无阻后方可继续起钻。下钻时应在遇阻井段进行划眼。

M.4.6 井控

M.4.6.1 每天应检查一次防喷器组。

M.4.6.2 制定空井压井及起下钻安全技术措施。

M.4.6.3 制定气体钻井条件下的关井程序，明确岗位职责，防喷演习要达到熟练程度。

a）氮气钻井时当监测单位监测天然气出气量达到$8\times10^4m^3/d$以上，应立即发出井控警报，停止钻进作业，上提方钻杆直到接头出转盘面。气体钻井管汇操作人员迅速打开空气管线旁通阀，关闭通向钻台立管气路，继续空转压缩机，直至得到现场监督通知或防喷器关住后，方可停止；

b）关井与压井程序按SY/T 6426—2005（编者注：该标准已经被GB/T 31033—2014替代）执行；

c）钻井液返出地面后，应打开液气分离器的阀门，用液气分离器除气；

d）如果泵入钻井液的过程中发生井漏，应降低泵速并迅速配堵漏钻井液进行堵漏；

e）压井成功后转换为常规钻井液钻井。

M.5 防燃爆安全措施

M.5.1 井下燃爆监测系统安装

M.5.1.1 井下燃爆监测系统的气体取样装置安装在排砂管线上。

M.5.1.2 按图M-1所示位置，采用焊接的方法，在排砂管线上预装气体取样装置接口。

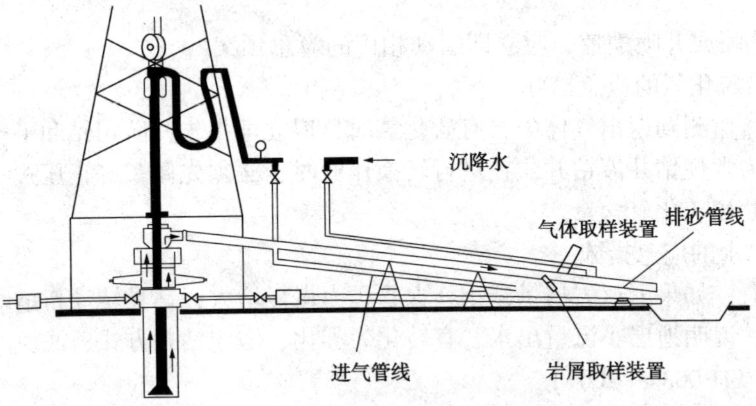

图M-1 气体钻井排砂管线连接示意图

M.5.2　在线监测与分析

在井场，依靠气体燃爆监测系统，由监测人员全程对井场的燃爆安全进行监控，根据情况调整钻井方案。返出气体监测包括：返出气体的甲烷浓度、硫化氢浓度、氧气浓度、一氧化碳浓度、二氧化碳浓度、返出气体的温度等参数的连续监测和记录。监测单位全程监测全烃含量。一旦发现有微量可燃气体，应特别注意在排砂管线上的甲烷在线监测。同时注意控制钻速，必要时停钻循环观察。

M.5.3　地面防燃爆安全措施

应符合 SY/T 5225—2005（编者注：该标准已被 SY/T 5225—2019 替代）的规定，并采取以下措施：

M.5.3.1　钻进时，机泵房、排砂口、增压机等处，应有专人值班观察。

M.5.3.2　钻进时，监测人员发现返出气体的甲烷、硫化氢等参数异常变化时应立即报告井队司钻和平台经理。

M.5.3.3　突遇 6 级以上大风时，应停止气体钻进，将钻具提离井底。

M.5.3.4　进入井场的所有人员严禁吸烟，严禁携带火种；进入井场的车辆必须戴防火罩；井场内需进行动火作业时，应执行 SY/T 5858—2004（编者注：该标准废止）中的安全规定。

M.5.3.5　循环罐、钻台上下等关键部位，按规程准备干粉、泡沫灭火机。

M.5.3.6　井场内禁止使用非防爆通讯工具。

M.6　井下异常情况的应急措施

M.6.1　空气钻井时防燃爆应急措施

M.6.1.1　钻进过程中，如果地质综合录井气测全烃含量低于 3%，可以继续空气钻进。当含气量达到 2%以上，应提高警戒等级，持续监测出气量和立管压力。当全烃含量达到 3%，立刻报告井队司钻和平台经理，停钻循环观察，如全烃含量降低，可继续空气钻进。

M.6.1.2　如持续出气，气体浓度继续上升且大于 3%，则响起井控警报，停止钻进，关井，放喷点火，转换为其他钻井方式。

M.6.1.3　应采取逐步揭开气层的方法，每钻进 0.2m，循环监测全烃含量。

M.6.1.4　开始空气钻井后，排砂口处的长明火必须一直点燃。

M.6.1.5　如果气体钻井过程中发现地层中出油，应立刻报告井队司钻和平台经理，停止钻进。

M.6.1.6　若井喷或井喷失控，应立即启动相应的应急预案。

M.6.2　地层出硫化氢的应急措施

当录井人员监测到返出气体中含有硫化氢时，应立即报告井队司钻和平台经理，停止气体钻井，转换为常规钻井液钻井。在进行转换作业时，必须先佩戴好正压式空气呼吸器，同时派专人监测井场硫化氢含量。

M.6.3　地层出水的应急措施

气体钻进时，如果上返岩屑量减小，立管压力慢慢增大，钻具转动扭矩增大，上提、下放钻具有阻力，说明地层小流量出水。宜转化为雾化、泡沫钻井方式，或加入化学干粉避免岩屑结块。【Q/SH 0034—2007】

M.7 特殊地区气体钻井井控特殊要求

M.7.1 防喷器组合按 GB/T 31033 和 SY/T 6426（编者注：该标准已被 GB/T 31033—2014 替代）的要求选择。

M.7.2 非产层气体钻井应储备 1 倍井筒容积以上的近平衡钻井液。产层氮气钻井应储备 1 倍井筒容积以上、密度高于设计地层压力当量密度 $0.20g/cm^3 \sim 0.40g/cm^3$ 的加重钻井液，高产层段氮气钻井储备钻井液数量按照最大井筒容积的 2 倍储备。并储备足够的加重材料及各种处理剂。

M.7.3 当地层有天然气产出时：

——如果排屑管刺漏，应先关闭半封闸板防喷器，并通过节流管汇中路导流，然后再修排屑管；

——当全封关闭后，应通过节流管汇中路导流；

——需换旋转控制头胶芯时，应关闭环形防喷器，并通过节流管汇中路导流；或通过主喷管抽真空，并用可燃气体检测仪检查，确保井口无天然气溢出。

M.7.4 需要压井时，宜采用大排量和不控制井口回压的方法压井。【Q/SH 0010—2019】

附录N 硫化氢、二氧化硫物理特性和生理影响及公众危害防护要求

N.1 硫化氢的物理特性和对生理的影响

N.1.1 物理数据

通常物理状态：无色气体，比空气略重，15℃(59℉)、0.10133MPa(latm)下蒸气密度(相对密度)为1.189。

自燃温度：260℃(500℉)。

爆炸极限：空气中蒸气体积分数在4.3%~46%。

溶解度：溶于水和油，溶解度随溶液温度升高而降低。

可燃性：燃烧时火焰呈蓝色，生成二氧化硫，参见表N-2。

气味和警示特性：硫化氢有极难闻的臭鸡蛋味，低浓度时容易辨别出。但由于容易很快造成嗅觉疲劳和麻痹，气味不能用作警示措施(表N-1)。

表N-1 暴露于硫化氢的典型特性

在空气中的浓度			暴露于硫化氢的典型特性
%(体积分数)	ppm	mg/m^3	
0.000013	0.13	0.18	通常，在大气中含量为0.195mg/m^3(0.13ppm)时，有明显和令人讨厌的气味，在大气中含量为6.9mg/m^3(4.6ppm)时就相当明显。随着浓度的增加，嗅觉就会疲劳，气体不再能通过气味来辨别
0.001	10	14.41	有令人讨厌的气味，眼睛可能受刺激，推荐的阈限值(8h加权平均值)
0.0015	15	21.61	推荐的15min短期暴露范围平均值
0.002	20	28.83	在暴露1h或更长时间后，眼睛有烧灼感，呼吸道受到刺激
0.005	50	72.07	暴露15min或15min以上的时间后嗅觉就会丧失，时间超过1h，可能导致头痛、头晕和(或)摇晃；超过75mg/m^3(50ppm)将会出现肺浮肿，也会对人员的眼睛产生严重刺激或伤害
0.01	100	144.14	3min~15min就会出现咳嗽、眼睛受刺激和失去嗅觉；在5min~20min过后，呼吸就会变样、眼睛就会疼痛并昏昏欲睡；在lh后就会刺激喉道；延长暴露时间将逐渐加重这些症状
0.03	300	432.40	明显的结膜炎和呼吸道刺激
0.05	500	720.49	短期暴露后就会不省人事，不迅速处理就会停止呼吸，头晕、失去理智和平衡感。患者需要迅速进行人工呼吸和(或)心肺复苏
0.07	700	1008.55	意识快速丧失，不迅速营救，呼吸就会停止并导致死亡。必须立即采取人工呼吸和(或)心肺复苏
0.10+	1000+	1440.98+	立即丧失知觉，会产生永久性的脑伤害或脑死亡。必须迅速进行营救，应用人工呼吸和(或)心肺复苏

N. 1. 2　生理影响

硫化氢是一种剧毒气体，常在天然气生产、高含硫原油生产、原油馏分、伴生气和水的生产中可能遇到。处于高浓度[超过 150mg/m^3(100ppm)]的硫化氢环境中，人会由于嗅觉神经受到麻痹而快速失去嗅觉。长时间处于低硫化氢浓度的大气中也会使嗅觉灵敏度减弱。过多暴露于硫化氢中能毒害呼吸系统的细胞，导致死亡。血液中存在酒精能加剧硫化氢的毒性，即使在低浓度[15mg/m^3(10ppm)～75mg/m^3(50ppm)]时，硫化氢也会刺激眼睛和呼吸道。吸入一定浓度的硫化氢对身体的伤害，参见表 N-1。

N. 2　二氧化硫的物理特性和对生理的影响

N. 2. 1　物理数据

通常物理状态：无色气体，比空气重。

可燃性：不可燃，由硫化氢燃烧形成。

溶解性：易溶于水和油，溶解性随溶液温度升高而降低。

气味和警示特性：有硫燃烧的刺激性气味，具有窒息作用，在鼻和喉黏膜上形成亚硫酸。

N. 2. 2　阈限值

本标准推荐的阈限值为 5. 4mg/m^3(2ppm)，15min 短期暴露极限为 13. 5mg/m^3(5ppm)。

N. 2. 3　生理影响

N. 2. 3. 1　急性中毒。

吸入一定浓度的二氧化硫会引起人身伤害甚至死亡，参见表 N-2。暴露浓度低于 54mg/m^3(20ppm)，会引起眼睛、喉、呼吸道的炎症，胸疼挛和恶心。暴露浓度超过 54mg/m^3(20ppm)，可引起明显的咳嗽、打喷嚏、眼部刺激和胸疼挛。暴露浓度超过 135mg/m^3(50ppm)，会刺激鼻和喉，流鼻涕、咳嗽和反射性支气管缩小，使支气管黏液分泌增加，肺部空气呼吸难度立刻增加(呼吸受阻)。大多数人都不能在这种空气中承受 15min 以上。暴露于高浓度中产生的剧烈的反应不仅包括眼睛发炎、恶心呕吐、腹痛和喉咙痛，随后还会发生支气管炎和肺炎，甚至几周内身体都很虚弱。

N. 2. 3. 2　慢性中毒。

长时间暴露于二氧化硫中可能导致鼻咽炎、嗅、味觉的改变，气短和呼吸道感染危险增加。

N. 2. 4　呼吸保护

暴露于二氧化硫(表 N-2)含量超过规定的允许暴露极限的任何人都要佩戴(供气式或自给式)带全面罩的个人正压式空气呼吸器。

表 N-2　暴露于二氧化硫典型特性

空气中的浓度			暴露于二氧化硫的典型特性
%(体积分数)	ppm	mg/m^3	
0. 0001	1	2. 71	具有刺激性气味，可能引起呼吸改变
0. 0002	2	5. 42	阈限值
0. 0005	5	13. 50	灼伤眼睛，刺激呼吸，对嗓子有较小的刺激
0. 0012	12	32. 49	刺激嗓子咳嗽，胸腔收缩，流眼泪和恶心

续表

空气中的浓度			暴露于二氧化硫的典型特性
%(体积分数)	ppm	mg/m^3	
0.010	100	271.00	立即对生命和健康产生危险的浓度
0.015	150	406.35	产生强烈的刺激，只能忍受几分钟
0.05	500	1354.50	吸入一口，就产生窒息感，应立即救治，提供人工呼吸或心肺复苏(CPR)
0.10	1000	2708.99	不立即救治会导致死亡，应马上进行人工呼吸或心肺复苏(CPR)

N.3 含硫化氢天然气井公众危害程度分级方法及安全防护距离要求

N.3.1 含硫化氢天然气井公众危害程度分级方法

N.3.1.1 含硫化氢天然气井公众危害程度等级根据其硫化氢释放速率划分，见表N-3。

表N-3 含硫化氢天然气井公众危害程度等级

危害程度等级	硫化氢释放速率 $RR/(m^3/s)$	危害程度等级	硫化氢释放速率 $RR/(m^3/s)$
一	$RR \geqslant 5.0$	三	$1.0 > RR \geqslant 0.01$
二	$5.0 > RR \geqslant 1.0$		

N.3.1.2 气井硫化氢释放速率按公式(N-1)计算：

$$RR = A \cdot q_{AOF} \cdot C_{H_2S} \tag{N-1}$$

式中 RR——气井硫化氢释放速率，m^3/s；

A——常数，$7.716 \times 10^{-8} m^3 \cdot d/(mg \cdot s)$；

q_{AOF}——气井绝对无阻流量最大值，$10^4 m^3/d$；

C_{H_2S}——天然气中硫化氢含量，mg/m^3。

N.3.1.3 在含硫化氢地区，未取得绝对无阻流量或硫化氢含量数值的气井应按以下方法计算：

a) 周边5km范围内含硫化氢气井数超过5口，分别取其中绝对无阻流量和硫化氢含量最大的5个值，求其平均值后按N.3.1.2中的方法计算；

b) 周边5km范围内含硫化氢气井数不超过5口，分别取其中绝对无阻流量和硫化氢含量最大的值，按N.3.1.2中的方法计算；

c) 周边5km范围内不存在硫化氢天然气井，公众危害程度等级视为二级。

N.3.2 公众安全防护距离要求

含硫化氢天然气井公众安全防护距离要求见表N-4。

表N-4 含硫化氢天然气井公众安全防护距离要求

公众危害程度等级	距离要求
三	井口距民宅应不小于100m，距铁路及高速公路应不小于200m；距公共设施及城镇中心应不小于500m
二	井口距民宅应不小于100m，距铁路及高速公路应不小于200m；距公共设施应不小于500m，距城镇中心应不小于1000m
一	井口距民宅应不小于100m且距井口300m内常驻居民户数不应大于20户，距铁路及高速公路应不小于300m；距公共设施及城镇中心应不小于1000m

附录 O 防喷器检验与修理和再制造

O.1 定期检验

O.1.1 陆地防喷器

O.1.1.1 检验周期

O.1.1.1.1 防喷器除按 SY/T 6868 要求在现场进行日常维护保养外，应定期进行检验，以确定维修项目。检查周期按时间段分为三月期、一年期和三年期。

O.1.1.1.2 检验周期可根据使用情况提前进行。

O.1.1.1.3 若防喷器现场连续作业一井次使用时间超过规定的检验周期时，防喷器作业结束后应立即补做检验。

O.1.1.2 检验内容

O.1.1.2.1 三月期。

a. 环形防喷器。

环形防喷器按以下内容进行检验：

a）清洗防喷器内部和可清洗的零部件；

b）顶盖、壳体、活塞垂直通孔圆柱面，满足以下要求：

——通径大于 179.4mm：在任一半径方向的偏磨量应不大于 3mm；

——通径不大于 179.4mm：在任一半径方向的偏磨量应不大于 2mm。

c）胶芯应无脱胶、龟裂、起泡等影响密封的缺陷；

d）上下连接紧固件状况；

e）环形防喷器应在有钻具的状态下，按 O.2.9.2 的规定进行关闭试验，高压试验压力应为环形防喷器额定工作压力的 70%，并目视检验液压控制腔密封情况。

b. 闸板防喷器。

闸板防喷器按以下内容进行检验：

a）清洗防喷器腔室和可清洗的零部件；

b）通径磨损在任一半径方向的偏磨量，满足以下要求：

——通径大于 179.4mm：在任一半径方向的偏磨量应不超过 3mm。

——通径不大于 179.4mm：在任一半径方向的偏磨量应不超过 2mm。

c）上下连接紧固件状况；

d）按 O.2.9.2 的规定进行防喷器的关闭试验，并目视检验液压控制腔密封情况，试验项目如下：

——全封闸板进行全封闭试验，全封-剪切闸板进行密封性能试验；

——管子闸板进行封管柱试验；

——变径闸板分别试验可密封的最小管柱和最大管柱。

O.1.1.2.2 一年期。

a. 环形防喷器。

环形防喷器除按 O. 1. 1. 2. 1 中 a. 的规定进行检验外，还应按以下内容进行检验：

a）顶盖内表面或活塞斜面应无拉伤；

b）顶盖密封面、壳体、活塞、防尘圈或隔离环的密封圈槽，应无影响密封的缺陷；

c）耐磨环或耐磨板，应无磨损或损坏(若适用)；

d）采用目视或渗透探伤方法检验法兰密封垫环槽部位，应无影响密封的缺陷；

e）顶盖与壳体连接部位及部件，应无影响承载能力的缺陷；

f）壳体、活塞、防尘圈或隔离环、外体部套筒的配合表面和密封表面应无拉伤、腐蚀等缺陷；

g）密封胶芯内孔及球面(或锥面)应无严重变形、撕裂、支承筋断裂及扭曲、脱胶、龟裂、起泡等缺陷；密封圈应无断裂、脱胶、龟裂、起泡等缺陷；

h）已失效或超过两年的密封胶芯、密封圈应更换；

i）螺纹孔应无乱扣、缺扣或变形，并能通过螺纹通止规检验；

j）螺栓、螺母应无损伤，并能通过螺纹通止规检验；

k）按 O. 2. 9. 1 的规定进行液压控制腔试验，试验压力应为额定工作压力；

l）按 O. 2. 9. 2 的规定进行防喷器的关闭试验，高压试验压力应为环形防喷器额定工作压力；

m）出厂时间超过 13 年的防喷器，应按 O. 2. 10. 2 每年进行声发射检测。

b. 闸板防喷器。

闸板防喷器除按 O. 1. 1. 2. 1 中 b. 的规定进行检验外，还应按以下内容进行检验：

a）打开侧门或中间法兰，取出闸板，清洗防喷器内部和可清洗的零部件；

b）侧门与壳体的连接部位和连接件，应无影响侧门开关和承压能力的缺陷；

c）采用目视或渗透探伤方法检验主通径垫环槽，应无影响密封能力的缺陷；

d）壳体与侧门的密封部位和密封部件，应无影响密封的缺陷；

e）闸板轴伸出到行程最大位置后，检验闸板轴，挂钩部位、闸板轴外圆应无损伤、变形；

f）闸板轴密封固定机构，应无损伤或变形；其配合面，应无影响密封的缺陷；

g）锁紧机构锁紧和解锁，应无卡阻；

h）闸板腔室密封部位，应无影响密封的缺陷；

i）闸板体与闸板轴连接槽，应无裂纹、弯曲变形；闸板体宽度、高度，应无严重磨损、变形；

j）闸板总成金属件，应无影响密封或剪切性能的缺陷，闸板胶芯表面，应无磨损、撕裂、脱胶、严重变形、龟裂、起泡等影响密封的缺陷；

k）已失效或超过两年的闸板胶芯、密封圈应更换；

l）螺纹孔应无乱扣、缺扣或变形，并能通过螺纹通止规检验；

m）螺栓、螺母表面应无损伤，并能通过螺纹通止规检验；

n）按 O. 2. 9. 1 的规定进行液压控制腔试验，试验压力应为额定工作压力；

o）按 O. 2. 9. 2 的规定进行防喷器的关闭试验，高压试验压力应为闸板防喷器额定工作压力；

p）出厂时间超过 13 年的防喷器，应按 O. 2. 10. 2 每年进行声发射检测。

O. 1. 1. 2. 3　三年期。

a. 环形防喷器。

环形防喷器除按 O. 1. 1. 2. 2 中 a 的规定进行检验外，还应按至少但不限于以下内容进行检验：

a）拆卸所有零件，清洗干净；

b）主要零件的关键尺寸，出现下列情况之一者应再制造或更换：

——通径大于 179. 4mm：在任一半径方向上的偏磨量超过 3mm 时；

——通径不大于 179. 4mm：在任一半径方向的偏磨量超过 2mm 时；

——当密封圈配合部位尺寸磨损量，超过原始产品设计或现行产品设计允许的磨损量时；

——耐磨环或耐磨板磨损量超过原偏差极限时(若适用)。

c）对壳体、活塞、顶盖等部件进行无损探伤检验，应符合 GB/T 20174—2019 的要求；

d）对壳体、活塞、顶盖等所有与井内介质接触的部件进行硬度检验，硬度值原则上不应低于 GB/T 20174—2019 要求，同时满足 NACE MR0175/ISO15156 的要求，如果硬度值低于 GB/T 20174—2019 要求，应根据 API Std 16AR 进行评估；

e）组装环形防喷器，按 O. 2. 9. 1 进行本体静水压试验和液压控制腔试验，如壳体、顶盖、活塞等承压件和控压件经过再制造，则应按 O. 2. 10. 1 进行本体静水压强度试验和液压控制腔试验，合格后进行关闭试验和通径试验。

b. 闸板防喷器。

闸板防喷器除按 O. 1. 1. 2. 2 中 b 的规定进行检验外，还应按至少但不限于以下内容进行检验：

a）拆卸所有零件，清洗干净；

b）主要零件的关键尺寸，出现下列情况之一者应再制造或更换：

——当闸板室的高度和宽度，测量值超过原制造厂说明的极限值时；

——通孔圆柱面偏磨量控制按 O. 1. 1. 2. 3 中 a 的要求执行；

——密封圈配合部位尺寸磨损量按 O. 1. 1. 2. 3 中 a 的要求执行；

——当侧门铰链孔、铰链座销孔其磨损量超过公差上限 0. 15mm 时(若适用)；

——当侧门铰链销外径磨损超过公差下限 0. 25mm 时(若适用)；

——当油缸内径磨损量超过公差限，超过原始产品设计或现行产品设计允许的磨损量时或有严重拉槽及防腐层脱落时；

——当活塞超过原始产品设计或现行产品设计允许的磨损量时；活塞耐磨环磨损量超过原偏差极限时。

c）对壳体、侧门、闸板轴等部件进行无损探伤检验，应符合 GB/T 20174—2019 的要求；

d）对壳体、侧门等与井内介质接触的部件进行硬度检验，硬度值原则上不应低于 GB/T 20174—2019 要求，同时满足 NACE MR0175/ISO 15156 的要求，如果硬度值低于 GB/T 20174—2019 要求，应根据 API Std 16AR 进行评估。

e）壳体出现下列情况之一者应再制造：

——当无损检测中任意部位出现超标缺陷或裂纹时；

——当壳体与侧门之间的密封面和闸板室密封面出现拉伤、影响密封的凹坑等缺陷时；

——当壳体螺栓孔螺纹出现损伤、影响连接性能时；

——法兰密封垫环槽磨损、损坏时；

f）侧门出现下列情况之一者应再制造或更换：
——当任意部位出现超标缺陷或裂纹时；
——当密封区域出现严重腐蚀、裂纹、变形、凹坑时；
——侧门下垂或转动困难时；
——当连接螺纹孔出现影响承载能力的缺陷时；
g）闸板轴、闸板体挂钩部位出现裂纹时应更换；
h）剪切闸板体出现下列情况之一者应更换：
——当密封表面出现超标缺陷或裂纹时；
——当密封部位腐蚀严重时；
——当剪切刀刃部位腐蚀或损伤严重时；
——当剪切刀刃部位探伤出现裂纹时。
i）闸板轴出现下列情况之一者应修理或更换：
——当外圆表面有影响密封性能的缺陷时；
——当内外螺纹损伤影响连接性能时；
——当挂钩部位有严重腐蚀、变形或裂纹时；
——当严重变形时。
j）侧门螺栓表面出现裂纹或螺纹严重损伤时应更换；
k）锁紧轴出现下列情况之一者应更换：
——当防腐层出现掉块、腐蚀影响密封时；
——当整体弯曲或螺纹损伤影响锁紧解锁时（若适用）；
——当端部四方损伤影响与手动操作总成连接时。
l）铰链销外径或密封槽出现下列情况之一者应修理或更换（若适用）：
——当表面损伤造成漏油或侧门转动困难或下垂时；
——当油路孔密封槽及周边损伤造成漏油。
m）缸盖密封部位出现裂纹或影响密封的损伤时应修理或更换。
n）液缸密封部位出现下列情况之一者应修理或更换：
——当液缸防腐层掉块、腐蚀出现凹坑影响密封时；
——当液缸被拉伤影响密封时。
o）液压自动锁紧闸板防喷器自动锁紧总成部分的修理宜参照主液缸、主活塞、缸盖等修理方法进行；
p）按 O. 2. 9. 1 进行本体静水压试验和液压控制腔试验，如壳体、侧门、液缸等承压件和控压件经过再制造，则应按 O. 2. 10. 1 进行本体静水压强度试验和液压控制腔试验，合格后进行关闭试验、闸板锁紧试验和通径试验。

O. 1. 2　海洋防喷器

O. 1. 2. 1　检验周期

O. 1. 2. 1. 1　防喷器除在现场按 SY/T 6868 进行日常使用外，应定期进行检验，以确定修理项目。检验周期按时间段分为三月期、一年期和五年期。

O. 1. 2. 1. 2　检验周期可根据使用情况提前进行。

O. 1. 2. 1. 3　若防喷器现场连续作业一井次使用时间超过规定的检验周期时，防喷器作业结束后应立即补做检验。

O.1.2.2　检验内容

O.1.2.2.1　三月期。

a. 环形防喷器。

环形防喷器按以下内容进行检验：

a）清洗防喷器内部和可清洗的零部件；

b）顶盖、壳体、活塞垂直通孔圆柱面，不应存在严重偏磨；

c）胶芯内孔应无脱胶、龟裂、起泡等影响密封的缺陷；

d）上下连接螺栓或卡箍，应紧固可靠；

e）应在有钻具的状态下，按O.2.9.2的规定进行关闭试验，高压试验压力应为环形防喷器额定工作压力的70%，并目视检验液压控制腔密封情况。

b. 闸板防喷器。

闸板防喷器按以下内容进行检验：

a）冲洗防喷器；

b）通径磨损情况，不应存在严重偏磨；

c）上下连接螺栓或卡箍，应紧固可靠；

d）按O.2.9.2的规定进行防喷器的关闭试验，并目视检验液压控制腔密封情况。

O.1.2.2.2　一年期。

a. 环形防喷器。

环形防喷器除按O.1.2.2.1中a的规定进行检验外，还应按以下内容进行检验：

a）移出顶盖和密封胶芯，清洗防喷器内可清洗的零部件；

b）顶盖内表面或活塞斜面、顶盖密封面、顶盖密封槽及与其配合密封面不应存在蚀坑、划痕及过度磨损等影响密封性能的缺陷；

c）顶盖耐磨板应无严重磨损或损坏（若适用）；

d）顶盖与壳体连接部位及部件，不应存在影响承载能力的缺陷；

e）密封胶芯不应存在过度磨损、严重变形、严重脱胶等影响密封的缺陷，支撑筋不应断裂或变形；

f）按O.2.9.1的规定进行液压控制腔试验，试验压力为厂家推荐的最大操作压力；

b. 闸板防喷器。

闸板防喷器除按O.1.2.2.1中b的规定进行检验外，还应按以下内容进行检验：

a）打开侧门或中间法兰，取出闸板体，清洗防喷器内可清洗的零部件；

b）侧门锁紧机构，对于螺栓锁紧形式，螺栓、螺栓孔不应存在乱扣、缺扣等影响锁紧能力的缺陷，对于锁紧销形式，锁紧销及锁紧槽不应存在变形、过度磨损等影响锁紧能力的缺陷；

c）与侧门配合的壳体密封面，不应存在凹坑、刮痕、锈蚀等影响密封的缺陷，密封面的平面度，任一位置平面间隙不应超过厂家尺寸要求；

d）闸板腔密封面或密封座表面不应有蚀坑、刮痕等影响密封的缺陷；

e）闸板腔与闸板体之间的配合尺寸间隙，不应超过厂家尺寸要求；

f）侧门密封槽不应存在凹坑、刮痕、变形等影响密封的缺陷；

g）侧门密封不应存在变形、龟裂、破损等影响密封的缺陷；

h）侧门闸板轴密封固定部件，应无损伤或变形等影响固定能力的缺陷；

i）闸板轴伸出到最大行程位置后，与闸板体连接部位，不应存在损伤、变形，并进行无损探伤，闸板轴表面，不应存在刮痕、蚀坑等影响密封的缺陷；

j）对于明杆式闸板体手动锁紧机构，锁紧轴不应存在刮痕、蚀坑、弯曲和螺纹损坏情况，其他形式闸板体锁紧机构应通过功能和压力试验进行功能确认；

k）剪切闸板体剪切刀刃，不应存在裂纹、变形等影响剪切能力的缺陷；闸板体与闸板轴连接部位，不应存在损伤、变形，闸板体橡胶件不应存在撕裂、严重脱胶、龟裂、起泡等影响密封的缺陷；

l）侧门泄压孔，应无堵塞；

m）按 O. 2. 9. 1 的规定进行液压控制腔试验，试验压力为厂家推荐的最大操作压力，并按照 O. 2. 10. 4 的规定进行闸板轴锁紧试验。

O. 1. 2. 2. 3　五年期。

a. 环形防喷器。

环形防喷器除按 O. 1. 2. 2. 2 中 a 的规定进行检验外，还应按至少但不限于以下内容进行检验：

a）解体环形防喷器所有部件，并清洗干净；

b）所有密封面、密封槽包括壳体、活塞、顶盖、液缸盖等，不应存在点蚀、凹坑、刮痕等影响密封性能的缺陷；

c）根据生产厂家尺寸要求，壳体及活塞等密封面配合尺寸，不应存在尺寸磨损超标情况，原则上外径不小于原尺寸下偏差 0. 5mm；内径不大于原尺寸上偏差 0. 5mm；

d）壳体上下卡箍头或法兰尺寸，不应超过原厂家尺寸要求；

e）顶盖、壳体、活塞垂直通孔圆柱面，任一半径方向的偏磨量不应超过 3mm；

f）壳体或顶盖密封垫环槽，不应存在凹坑、刮痕等影响密封性能的缺陷；

g）对壳体、活塞、顶盖等部件和顶盖锁环、锁块、螺栓、螺母等锁紧部件进行无损探伤检验，应符合 GB/T 20174—2019 的要求；

h）对所有用于承载的连接螺栓、螺母、螺纹孔等进行外观检验，不应有变形、缺扣，并能通过螺纹通止规检验；

i）对壳体、活塞、顶盖等所有与井内介质接触的部件进行硬度检验，硬度值原则上不应低于 GB/T 20174—2019 要求，同时满足 NACE MR0175/ISO 15156 的要求，如果硬度值低于 GB/T 20174—2019 要求，应根据 API Std 16AR 进行评估；

j）更换所有橡胶密封件；

k）组装环形防喷器，按 O. 2. 9. 1 进行本体静水压试验和液压控制腔试验，如壳体、顶盖、活塞等承压件和控压件经过再制造，则应按 O. 2. 10. 1 进行本体静水压强度试验和液压控制腔试验，合格后进行关闭试验和通径试验。

b. 闸板防喷器

闸板防喷器除按 O. 1. 2. 2. 2 中 b 的规定进行检验外，还应按至少但不限于以下内容进行检验：

a）解体闸板防喷器所有部件，并清洗干净；

b）所有密封面、密封槽包括壳体、主液缸、主活塞、控制液路活塞、铰链支撑座等，不应存在凹坑、刮痕等影响密封性能的缺陷；

c）壳体密封垫环槽，不应存在凹坑、刮痕等影响密封性能的缺陷；

d）壳体通径圆柱面，任一半径方向的偏磨量不应超过 3mm；

e）操作液缸及活塞密封配合尺寸，不应超过原厂家尺寸要求，原则上外径不小于原尺寸下偏差 0.5mm；内径不大于原尺寸上偏差 0.5mm；

f）控制液路活塞或铰链各部件配合尺寸，不应超过原厂家要求；

g）闸板腔室和闸板体尺寸，不应超过原厂家要求；

h）本体上下的卡箍头或法兰尺寸，不应超过生产厂家尺寸要求；

i）侧门闸板轴注脂孔内密封脂应清理干净后更换，注脂单向阀应功能正常；

j）壳体、侧门、操作液缸各部件、锁紧机构各部件、螺栓、螺母等部件进行无损探伤检验，应符合 GB/T 20174—2019 的要求；

k）对所有用于承载的连接螺栓、螺母、螺纹孔等进行外观检验，不应有变形、缺扣，并能通过螺纹通止规检验；

l）锁紧机构各部件，不应存在影响锁紧能力的缺陷；

m）对壳体、侧门等与井内介质接触的承压部件进行硬度检验，硬度值原则上不应低于 GB/T 20174—2019 要求，同时满足 NACE MR0175/ISO15156 的要求，如果硬度值低于 GB/T 20174—2019 要求，应根据 API Std 16AR 进行评估；

n）更换所有橡胶密封件；

o）组装闸板防喷器，按 O.2.9.1 进行本体静水压试验和液压控制腔试验，如壳体、侧门、液缸等承压件和控压件经过再制造，则应按 O.2.10.1 进行本体静水压强度试验和液压控制腔试验，合格后进行关闭试验、闸板锁紧试验和通径试验。

O.1.3　记录的要求

记录检验、修理结果，并保存。记录参见表 O-1～表 O-23。

表 O-1　陆地环形防喷器三月期检验、修理记录

产品序列号：　　　检验单位：　　　检验员签名：　　　检查日期：

型号		原产品序列号		制造厂	
检验部位			检验情况		处理结果
胶芯内孔					
顶盖、壳体、活塞垂直通孔圆柱面					
上下部连接法兰螺栓或卡箍					
关闭腔密封状况					
打开腔密封状况					

表 O-2　陆地环形防喷器一年期检验、修理记录

产品序列号：　　　检验单位：　　　检验员签名：　　　检查日期：

型号		原产品序列号		制造厂	
检验部位		检验情况		处理结果	
顶盖	内表面和活塞斜面				
	密封圈槽				
	通径				
	密封垫环槽				
	连接处				

续表

检验部位		检验情况	处理结果
壳体	密封圈槽		
	筒体内圆柱面		
	耐磨圈		
	通径		
	密封垫环槽		
	连接处		
活塞	表面		
	密封槽表面及外表面		
	耐磨圈		
防尘圈或隔离环	密封圈槽		
	耐磨圈		
外体部套筒	外圆密封槽及外表面		
	下端面密封槽		
连接件	表面状况		
	螺纹状况		

表 O-3 陆地环形防喷器三年期检验、修理记录

产品序列号：　　检验单位：　　检验员签名：　　检查日期：

型号		原产品序列号		制造厂	

检验部位		检验情况	处理结果
顶盖	内表面和活塞斜面		
	密封圈槽		
	通径		
	密封垫环槽		
	连接处		
	硬度		
	无损检测		
壳体	密封圈槽		
	筒体内圆柱面		
	耐磨圈		
	通径		
	密封垫环槽		
	连接处		
	硬度		
	无损检测		

续表

检验部位		检验情况	处理结果
活塞	表面		
	密封槽表面及外表面		
	耐磨圈		
	硬度		
	无损检测		
防尘圈或隔离环	密封圈槽		
	耐磨圈		
	硬度		
	无损检测		
外体部套筒	外圆密封槽及外表面		
	下端面密封槽		
	硬度		
	无损检测		
耐磨板	厚度		
	与胶芯接触面状况		
吊耳	无损检测		
连接件	表面状况		
	螺纹状况		

表 O-4　陆地环形防喷器三月期及一年期修理后关闭试验记录

产品序列号：　　检验单位：　　检验员签名：　　检查日期：

型号		原产品序列号		制造厂	
关闭试验(用≤10.5MPa 油压关闭，稳压 10min)，钻杆规格：					
试验类型	初始压力/MPa	终止压力/MPa	稳压时间/min	结论	
低压					
额定工作压力					
整机产品修理后结论：					

表 O-5　陆地环形防喷器三年期修理后关闭试验和通径试验记录

产品序列号：　　检验单位：　　检验员签名：　　检查日期：

型号		原产品序列号		制造厂	
关闭试验(用≤10.5MPa 油压关闭，稳压 10min)，钻杆规格：					
试验类型	初始压力/MPa	终止压力/MPa	稳压时间/min	结论	
低压					
额定工作压力					
通径试验：					
整机产品修理后结论：					

表 O-6　陆地环形防喷器三年期再造后液压控制腔、本体强度和关闭、通径试验记录

产品序列号：　　　　检验单位：　　　　检验员签名：　　　　检查日期：

型号		原产品序列号		制造厂	
液压控制腔强度试验(强度试验压力值为额定工作压力的 1.5 倍，不装胶芯)					
试验部位		初始压力/MPa	终止压力/MPa	稳压时间/min	结论
开腔	第一次				
	第二次				
关腔	第一次				
	第二次				
本体强度试验(强度试验压力值为额定工作压力的 1.5 倍，不装胶芯)					
试验类型		初始压力/MPa	终止压力/MPa	稳压时间/min	结论
本体强度	第一次			3	
	第二次			15	
关闭试验(用≤10.5MPa 油压关闭，稳压 10min)，钻杆规格：					
试验类型		初始压力/MPa	终止压力/MPa	稳压时间/min	结论
低压					
额定工作压力					
通径试验：					
整机产品再制造后结论：					

表 O-7　三月期陆地闸板防喷器检验、修理记录

产品序列号：　　　　检验单位：　　　　检验员签名：　　　　检查日期：

型号		原产品序列号		制造厂	
检验部位		检验情况		处理结果	
通径					
上下连接法兰螺栓					
关闭腔密封状况					
开启腔密封状况					

表 O-8　一年期陆地闸板防喷器检验、修理记录

产品序列号：　　　　检验单位：　　　　检验员签名：　　　　检查日期：

型号		原产品序列号		制造厂	
检验部位		检验情况		处理结果	
壳体	侧平面状态				
	闸板室密封面				
	密封垫环槽				
	通孔直径				
	连接件				
侧门	侧门平面				
	侧门密封圈槽				
	闸板轴密封圈				
	挡圈及挡圈槽				

续表

检验部位		检验情况	处理结果
闸板总成	闸板体变形情况		
	闸板体高度和宽度		
	挂钩		
	胶芯		
液缸总成	活塞密封圈		
	液缸		
	闸板轴密封圈		
连接件	损坏情况		
	更换数量		
闸板轴			
锁紧轴			

表 O-9　三年期陆地闸板防喷器检验、修理记录

产品序列号：　　　检验单位：　　　检验员签名：　　　检查日期：

型号		原产品序列号		制造厂	

检验部位		检验情况				处理结果
壳体	闸板室尺寸					
	闸板腔密封面					
	侧平面状态					
	侧平面螺孔					
	密封垫环槽					
	连接处					
	硬度					
	无损检测					
侧门	编号					
	密封圈槽					
	闸板轴密封					
	挡圈及挡圈槽					
	液缸密封圈槽					
	液缸螺栓孔					
	铰链孔密封面					
	硬度					
	无损检测					
	附件					
	密封圈骨架					
侧门螺栓						

续表

检验部位		检验情况				处理结果
闸板轴	编号					
	挂钩部位状况					
	闸板轴外圈					
	闸板防腐蚀层					
	外螺纹					
	硬度					
	无损检测					
闸板总成	规格					
	挂钩部位					
	闸板体高度和宽度					
	胶芯					
	硬度					
	无损检测					

表 O-10　陆地闸板防喷器三月期及一年期修理后关闭、锁紧试验记录

产品序列号：　　检验单位：　　检验员签名：　　检查日期：

型号		原产品序列号		制造厂	

关闭试验(用≤10.5MPa 液控油压关闭，稳压 10min)；锁紧试验(用≤10.5MPa 液控油压关闭，锁紧后卸掉油压，稳压 10min)

试验类型		初始压力/MPa	终止压力/MPa	稳压时间/min	结论
低压	上				
	下				
额定工作压力	上				
	下				

整机产品维修后结论：

表 O-11　陆地闸板防喷器三年期修理后关闭、锁紧和通径试验记录

产品序列号：　　检验单位：　　检验员签名：　　检查日期：

型号		原产品序列号		制造厂	

关闭试验(用≤10.5MPa 液控油压关闭，稳压 10min)；锁紧试验(用≤10.5MPa 液控油压关闭，锁紧后卸掉油压，稳压 10min)

试验类型		初始压力/MPa	终止压力/MPa	稳压时间/min	结论
低压	上				
	下				
额定工作压力	上				
	下				

通径试验：

整机产品维修后结论：

表 O-12　陆地闸板防喷器三年期再造后液压控制腔、本体强度和关闭、锁紧、通径试验记录

产品序列号：　　检验单位：　　检验员签名：　　检查日期：

型号		原产品序列号		制造厂	

液压控制腔强度试验(强度试验压力值为额定工作压力的 1.5 倍)

试验部位			初始压力/MPa	终止压力/MPa	稳压时间/min	结论
开腔	上	第一次				
		第二次				
	下	第一次				
		第二次				
关腔	上	第一次				
		第二次				
	下	第一次				
		第二次				

壳体强度试验(强度试验压力值为额定工作压力的 1.5 倍)

试验类型		初始压力/MPa	终止压力/MPa	稳压时间/min	结论
壳体强度	第一次			3	
	第二次			15	

关闭试验(用≤10.5MPa 液控油压关闭，稳压 10min)；锁紧试验(用≤10.5MPa 液控油压关闭，锁紧后卸掉油压，稳压 10min)

试验类型		初始压力/MPa	终止压力/MPa	稳压时间/min	结论
低压	上				
	下				
额定工作压力	上				
	下				

通径试验：

整机产品再制造后结论：

表 O-13　海洋环形防喷器三月期检验、修理记录

检验单位：　　检验员签名：　　检查日期：

型号		原产品序列号		制造厂	

检验部位	检验情况	处理结果
胶芯内孔		
顶盖、壳体、活塞垂直通孔圆柱面		
上下部连接法兰螺栓或卡箍		
关闭腔密封状况		
打开腔密封状况		

表 O-14 海洋环形防喷器一年期检验、修理记录

检验单位：　　　　检验员签名：　　　　检查日期：

型号		原产品序列号		制造厂	

检验部位		检验情况	处理结果
顶盖	球形内表面		
	密封圈槽或密封面		
	通径		
	与壳体连接位置		
壳体	与顶盖连接位置		
	通径		
活塞	胶芯密封内锥面		
	通径		
胶芯	胶芯外表		
	支撑筋		
顶盖与壳体连接部件	表面状况		

表 O-15 海洋环形防喷器五年期检验、修理记录

检验单位：　　　　检验员签名：　　　　检查日期：

型号		原产品序列号		制造厂	

检验部位		检验情况	处理结果
顶盖	内表面		
	密封圈槽或密封面		
	通径		
	密封垫环槽		
	与壳体连接位置		
	主连接螺栓孔		
	耐磨板		
	硬度		
	无损检测		
壳体	密封圈槽		
	密封面		
	通径		
	密封垫环槽		
	与顶盖连接位置		
	底部法兰或卡箍		
	硬度		
	无损检测		
活塞	密封面		
	密封槽		

续表

检验部位		检验情况	处理结果
活塞	内锥面		
	通径		
	硬度		
	无损检测		
液缸盖或液缸套	密封槽		
	密封面		
	硬度		
	无损检测		
顶盖与壳体锁紧部件	表面		
	无损检测		

表 O-16　海洋环形防喷器三月期及一年期修理后关闭试验记录

产品序列号：　　检验单位：　　检验员签名：　　检查日期：

型号		原产品序列号		制造厂	

关闭试验(用≤10.5MPa 油压关闭，稳压 10min)，钻杆规格：

试验类型	初始压力/MPa	终止压力/MPa	稳压时间/min	结论
低压				
额定工作压力				

整机产品维修后结论：

表 O-17　海洋环形防喷器五年期修理后关闭试验和通径试验记录

产品序列号：　　检验单位：　　检验员签名：　　检查日期：

型号		原产品序列号		制造厂	

关闭试验(用≤10.5MPa 油压关闭，稳压 10min)；钻杆规格：

试验类型	初始压力/MPa	终止压力/MPa	稳压时间/min	结论
低压				
额定工作压力				

整机产品维修后结论：

表 O-18　海洋环形防喷器五年期再造后液压控制腔、本体强度和关闭、通径试验记录

产品序列号：　　检验单位：　　检验员签名：　　检查日期：

型号		原产品序列号		制造厂	

液压控制腔强度试验(强度试验压力值为额定工作压力的 1.5 倍，不装胶芯)

试验部位		初始压力/MPa	终止压力/MPa	稳压时间/min	结论
开腔	第一次				
	第二次				
关腔	第一次				
	第二次				

续表

本体强度试验(强度试验压力值为额定工作压力的 1.5 倍，不装胶芯)					
试验类型		初始压力/MPa	终止压力/MPa	稳压时间/min	结论
本体强度	第一次			3	
	第二次			15	
关闭试验(用≤10.5MPa 油压关闭，稳压 10min)，钻杆规格：					
试验类型		初始压力/MPa	终止压力/MPa	稳压时间/min	结论
低压					
额定工作压力					
通径试验：					
整机产品再制造后结论：					

表 O-19　三月期海洋闸板防喷器检验、修理记录

检验单位：　　　　　　检验员签名：　　　　　　检查日期：

型号		原产品序列号		制造厂	
检验部位		检验情况		处理结果	
通径					
上下连接法兰螺栓或卡箍					
关闭腔密封状况					
开启腔密封状况					

表 O-20　一年期海洋闸板防喷器检验、修理记录

检验单位：　　　　　　检验员签名：　　　　　　检查日期：

型号		原产品序列号		制造厂	
检验部位		检验情况		处理结果	
壳体	侧门密封面				
	闸板腔室顶密封面或密封座表面				
	闸板腔室尺寸				
	通径				
	侧门连接部位				
侧门	侧门密封圈槽				
	侧门密封				
	闸板轴密封固定装置				
	泄压孔				
闸板轴	密封面				
	芯子连接部位				
闸板体	闸板体外观				
	闸板体高度				
	与闸板轴连接部位				
	密封胶芯				
侧门连接部件	外观状况				

表 O-21　五年期海洋闸板防喷器检验、修理记录

检验单位：　　　　　　检验员签名：　　　　　　检查日期：

型号		原产品序列号		制造厂	
检验部位		检验情况		处理结果	
壳体	侧门密封面				
	闸板腔室顶密封面或密封座表面				
	闸板腔室尺寸				
	通径				
	侧门连接部位				
	密封垫环槽				
	液路密封面或密封槽				
	硬度				
	无损检测				
侧门	侧门密封部件				
	密封圈槽				
	密封面				
	闸板轴密封固定装置				
	液缸密封圈槽				
	液缸螺栓孔				
	液路密封面或密封槽				
	硬度				
	无损检测				
活塞及闸板轴	活塞密封圈槽				
	闸板轴密封面				
	挂钩部位状况				
	外螺纹				
	硬度				
	无损检测				
闸板体	闸板体外观				
	闸板体高度				
	与闸板轴连接部位				
	密封胶芯				
	密封面				
	硬度				
	无损检测				
液缸	密封面				
	密封槽				
	无损检测				
液缸端盖	密封面				
	密封槽				
	无损检测				
锁紧机构	外表状况				
	无损检测				

表 O-22　海洋闸板防喷器三月期及一年期修理后关闭、锁紧试验记录

产品序列号：　　　　检验单位：　　　　检验员签名：　　　　检查日期：

型号		原产品序列号		制造厂	

关闭试验（用≤10.5MPa 液控油压关闭，稳压 10min）；锁紧试验（用≤10.5MPa 液控油压关闭，锁紧后卸掉油压，稳压 10min）

试验类型		初始压力/MPa	终止压力/MPa	稳压时间/min	结论
低压	上				
	下				
额定工作压力	上				
	下				

整机产品维修后结论：

表 O-23　海洋闸板防喷器五年期修理后关闭、锁紧和通径试验记录

产品序列号：　　　　检验单位：　　　　检验员签名：　　　　检查日期：

型号		原产品序列号		制造厂	

液压控制腔强度试验（强度试验压力值为额定工作压力的 1.5 倍）

试验部位			初始压力/MPa	终止压力/MPa	稳压时间/min	结论
开腔	上	第一次				
		第二次				
	下	第一次				
		第二次				
关腔	上	第一次				
		第二次				
	下	第一次				
		第二次				

壳体强度试验（强度试验压力值为额定工作压力的 1.5 倍）

试验类型		初始压力/MPa	终止压力/MPa	稳压时间/min	结论
壳体强度	第一次			3	
	第二次			15	

关闭试验（用≤10.5MPa 液控油压关闭，稳压 10min）；锁紧试验（用≤10.5MPa 液控油压关闭，锁紧后卸掉油压，稳压 10min）

试验类型		初始压力/MPa	终止压力/MPa	稳压时间/min	结论
低压	上				
	下				
额定工作压力	上				
	下				

通径试验：

整机产品再制造后结论：

O.2 修理和再制造

O.2.1 资格

防喷器的再制造，应由防喷器原设备制造商或经其授权的单位，或具有相应 API Spec 16A 资质的厂家进行。该厂家 API Spec 16A 证书的范围应能涵盖再制造的井控设备产品。

O.2.2 设备信息

修理和再制造前，确认以下信息，并形成文件：

a）原设备制造商；

b）通径和额定压力；

c）性能级别和温度级别；

d）序列号和任何其他的可追溯信息(如适用)；

e）有关目视检验总体情况的说明；

f）产品的参考图纸，包括产品的改进和升级(如有)；

g）设备累计修理和再制造的次数及历次修理和再制造报告；

h）设备修理和再制造报告；

i）设备使用履历(如有)。

O.2.3 设备修理

应按照下列要求进行设备修理：

a）应根据 OEM 或修理商的书面规范对设备进行全部拆卸和清洗，并隔离或识别每个总成零部件，以免零件混淆或误装配；

b）按照 OEM 或修理商的书面规范进行目视检验，检验结果应形成文件；所有的零部件都必须经过目视检验，以查出在零件上存在的明显的缺陷及变形；

c）对 GB/T 20174—2019 中要求的所有尺寸和原始设备制造商规定的关键尺寸进行检验，检验结果应形成文件并保存；

d）按照 O.2.8.1 的要求进行硬度检验；

e）为使设备修复到工作状态所必需的零件应按照原始设计规范的质量控制要求进行更换或修理；

f）设备应按照 OEM 或修理商的书面规范进行重新组装；

g）设备应按 O.2.9 的要求进行试验。

O.2.4 设备的再制造

所有再制造和替换的零件应满足或超过原始设备制造商的原设备设计要求，并应满足 GB/T 20174—2019 的要求。

设备的再制造包括下列内容：

a）应根据 OEM 或再制造商的书面规范对设备进行拆卸和清洗，并隔离或识别每个总成零部件，以免零件混淆或误装配；

b）按照 OEM 或再制造商的书面规范进行检验，检验结果应形成文件；

c）更换或再制造所有不符合验收准则的零件。零件的再制造应符合本章的质量控制要求；

d）设备应按照 OEM 或再制造商的书面规范进行重新组装；

e）设备应按 O.2.10 的要求进行试验。

O. 2. 5　设计和性能要求

O. 2. 5. 1　更换零件的设计

应使用 OEM 更换零件或 OEM 认可的制造商生产的更换零件；更换的零件应不低于原始设备制造商的设计要求，并应满足 GB/T 20174—2019 的要求；

所有更换的零件应记录，记录表参见表 O-24，更换的零件应有零件历史记录，应记录零件的批号和/或序号，以便对更换的零件进行追踪。

表 O-24　需要更换零件表

用户		设备名称及规格		检验员	
日期		零件生产厂家			
以下零件需要更换					
序号	名称	规格	数量	更换原因	编号/批号
1					
2					
3					
4					
5					
6					
7					
8					
9					
10					
11					
12					
13					
14					
15					
16					

O. 2. 5. 2　再制造零件的设计

再制造零件应不低于原始设备制造商的原设计要求，并应满足 GB/T 20174—2019 的要求。

O. 2. 5. 3　设计

再制造方案(材料、工艺、物理性能或应用等)应不低于 OEM 的设计要求，并应满足 GB/T 20174—2019 的要求。

O. 2. 6　材料

所更换承压、控压零件的材料应符合 GB/T 20174—2019 中第 6 章的规定，其他材料应符合制造商的书面规范的要求。

O. 2. 7　焊接

焊接应符合 GB/T 20174—2019 中第 7 章的规定。

需要再制造的承压件、控压件和保压件基体材料和填充材料在原始记录中不能获得材料试验记录时，应进行化学分析，并进行焊接工艺评定。

O.2.8 质量控制

从事质量控制活动的人员应符合 GB/T 20174—2019 中 8.3 的规定。

测量和试验设备应符合 GB/T 20174—2019 中 8.2 的规定。

O.2.8.1 承压件和控压件

O.2.8.1.1 硬度检测。

重复使用的零件的硬度应符合 GB/T 20174—2019 中 8.5.1.4 的规定。

需要再制造的零件硬度检测应在最终热处理(包括所有的消极应力热处理)之后及所有外部机械加工完成之后进行。

应在靠近测试位置对零件硬度实测值进行标示。组装后，允许其他部件遮盖硬度标记。

O.2.8.1.2 尺寸检验。

GB/T 20174—2019 规定的尺寸和设备制造商确定的关键尺寸应进行检验。

对所有受再制造影响的尺寸，应按再制造商的书面规范要求进行检验。

O.2.8.1.3 目视检验。

所有可接近的表面应按照修理和再制造商的书面规范进行目视检验，规范应包括验收准则。

O.2.8.1.4 表面 NDE。

受再制造影响的可接近的润湿表面和密封表面应进行表面 NDE，应符合 GB/T 20174—2019 中 8.5.1.9 的规定。

再制造的零件检测应在最终热处理和最终机加工完成后进行。

O.2.8.1.5 焊缝 NDE。

焊接质量控制应符合 GB/T 20174—2019 中 8.5.1.10 的规定。

所有焊缝应符合 GB/T 20174—2019 中 8.5.1.11 和 8.5.1.12 的规定。

焊缝表面 NDE 应符合 GB/T 20174—2019 中 8.5.1.13 的规定。此外，所有可接近的润湿表面和密封面应在最终热处理和机加工之后进行检测。

修复焊缝应符合 GB/T 20174—2019 中 8.5.1.14 的规定。此外，所有可接近的润湿表面和密封面应在最终热处理和机加工之后进行检测。

修理部位大于壁厚 25%或 25mm(1in)(取较小者)的承压焊缝和修复焊缝应符合 GB/T 20174—2019 中 8.5.1.15 的规定。

承压焊缝和修复焊缝的硬度检测应符合 GB/T 20174—2019 中 8.5.1.16 的规定。

O.2.8.2 体积 NDE

对于经过淬火和回火的再制造或更换的产品，应在为获得机械性能的热处理之后进行体积检测，不含为降低硬度进行的应力处理或再次回火处理。

O.2.8.3 非金属密封材料和模压密封总成(重复使用的零件)

重复使用的非金属密封材料和模压密封总成应按照修理和再制造商规定的要求进行检测。

O.2.8.4 整机设备

整机设备的质量控制要求应符合 GB/T 20174—2019 中 8.5.7 的规定。

O.2.9 修理后的试验

O.2.9.1 静水压试验和液压控制腔试验

试验由以下三个步骤组成：

a）初始保压期不少于 3min；

b）将压力减至零；

c）二次保压期不少于 15min。

应施加至少等于设备额定工作压力的压力，且其上限值的偏差应不超过额定工作压力的 5%或 3.45MPa，以较小的压力为准。若设备带有不同工作压力的端部或出口连接，应以其中最低额定工作压力确定壳体试验压力。应从压力已稳定在制造商所规定的范围内且本体的外表面已彻底干燥后开始计时。试验压力见表 O-25。

验收准则应无渗漏，且在整个保压期间，压力不应低于所需的最小试验压力。

表 O-25　本体静水压、液压控制腔试验

试验内容		试验压力/MPa	第一次保压时间/min	第二次保压时间/min
液压控制腔	开启腔	p_e	≥3	≥15
	关闭腔			
防喷器		p_w	≥3	≥15

注：p_w表示防喷器额定工作压力；p_e表示制造厂推荐的防喷器液压控制腔试验压力。以下均相同

O. 2. 9. 2　关闭试验

关闭试验分为低压试验和高压试验，并且低压试验应在高压试验之前进行。高压试验压力应不低于设备额定工作压力，且其上限值的偏差应不超过额定工作压力的 5%或 3.45MPa，以较小的压力为准。若设备带有不同工作压力的端部或出口连接，应以其中最低额定工作压力确定壳体试验压力。应从压力已稳定且壳体的外表面已彻底干燥后开始计时。

关闭试验项目和指标见表 O-26。

表 O-26　关闭试验

项目	试验条件			指标
	试验压力/MPa	液控压力/MPa	保压时间/min	
低压试验	1.4~2.1	≤p_m	≥10	无可见渗漏，且在整个保压期间，压力不低于所需的最小试验压力
高压试验	p_w			

注：p_m表示制造厂推荐的防喷器关闭压力值

O. 2. 9. 3　锁紧试验

每台装有闸板锁紧装置的防喷器在修理后都应在锁紧状态下进行压力试验。应按 SY/T 6868 的要求在闸板关闭、锁紧装置锁紧后，释放掉所有操作压力，按照关闭试验中低压试验和高压试验的规定进行试验。

O. 2. 9. 4　通径试验

所有压力试验结束后，用符合 GB/T 20174—2019 中表 1 规定的通径规通过单台设备通孔。

对于环形 BOP，压力试验后 30min 内，通径规芯轴应不借助外力穿过通孔。

对于闸板 BOP，通径规芯轴应不借助外力穿过通孔。

O. 2. 10　再制造后的试验

O. 2. 10. 1　本体静水压强度和液压控制腔试验

静水压强度和液压控制腔试验的三个步骤同 O. 2. 9. 1，试验压力见表 O-27。验收准则应为无渗漏。

表 O-27　本体静水压强度、液压控制腔试验

试验内容		试验压力/MPa	第一次保压时间/min	第二次保压时间/min
液压控制腔	开启腔	$1.5p_e$	≥3	≥15
	关闭腔			
防喷器		$1.5p_w$	≥3	≥15

注：p_w表示防喷器额定工作压力；p_e表示制造厂推荐的防喷器液压控制腔试验压力

O. 2. 10. 2　声发射试验

防喷器声发射试验按 GB/T 18182 的规定进行。声发射检测应贯穿于整个环形防喷器、闸板防喷器再制造静水压强度试验过程中。

在第一次加压过程中，任何声发射事件或声发射计算数率迅速增加时，应要求保压。若在保压过程中上述两种迹象中任一种继续出现，则应将压力降至大气压并查找原因。防喷器试验过程中应无渗漏。

在第二次加压过程中，第一次加压过程中的要求仍然适用，且不应出现以下的声发射指示：

a）在保压过程中出现声发射事件；

b）任意一个产生多于 500 个计数或产生一个相当于 500 个计数的特征的声发射事件；

c）任意一个直径等于焊缝厚度或 25mm(1in)(取其大者)的圆面积上出现 3 个或 3 个以上的声发射事件；

d）任意一个直径等于焊缝厚度或 25mm(1in)(取其大者)的圆面积上出现两个或两个以上的声发射事件，且该面积在第一次加压过程中出现多个声发射事件。

防喷器产生有疑问的声发射响应信号(即声发射检测人员无法解释的声发射信号)时，应按 GB/T 20174—2019 中 8. 5. 1. 15. 2 的规定通过射线检测进行评定。若防喷器的结构不宜采用射线检测时，可按 GB/T 20174—2019 中 8. 5. 1. 15. 3 的规定进行超声波检测。适当时，防喷器最终结果的评定应取决于射线检测或超声波检测的结果。

O. 2. 10. 3　关闭试验

防喷器再制造后的关闭试验按 O. 2. 9. 2 的规定进行。

O. 2. 10. 4　锁紧试验

防喷器再制造后的锁紧试验按 O. 2. 9. 3 的规定进行。

O. 2. 10. 5　通径试验

防喷器再制造后的通径试验按 O. 2. 9. 4 的规定进行。

O. 2. 11　标志

修理或再制造的零件应做标记。修理或再制造的标记内容需单独增加而不能替换原有的标记内容。

修理或再制造的金属设备的标记位置应根据 GB/T 20174—2019 的要求执行。

以下标记应增加到零件上：

a）再制造零件标记“RMFR”，修理零件“RPR”；

b）再制造厂的名称或厂标；

c）修理或再制造的日期(月年)，例如 2016 年 3 月，标记为 0316。

在修理和再制造前如原始标记丢失，必须按照 GB/T 20174—2019 的要求重新做标记，包括原始生产厂或现修理和再制造厂的详细信息。

修理或再制造实现产品的改造后，影响现有 GB/T 20174—2019 标识标记的应进行校正，使现有设备规格符合 GB/T 20174—2019。

再制造零件或整机不符合原始产品定义的，应有特殊标记标明。

O. 2. 12　记录的要求

O. 2. 12. 1　总则

应保存 O. 2. 2 中所要求的所有文件和记录。

填写各项检验和试验记录，并形成制造数据手册(MDB)，记录于产品历史档案(PHF)中。所有记录都应有签字并注明日期。

另外，应向设备所有者提供电子的或拷贝的 PHF 记录。

O. 2. 12. 2　记录

应保存如下记录：

a）PQR；

b）焊工资格评定记录；

c）焊接设备记录：

——校准试验；

——认证文件。

d）MTR：

——化学分析；

——拉伸试验(QTC)；

——冲击功试验(如需要 QTC)；

——硬度试验(QTC)。

e）NDE 人员资格鉴定记录；

f）NDE 记录：

——表面 NDE 记录；

——全焊透构件；

——焊缝体积 NDE 记录；

——补焊 NDE 记录。

g）硬度试验记录；

h）焊接工艺记录：

——焊工评定；

——焊接工艺评定；

——填充材料热处理/批号；

——PWHT 和脱氢热处理(DHT)。

i）热处理记录：

——实际温度；

——实际保温时间。

j）体积 NDE 记录；

k）关闭试验、静水压强度试验记录；

l）关键尺寸记录；

m）通径试验记录；

n）声发射检测记录。

注：如上述检测和操作未进行，可不用进行记录。

O.2.13　修理和再制造后证书的发放

O.2.13.1　符合合格证书 COC

除设备所有者有特殊要求外，在此标准指导下完成了防喷器产品的修理或再制造，修理和再制造商应出具 COC。符合合格证书的内容参见表 O-28。

证书应保存到设备履历中，以实现在产品全生命周期的可追溯性。

表 O-28　合格证书

按下列内容编制 COC。

证书编号：__________

顾客：__________

顾客涉及的编号：__________

设备状态：__________

设备描述：__________

件号：__________

制造编号：__________

修理/再制造日期：__________

本证书证明上述钻通设备已按照下面的标准进行了检验、修理/再制造和维护保养。

标准名称：

GB/T 20174—2019《石油天然气钻采设备钻通设备》

SY/T 6160《防喷器检查和维修》

NACE MR0175/ISO 15156《油田设备抗硫化物应力腐蚀断裂和应力腐蚀裂纹的金属材料》

和本证书相关的操作限制：

最大工作压力	
设计温度（最小到最大）	
是否满足 NACE MR0175/ISO 15156 中酸性条件	
操作环境（海洋/陆地）	
其他限制	

签字：

职位：

日期：

承包商名称：

O.2.13.2　服务证书 COS

除设备所有者有特殊要求外，在此标准指导下完成了防喷器产品的服务，修理和再制造商应出具 COS 证书。

O.2.14　其他要求

拆卸检验时，应记录拆卸的每一个零件的装配位置，装配时应安装在原始位置。

检验、修理和再制造完后的防喷器应排尽设备体内的水，喷涂防护油漆。裸露表面进行防锈处理，液压油路接口应封堵。

零件和设备外露的金属表面应进行防锈处理保护，所有的保护方法在 50℃（125℉）以下应不熔化。

所有连接表面和密封垫环槽应用经久耐用的覆盖物加以保护。

【SY/T 6160—2019】

附录P 术 语

P.1 液柱压力 fluid column pressure

由井内液柱的重力形成的压力。

P.2 压力过渡带 pressure transitional zone

地层压力由正常值逐渐变为异常值的过渡地层。

P.3 压力当量密度 pressure equivalent density

井内某深度处的压力用等深度、等压力的液柱压力表示时，液柱流体所具有的密度。

P.4 井底压力 bottom-hole pressure

作用于井底的各种压力总和。

P.5 井底循环压力 bottom-hole circulating pressure

循环时井底压力。它等于静液柱压力、环空压耗以及井口回压之和。

P.6 井底静止压力 bottom-hole static pressure

不循环时的井底压力。

P.7 附加压力 enhanced pressure

确定钻井液密度时，使钻井液液柱压力超过地层压力的压力值。

P.8 当量深度 equivalent depth

在异常高压层，岩石的骨架应力比同等深度正常压力地层的骨架应力低，这一较低的骨架应力值与正常压力井段某一深度对应的骨架应力相等，该深度即称为异常压力层的当量深度。

P.9 钻柱排代量 drill string displacement

钻柱管体所排代的等量钻井液体积。

P.10 井口回压 back pressure

由节流阀产生的，作用于环空和井底的压力。

P.11 激动压力 surge pressure

由于下钻过快或钻井泵启动速率过快，使井内钻井液运动速度突然改变时引起的井内压力瞬时增加值。

P.12 抽吸压力 swab pressure

上提钻柱时，由于钻井液的运动引起的井内压力瞬时降低值。

P.13 环空压力剖面 annular pressure profile

指流体作用于环空形成的环空压力分布，表现为环空压力值随深度的变化关系。

P.14 环空摩阻压力 annular friction pressure

环空中流体流动阻力造成的压力损失。

P.15 当量循环密度 equivalent circulating density; ECD

井内某深度处的循环压力用等深度、等循环压力的液柱压力表示时，液柱流体所具有的密度。

P. 16 压力脉冲 pressure spike

因节流阀开关产生的瞬时压力变化。

P. 17 压力窗口 pressure windows/margin

某一深度处地层破裂压力或坍塌压力与孔隙压力的差值。

P. 18 立管压力 standpipe pressure

钻井立管压力表显示的压力。

P. 19 关井套管压力 shut-in casing pressure

停泵关井后，由于环空内钻井液不能平衡地层压力，在套管压力表显示的压力值。

P. 20 关井立管压力 shut-in standpipe pressure

停泵关井后，钻具内钻井液不能平衡地层压力，在立管压力表显示的压力值。

P. 21 单梯度 single gradient

井筒内采用单一密度的钻井液。

P. 22 双梯度 dual gradient

井筒内采用两种不同密度的钻井液。

P. 23 地层压力检测 pore pressure prediction

在钻井过程中利用随钻资料对地层压力进行实时监测，以便对地层压力的预测值进行校正。

P. 24 正常压力趋势线 normal pore pressure trend line

在各种检测地层压力的方法中，所检测的地层特性参数(多是反映地层压实程度的参数)在正常地层孔隙压力条件下随深度的增加而变化的趋势。

P. 25 地震层速度法 seismic reflection method

利用地震波在地层中传播速度的变化来预测地层孔隙压力的方法。

P. 26 声波时差法 interval travel time method

利用声波时差随深度的变化可以检测地层孔隙压力的方法。

P. 27 机械钻速法 penetration rate method

利用钻入压力过渡带或高压层时机械钻速加快的特征监测异常高压层的方法。

P. 28 *d* 指数法 *d*-exponent method

利用宾汉钻速方程中的比钻压指数 *d* 在泥(页)岩地层中的变化来监测异常高压层的方法。

P. 29 *dc* 指数法 *dc*-exponent method

修正的 *d* 指数法 corrected *d*-exponent method

由正常地层压力当量密度与钻井液密度之比修正后的 *d* 指数法。

P. 30 标准化钻速法 normalized drilling rate method

把影响钻速的液柱压力与地层孔隙压力之间的压差以外的诸因素作标准化处理，利用标准钻速的变化，监测地层孔隙压力的方法。

P. 31 页(泥)岩密度法 shale(mud)density method

利用钻入压力过渡带或高压层时页(泥)岩岩屑密度减小的规律来监测异常高压层的方法。

P. 32 溢流观测法 overflow observation method

根据溢流时关井测得的立管压力值，求得地层孔隙压力的方法。

P. 33 气测录井法 gas log method

利用气测仪连续采集分析钻井液中气体成分和含量，依据钻入压力过渡带或高压层时，烃类气体含量增加的特征来监测高压层的方法。

P. 34 氯化物检测法 chloride log method

随钻测定返出钻井液中氯化物的含量，依据钻入过渡带或高压层时钻井液滤液中的氯化物含量增加特征来检测高压层的方法。

P. 35 钻井液录井法 drilling fluid log method

利用钻入过渡带或高压层时钻井液性能(密度、动切力、液流指数)的变化来检测高压层的方法。

P. 36 出口温度检测法 return-line temperature detection method

利用钻入压力过渡带或高压层时返出钻井液的温度梯度升高的原理来检测异常高压层的方法。

P. 37 出口温度 flow-line temperature

循环时，在井口测得的流体温度。

P. 38 井底循环温度 bottom-hole circulating temperature

循环时，井底流体所能达到的最高温度。

P. 39 井底静止温度 static bottom-hole temperature

井内流体在静止状态下，井底流体所能达到的最高温度。

P. 40 化石资料法 petrification trace

有些异常高压地层的形成与一定的沉积环境有关，利用标志某种沉积环境化石的出现来预告异常高压层的方法。

P. 41 测井检测法 logging detect method

利用地球物理测井中的电学、力学、声学及其他物理性质的变化特征，检测异常高压层的方法。

P. 42 地层破裂压力预测方法 formation fracture pressure prediction

预测地下不同井深地层破裂压力的方法。

P. 43 哈伯特-威利斯法 Hubbert & Willis minimum fracture gradient

哈伯特和威利斯提出的估算地层破裂压力的方法。其计算式为：

$$p_f = p_p + \alpha \times (p_0 - p_p)$$

式中 p_f——地层破裂压力；

p_p——地层压力；

α——系数，等于1/3~1/2；

p_0——上覆岩层压力。

P. 44 马休斯-凯利法 Matthews & Kelly's method

马休斯-凯利提出的计算式估算地层破裂压力的方法。其计算式为：

$$p_f = p_p + k_i \times (p_0 - p_p)$$

式中 K_i——基岩应力系数，其值为水平压力与垂直应力的比值。

P. 45 伊顿法 Eaton's method

伊顿提出的计算式估算地层破裂压力的方法。其计算式为：

$$p_f = p_p + \left(\frac{\mu}{1-\mu}\right)(p_0 - p_p)$$

式中 μ——泊松比。

P. 46 安德森法 Anderson′s method

安德森提出的计算式估算地层破裂压力的方法。其计算公式为：

$$p_f = p_0\left(\frac{2\mu}{1-\mu}\right) + 2p_p\left(\frac{1-3\mu}{1-\mu}\right)$$

P. 47 艾克斯劳格法 Exlog′s method

艾克斯劳格提出的计算式估算地层破裂压力的方法。其计算式为：

$$p_f = p_p + \left(\frac{\mu}{1-\mu} + \beta\right)(p_0 - p_p)$$

式中 β——均匀构造应力系数。

P. 48 黄氏法 Huang′s method

黄荣樽提出的计算式估算地层破裂压力的方法。其计算式为：

$$p_f = p_p + \left(\frac{2\mu}{1-\mu} + \kappa\right)(p_0 - p_p) + S_t$$

式中 κ——非均匀构造应力系数；

S_t——破裂地层的岩石抗拉强度。

P. 49 漏失试验法 leak-off test

破裂压力试验法

通过关井憋压方式将套管鞋以下第一个砂层压漏来求得该层地层破裂压力的方法。

P. 50 井侵 influx

地层流体(油、气、水)侵入井内的现象。

P. 51 气体上窜 gas channeling

井内的气体向井口运移的过程。

P. 52 溢流 overflow

因地层流体侵入井内引起井口返出的钻井液量比泵入量大，或停泵后井口钻井液自动外溢的现象。

P. 53 溢流量 overflow volume

地层流体侵入井内引起的钻井液体积增加量。

P. 54 溢流长度 kick length

溢流高度

根据溢流量和井眼条件计算出的进入井眼的地层流体在井眼中所占的长度。

P. 55 溢流前兆 impending blowout

可能发生溢流的各种显示或现象。

P. 56 预警时间 warning time

从用仪器和装置检测出溢流前兆开始到将转化为溢流的时间。

P. 57 井涌 well kick

溢流进一步发展到钻井液涌出井口或防溢管口的现象。

P.58 井喷 well blowout

井涌进一步发展到地层流体(油、气或水)持续无控制地流入井内的现象。

P.59 地下井喷 bottom blowout

溢流关井后，将某一薄弱层压破，高压层流体大量流入被压裂地层的现象。

P.60 钻柱内井喷 drill string blowout

流体从钻柱内涌出的井喷。

P.61 井喷失控 out of control for blowout

发生井喷后，无法用井口防喷装置进行有效控制而出现敞喷的现象。

P.62 循环池液体增量 pit gain

因地层流体进入井内引起的循环池内钻井液体积的增量。

P.63 井控 well control

对井底压力进行控制的工艺技术。

P.64 一级井控 primary well control

利用井内钻井液柱压力来平衡井筒压力的工艺技术。

P.65 二级井控 secondary well control

溢流、井涌、井喷后采用一定的井控工艺、设备恢复对井筒压力控制的工艺技术。

P.66 三级井控 tertiary well control

井喷失控后重新恢复对井筒压力控制的工艺技术。

P.67 关井 shut-in

发生溢流、井涌、井喷后，关闭井口的作业。

P.68 硬关井 “hard” shut-in

发现溢流、井涌、井喷时，节流阀在关闭状态下关闭防喷器的关井方法。

P.69 软关井 “soft” shut-in

发生溢流、井涌、井喷时，节流阀在一定开度条件下关闭防喷器，再关闭节流阀的关井方法。

P.70 压井 well killing

向失去压力平衡的井内泵入适当密度钻井液，以重建和恢复井内压力平衡的作业。

P.71 空井压井 empty well killing

井内无钻具情况下的压井作业。

P.72 压井方法 kill methods

采用不同的工艺措施进行压井作业的统称。

P.73 等候加重法 wait and weight kill method; engineer's kill method(工程师法)

先关井求压，待加重钻井液准备好后，用加重钻井液在一个循环周完成压井的施工方法。

P.74 二次循环法 double circulation kill method; driller's method(司钻法)

先关井求压，然后用两个循环周完成压井的施工方法。第一个循环周用原钻井液循环，以排出环空中的受侵钻井液。第二个循环周将加重钻井液泵入井内压井。

P.75 边加重边循环法 composite kill method; weighting & circulating kill method

先关井求压，然后一边加重钻井液，一边将加重的钻井液泵入井内的压井方法。

P.76 置换压井法 displacement kill method

向井内挤入定量加重钻井液，关井使钻井液下落，然后泄掉相应量的井口压力。重复这个过程，直至井口压力降到一定程度，再强行下钻完成压井作业。

P.77 反循环压井法 reverse circulating kill method

钻井液从环空泵入，由钻杆内返出的压井方法。

P.78 动态压井法 dynamic killing method

通过调节循环排量以控制流动阻力的压井方法。

P.79 下封隔器压井 killing by packer

利用不压井起下钻井口装置下入封隔器压井的施工方法。

P.80 节流循环 circulating by adjustable choke

通过调节节流阀开度控制井口回压，使立管压力保持在所需值的循环方法。

P.81 抢装井口 installing wellhead at emergent occasion

在井喷条件下拆除损坏的井口装置，迅速安装新井口装置的作业。

P.82 井控设备 well control equipment

在钻完井施工中用于监测、控制井筒压力，防止或处理井涌及井喷的装备总称。

P.83 防喷器 blowout preventer；BOP

关闭井口用的设备。根据钻井工艺的需要和封闭钻具的不同要求，防喷器分为多种型式。

P.84 环形防喷器 annular preventer

能对各种尺寸和形状钻具、下井缆线和仪器的环形空间形成有效压力密封的防喷器。

P.85 闸板防喷器 ram preventer

封闭部分为闸板的防喷器。分全封式、管子式、剪切式等。

P.86 管子闸板防喷器 pipe ram preventer(半封闸板防喷器)

井内留有钻具时用闸板关井所用的防喷器。

P.87 全封闸板防喷器 blind ram preventer

井内无钻具时用闸板来关井所用的防喷器。

P.88 单闸板防喷器 single ram preventer

在一个壳体内具有一副闸板的闸板防喷器。

P.89 双闸板防喷器 double ram preventer

在一个壳体内具有两副闸板的闸板防喷器。

P.90 防溢管 bell nipple

接在防喷器顶部用于抬高钻井液出口和防止外溢的一段管子。

P.91 防喷器四通 spool(钻井四通)

位于防喷器之下或两防喷器之间，用于安装节流管汇和压井管汇的部件。

P.92 防喷器组合 BOP stack

由一组防喷器和四通按照一定的组合顺序和形式构成的一套井口防喷设备。

P.93 节流管汇 control manifold

用于节流、控制压井和放喷的一组闸门及管汇。

P.94 地面管汇 drill fluid injection line

位于钻井泵与立管之间，用于分配高压钻井液流向的一组闸门及管汇。

P.95 紧急关闭系统 emergency shutdown system

安装于钻井液的出/入管线上，用于紧急切断钻井液/气流动的装置。

P.96 节流管汇控制装置 manifold control system(节流控制箱)

用于显示井控有关参数、控制液动节流阀开度的装置。

P.97 压井管汇 killing manifold

用于向井内泵入压井液的专用管汇。

P.98 司钻控制台 driller's BOP control panel(钻台防喷器控制板)

安装在钻台上，由司钻操纵用于开关防喷器的控制装置。

P.99 远程控制台 remote control console

距离井口一定距离(一般25m以上)，为防喷器开关提供液压能量，并能对井口防喷器实施远程控制的装置。

P.100 旋转控制头 rotating control head

一种被动密封的井口压力控制设备，能在钻柱旋转状态下关闭环空。

P.101 旋转防喷器 rotating blowout preventer; RBOP

一种主动密封的井口压力控制设备，能在钻柱旋转状态下关闭环空。

P.102 内防喷工具 inside blowout preventer

装在钻柱上或钻杆水眼中，防止钻井液反方向流动的工具。

P.103 钻井液出口流量计 drilling fluid flowmeter

用来测量和记录井口返出钻井液流量的仪表。

P.104 泵冲计数仪 pump-stroke counter

记录泵冲数(泵排量)的仪表。

P.105 循环池液面监测器 pit-lever monitor

用来监测循环池内液面升降的仪器。

P.106 真空除气器 vacuum type degasser

利用真空减压法清除钻井液内所含气体的设备。

P.107 硫化氢监测仪 hydrogen-sulfide detector

用来监测钻井井场及周边大气中硫化氢含量的仪器。

P.108 计量罐 trip tank

用于计量起钻时灌入井内的钻井液体积的钻井液罐。

P.109 液气分离器 liquid/gas separator

分离返回钻井液中的气体的装置。

P.110 井控模拟装置 well control simulator

用于井控培训的一种模拟教学装置。

P.111 油气井灭火方法 oil well fire extinguishing

油气井井喷失控着火后采取的各种灭火手段。

P.112 喷射水流灭火法 jet extinguishing method

用消防水枪或钻井液枪喷射水流灭火的方法。

P.113 爆炸灭火法 explosive extinguishing method

用炸药在井口上空爆炸以产生强大冲击波形成瞬时真空的灭火方法。

P.114 化学灭火法 chemical agentextinguishing method

用具有高效灭火功能的化学药剂灭火的方法。

P.115 空气灭火法 pressurized air extinguishing method

用产生足够风量的机械装备，输送相当的风量来吹灭井口火焰的方法。

P.116 液动节流阀 dynamic choke

利用液压传动控制井口回压的节流阀。【GB/T 28911—2012】

P.117 含硫油气井 sulfurous oil and gas well

天然气的总压等于或大于 0.4MPa(60psi)，而且该气体中硫化氢分压等于或大于 0.0003MPa 的井；或地层天然气中硫化氢含量大于 $75mg/m^3$(50ppm)的井。

P.118 高含硫油气井 high sulfurous oil and gas well

地层天然气中硫化氢含量等于或大于 $1500mg/m^3$(1000ppm)的井。

P.119 高压油气井 high-pressure oil and gas well

地层压力等于或大于 70MPa 的井。【GB/T 31033—2014】

P.120 受限空间 confined spaces

是指具有已知或潜在危险和有限的出入口结构的封闭空间。

P.121 阈限值 threshold limit value(TLV)

几乎所有工作人员长期暴露都不会产生不利影响的某种有毒物质在空气中的最大浓度。如硫化氢的阈限值为 $15mg/m^3$(10ppm)，二氧化硫的阈限值为 $5.4mg/m^3$(2ppm)。

P.122 安全临界浓度 safety critical concentration

工作人员在露天安全工作 8h 可接受的某种有毒物质在空气中的最高浓度。如硫化氢的安全临界浓度为 $30mg/m^3$(20ppm)。

P.123 危险临界浓度 dangerous threshold limit value

有毒物质在空气中达到此浓度时，对生命和健康产生不可逆转的或延迟性的影响，如硫化氢的危险临界浓度为 $150mg/m^3$(100ppm)。【AQ 2012—2007】

P.124 蓄能器 accumulator

一种预充了惰性气体的压力容器。

注：用于在压力下储存液压液。

P.125 蓄能器组 accumulator bank

通过一个公用管汇把多个蓄能器组合在一起的总成。

P.126 蓄能器预充 accumulator precharge

预充压 precharge

对蓄能器预先充入一定压力的惰性气体，当液压液被泵入蓄能器时气体进一步压缩，从而储存潜在的能量的过程。

P.127 封闭位置 block position

三位控制阀的中位。

P.128 关闭比(闸板防喷器) closing ratio(ram BOP)

一个无量纲的系数，等于活塞工作面积除以闸板活塞杆的面积。

P.129 防喷器控制系统(关闭装置)BOP control system(closing unit)

操作防喷器组开关的控制设备。

注：由泵、阀、蓄能器、液箱和混合设备、管汇、管线、软管、控制面板以及液压系统所必备的其他部件组成。

P.130 节流或压井管线 choke or kill line

防喷器关闭时，一种可以将液体泵入井内或从井内排出的高压管线。

P. 131　节流和压井阀　choke and kill valves

连接在防喷器的下部且作为防喷器组的一个部件的阀，可实现井口节流或压井操作。

P. 132　控制液　control fluid

具有一定压力的液压油、水基液或气体，通过它们对控制阀进行先导操作或直接操作功能元件。

P. 133　控制软管束　control hose bundle

软管束(hose bundle)

一组被捆成一束并带有保护套的软管，用它来实现先导、输送及控制功能。

P. 134　控制管线　control line

用于输送控制液的柔性软管或硬管线。

P. 135　控制管汇　control manifold

由控制阀、调压阀、压力表和管线组成的组件，用来调节压力以及控制液压动力液的流向，从而实现系统的各种功能。

P. 136　分流器　diverter

一个安装在井口或隔水管顶部的装置。

注：用来关闭垂直流道并引导井液(一般为浅层气)流进排出管线，从而使井液远离钻机。

P. 137　动力液　power fluid

带压流体，用于直接对功能部件进行操作。

P. 138　调压阀　regulator(valve)

一种将上游提供的压力减小到期望(调定)压力的液压设备。

P. 139　溢流阀　relief valve

安装在液压或气动系统内，当管路中的压力超出预定值时自动打开卸压的元件。【SY/T 5053.2—2020】

P. 140　硫化物应力开裂　sulfide stress cracking

在有水和硫化氢存在的情况下，与腐蚀、残留的和(或)施加的拉应力相关的一种金属开裂。【SY/T 0599—2018】

P. 141　节流阀　choke

用于限制和控制流体流量的设备。

P. 142　盲法兰　blind flange

无中心孔的法兰，用于完全封闭法兰端部或出口连接。

P. 143　螺纹法兰　threaded flange

在一侧有密封面，另一侧有内螺纹的法兰，用于连接法兰接头和螺纹接头。【SY/T 5323—2016】

P. 144　正常压力地层压差卡钻临界值　critical value of differential pressure sticking in normal pressure formation

裸眼井段中，正常地层压力井段不发生压差卡钻所允许的钻井液液柱压力与地层孔隙压力之间的最大差值。

P. 145　异常压力地层压差卡钻临界值　critical value of differential pressure sticking in abnormal pressure formation

裸眼井段中，异常地层压力井段不发生压差卡钻所允许的钻井液液柱压力与地层孔隙压力之间的最大差值。

P.146 地层破裂压力当量密度安全允许值 allowable safe value of equivalent density of fracture pressure in formation

考虑地层破裂压力当量密度检测的精度，地层破裂压力当量密度允许存在的最大误差值。

P.147 安全地层破裂压力当量密度 safe equivalent density of fracture pressure in formation

考虑地层破裂压力当量密度安全允许值后的地层破裂压力当量密度最小值。

P.148 溢流允许值 kick tolerance

钻遇裸眼井段最大地层孔隙压力处所允许的井内压力当量密度增加值。【SY/T 5431—2017】

P.149 试验 testing

按照程序确定一个或多个特性。

P.150 检验 inspection

通过观察和判断，适当时结合测量、试验所进行的符合性评价。

P.151 修理 repair

在更换或不更换零件的情况下，对防喷器进行的拆卸、重新组装和试验等活动。

修理不包括对零部件的机加工、焊接、热处理或其他制造过程，也不包括承压件的更换。修理可以包括非承压件的更换。

P.152 控压件 pressure-controlling part/pressure-controlling member

控制或调节井内流体的那些零件。【SY/T 6160—2019】

P.153 缓冲管 buffer tank

一种具有耐冲蚀能力的管体，用来改变下游节流管汇中流体流向，以引导流体至液气分离器等位置。

P.154 主控盘 master panel

位于主动力液源附近，由控制管汇、控制阀及仪表等部件组成且对防喷器组的全部功能都能够直接实施操作的控制面板。

P.155 司钻控制盘 driller′s panel

钻台上司钻操作台附近的防喷器组控制面板。

P.156 辅助遥控盘 auxiliary remote panel

安装在非危险区域内(通常在钻井领班办公室)的防喷器组控制面板。

P.157 先导液控制系统 discrete hydraulic control system

通过高温阻燃液压软管束将液压控制信号和控制液一起传送到控制盒内的先导阀来实现对防喷器组及阀门操控的系统。【SY/T 6962—2018】

P.158 响应时间 response time

使防喷器部件关闭并建立有效密封压力的时间。

P.159 升高短节 spacer spool(s)

带有法兰或毂端接头的承压件，用于调节井控装置位置。

注：升高短节可安装在闸板防喷器组的上部或下部位置。

P.160 稳定压力值 stabilized pressure

在压力测试规定时间内，压力记录图表上显示的稳定压力读值。

P. 161 系统压力测试 system pressure test

用于验证管道和承压设备使用过程中保持密封压力能力的整体测试。

P. 162 有效液压液量 usable hydraulic fluid capacity

蓄能器从最高指定压力降至高于预充压力 1.4MPa(200psig)时，从蓄能装置中可回收的液体量。【SY/T 7012—2014】

P. 163 喷漏同层 kick & lost in one formation

指同一层位既发生井涌、又发生井漏难以进行作业的复杂现象。

P. 164 复杂压力条件下钻井 complex pressure condition drilling

指在同一个裸眼井段钻遇多套不同压力系统地层的钻井作业，常见复杂压力条件包括地层压力差异大、安全密度窗口窄等复杂问题。

P. 165 喷漏同存 contradictive situation with kick & lost

指在同一个裸眼井段同时发生井喷和井漏难以建立井内压力平衡的复杂情况。

P. 166 上喷下漏 upper kick, lower lost

指高压层在上、低压层在下，钻井中上部高压层出现溢流而下部低压层出现井漏的复杂情况。

P. 167 下喷上漏 lower kick, upper lost

指低压层在上、高压层在下，钻井中下部高压层出现溢流而上部低压层出现井漏的复杂情况。【Q/SH 0013—2011】

P. 168 钻前工程 pre-spud operation

钻井井场设备就位前，井场与道路所有基础设施准备工作。

P. 169 油气施工作业 oil&gas construction

钻井、试油(气)、井下作业、测录井等野外施工作业。【Q/SH 0020—2011】

P. 170 严重损坏 seriousdestruction

承压件或本体被流体刺损、深度腐蚀造成的损坏。

P. 171 密封失效 seal failure

井控装置丧失密封腔体(井筒)内流体的功能。

P. 172 承压次数 total time of bearing pressure

井控装置自出厂验收、检修试压及现场使用中承压的累计次数。

P. 173 承压件 pressure-conaining parts

井控装置承受井筒(密封腔)内流体压力的主要部件。

P. 174 承压组件 pressure-containing part; pressure-containing member

当其预期功能失效时，会导致井内流体释放到外部环境中的那些与井内流体接触的零件。如本体、盖和连接杆。

P. 175 严重腐蚀 serious corrosion

承压件或本体被腐蚀性物质作用造成性能失效的损坏。【Q/SH 0164—2008】

P. 176 被动式旋转防喷器 passive rotating control device

一种靠密封胶芯与钻具之间的过盈来密封钻具与套管之间环空的旋转防喷器，也称旋转控制头。

P. 177 主动式旋转防喷器 active rotating control device

一种靠外部液压源提供压力油推动活塞，挤压密封胶芯封闭钻具与套管之间环空的旋转

防喷器。【Q/SH 0413—2011】

P.178 管缆 umbilical

从地面卷筒下放到下部隔水管组件的水下控制盒中的控制软管束或电缆。

P.179 铰接管线 articulated line

设计用来实现端部接头间的相对位移，由带有刚性管、旋转接头和端部连接组成的节流管线或压井管线。

P.180 全封剪切闸板(BSR) blind shear ram

闸板防喷器中的关闭和密封部件。它在剪断井筒中的管柱后密封井筒，或者在井筒中没有管柱时，起全封闸板的作用。

P.181 防喷器的操作及控制系统(关闭装置) blowout preventer control system(closing unit)

打开和关闭防喷器设备的泵、阀、管线、蓄能器和其他所需零部件的总成。

P.182 缓冲罐 buffer tank

一种定向的水平放置的圆柱形罐，用来改变下游节流管汇中流体流向，以引导流体流至火炬管线或钻井液/气分离器。

P.183 卡箍连接 clamp connection

一种将两个管件连接在一起的压力密封装置。这种密封装置不使用常规的螺栓式法兰接头进行连接。

注：两个部件通过卡箍毂密封。这些毂通过带有四个螺栓的卡箍连接起来。

P.184 灌注管线 fill-up line

一种通常连接到防喷器上方的分流器外壳或喇叭口短节，以便在大气压力下向井筒中加钻井液。

P.185 节流/压井管汇 choke/kill manifold

当防喷器关闭时，用来控制井内流体流量的阀门、节流阀、仪表和管线组成的装置。

P.186 挠性/球形接头 flex/ball joint

直接安装在分流器底部和 LMRP 上部之间的装置，安装时允许隔水管有相对角度的移动，以减小因平台移动和外界环境变化造成的应力。

P.187 控制盒 control pod

一种阀和调压阀的总成(液动或电动)。工作时，阀使液压流体通过特定的孔道和接口，实现对防喷器的操作。

P.188 功能试验 function test

通过操作一种设备或系统的方式来检验其预期的作业性能。

P.189 悬挂 hang-off

通过已关闭的管子闸板所支撑的钻具接头，或使用一种设置在井口中的特殊悬挂工具的方式来承受闸板防喷器下方钻杆部分的重量的一种动作。

P.190 溢流管 flow line

喇叭口短节出口处的回流管，用于引导钻井液和钻屑至钻井液振动筛和钻井液池。

P.191 压力试验 pressure test

定期向一套设备或系统施加压力以检验设备或系统的承压能力的试验。

P.192 梭阀 shuttle valve

一种止回式的阀门，它可以在两个或两个以上的出口外进行转换，从而允许压力液从多个通道流入、流出。

P. 193 预期最大井筒剪切压力 maximum expected wellbore shear pressure(MEWSP)

在 MASP(地面)、MAWHP(水下)的剪切钻杆或油管处，指定井段的预期作业压力、特殊剪切压力要求、特殊作业活塞设计、材料规格，或其他压力极限值。

针对给定的井段、特定的剪切压力要求、特定的操作活塞设计和材料规格，在 MASP(地面)、MAWHP(水下)或其他压力极限值下剪切钻杆或管子所预期的操作压力。【SY/T 6868—2016】

P. 194 最高允许工作压力 maximum allowable working pressure(MAP)

在指定的温度下，容器顶部所允许承受的最大压力。该压力是根据容器各受压元件的有效厚度，考虑了该元件承受的所有载荷而计算得到的，且取最小值。【GB/T 150.1—2011】

P. 195 盲板连接 blind connection

不带中心孔的端部或出口连接，用来完全封堵一个出口。

P. 196 额定工作压力 rated working pressure

由设计确定的设备所能承受和/或控制的最大内部压力。

P. 197 压力稳定(压力试验)stabilized(pressure testing)

初始压力降低到制造商规定的额定值范围内时的一种状态。

P. 198 变径闸板 variable-bore ram

闸板防喷器中，能封闭一定尺寸范围内管柱的关闭和密封元件。【GB/T 20174—2019】

P. 199 盲板法兰 blind flange

没有中心通孔的法兰，用于完全封闭法兰式端部或出口连接。

P. 200 井口装置 wellhead

井口表层套管的最上部和油管头异径接头之间的全部永久性装置。【GB/T 22513—2013】

P. 201 过胶芯起下钻 stripping

管具的浮重大于井口压力作用于管具的上顶力，使用旋转控制头或旋转防喷器的胶芯密封井口，进行起下管具的作业。【Q/SH 0010—2019】

P. 202 排砂管线 bloore line

气体钻井中，从旋转防喷器接出的排出岩屑的管线。

P. 203 气体钻井 gas drilling

以纯空气、雾、泡沫等作为钻井循环流体的钻井。

P. 204 空气钻井 air drilling

以空气作为钻井流体所进行的钻井。

P. 205 氮气钻井 nitrogen drilling

以氮气作为钻井流体所进行的钻井。

P. 206 井下燃爆 burn exploding

空气钻井时，地层中的天然气进入井筒而发生的燃烧或爆炸。

P. 207 泥环 mud ring

因地层出水将岩屑粘结在一起，在钻具表面形成的泥饼环。【Q/SH 0034—2007】

P. 208 氢致开裂 hydrogen-induced cracking

为氢原子扩散进钢铁中并在陷阱处结合成氢分子(氢气)时所引起的在碳钢和低合金钢

中的平面裂纹。

P. 209 酸性环境 sour service

含有硫化氢并能够引起金属材料发生硫化物应力开裂、应力腐蚀开裂、氢致开裂等开裂形式的油气田环境。【SY/T 0599—2018】

P. 210 液压导管 hydraulic conduit

海洋钻井隔水导管上的辅助管线，用于在水上和水下防喷器组之间输送控制液。

P. 211 先导液 pilot fluid

专门用于先导控制的控制液。

P. 212 先导管线 pilot line

输送先导液来操作控制阀的管线。

P. 213 偏压控制系统 pressure-biased control system

一种在先导控制管线上采用某种方式使其保持在高压状态(低于控制阀执行压力)，以此缩短液压信号的传送时间的分离式液压控制系统。

P. 214 隔水管连接器 riser connector

下部隔水管总成连接器 LMRP connector

用于将水下隔水管总成连接到下部防喷器组上方的液压操作式连接器。

P. 215 井口连接器 wellhead connector

防喷器连接器 stack connector

将防喷器组连接到水下井口上的液压操作式连接器。【SY/T 5053. 2—2020】

P. 216 常规地层测试器 conventional drill stem testing tool

利用上提下放管柱或上提旋转下放管柱实现坐封及上提下放管柱实现井下开关井的地层测试工具。

P. 217 常规地层测试 conventional well testing

应用常规地层测试器、电缆地面直读测试设备及相关工艺技术进行的地层测试。【SY/T 5483—2017】

P. 218 地层恢复压力 formation build-up pressure

在地层测试器测试过程中，预测试室全部充满流体后，压力恢复达到的最终值(随时间变化的压力增量接近于零)。

P. 219 地层压力梯度 formation pressure gradient

深度每增加 100m 地层压力的变化量。

P. 220 超压 suppercharge

测试点压力恢复不稳定，压力值趋于接近钻井液压力或明显高于相邻点。

P. 221 失封 loss of seal

封隔器密封失效，压力预测试室未能与井筒钻井液有效隔离，测试点压力等于钻井液压力。【SY/T 5691—2013】

P. 222 硫化氢环境 hydrogen sulfide environment

含有或可能含有硫化氢的区域。

P. 223 搬迁区域 remove area

假定发生硫化氢泄漏时，经模拟计算或安全评价，空气中硫化氢浓度可能达到 1500mg/m^3 (1000ppm)时，应形成无人居住的区域。

P. 224 应急撤离区域 emergency evacuate area

发生硫化氢泄漏时，人员应进行撤离的区域。当空气中硫化氢浓度达到安全临界浓度时，无任何人身防护的人员应进行撤离的区域；当空气中硫化氢浓度达到危险临界浓度时，有人身防护的现场人员，经应急处置无望，可进行撤离的区域。【SY/T 6277—2017】

P. 225 欠平衡钻井 underbalanced drilling

使钻井流体施加在井底的压力小于地层孔隙压力，有效控制地层流体流入井筒，并对其进行处理的钻井方式。

P. 226 液相欠平衡钻井 liquid phase underbalanced drilling

用纯液体或以液体为主作为循环介质所进行的欠平衡钻井。

P. 227 欠压值 underbalanced pressure differential

某一深度地层孔隙压力与作用于该深度的井底压力之差值。

P. 228 气相欠平衡钻井 gas phase drilling

用气体、雾或泡沫作为循环介质所进行的欠平衡钻井。

P. 229 泡沫半衰期 half-life

一定容积的泡沫自然析出一半所含液体所需要的时间。【SY/T 6543—2019】

P. 230 异常压力 abnormal pressure

地层孔隙压力高出所在区域正常含盐度的垂直水柱所施加的静水压力。

P. 231 环空 annulus

钻柱与所钻井眼内径、井中最内一层套管或海中隔水导管之间的空间。【SY/T 6667—2006】

P. 232 隔水导管(用于浮动装置) conductor casing or conductor pipe(floating instaHations)

在结构套管下安装的第一个管柱，结构套管上安装有井口及防喷器设备。

P. 233 钻进突变 drilling break

或许是由于穿过一个高压储层所引起的钻速的变化。

P. 234 击入式管柱 drive pipe

一个相对短的大直径的管，通常用来在陆地作业时放置于所钻井眼中。一般在坐底式近海作业时经清洗、驱动或者被压入地层，有时作为结构管线。

P. 235 动力压井步骤 dynamic well kill procedure

通过以一定速度向自喷井中注入足够重的液体以有效实现压井的作业，而不需完全关闭带有地面容积装置的井。

P. 236 气侵钻井液 gas cut drilling fluid

由于钻含气地层而溶入气体的钻井液，并因此而使其自身密度下降，钻井液柱静水压头降低。

P. 237 钻具内防喷器 inside blowout preventer

安装于钻井管柱内部，允许钻井液向下循环通过管柱，并防止其倒流的具有单向阀作用的部件。【SY/T 6667—2006】

P. 238 冲蚀靶 targeted

在高速流体流向改变的位置，为防止冲蚀而安装的一种管汇构件，可以为盲法兰、盲三通等。【SY/T 6962—2018】

P. 239　再制造　remanufacture

在更换或不更换零件的情况下，对防喷器进行的拆卸、重新组装和试验等活动。该过程中，用到零部件进行机加工、焊接、热处理或其他制造工艺。【SY/T 6160—2019】

P. 240　驱动环　actuator ring

卡爪式连接器中驱动卡爪运动的圆环形零件。

P. 241　卡爪　collet segments

卡爪式连接器中具有两个或以上配合曲面，实现锁紧和解锁的零件。

P. 242　二次锁紧　secondary locking

连接器装置在安装工具锁紧后，采用机械等措施对连接器驱动部件再次锁紧，防止连接器一次锁紧意外解锁。

P. 243　二次解锁　secondary unlocking

采用机械、液压等措施对连接器驱动部件实现第二次解锁，防止连接器一次解锁失效。

P. 244　先导式单向阀　pilot operate check valve(POCV)

由先导阀和单向阀组成的通过液压开启的阀总成。

P. 245　密封比压　sealing pressure

作用于单位密封面上的平均正压力。【SY/T 7330—2016】

P. 246　耐火软管总成　fire hose assembly

由具有耐压、耐火特性的软管管体与端部接头组装所形成的组合体，用于传输控制液，启动或关闭控制设备。【SY/T 7387—2017】

P. 247　液动节流阀驱动器　hydraulic throttle valve actuator

一种遥控或自动操作液动节流阀油嘴的执行机构。

P. 248　三高气井　three high gas well

具有高产、高压、高含 H_2S 特征之一的气井。其中天然气无阻流量达 $100\times10^4 m^3/d$ 及以上为高产；地层压力达 70MPa 及以上为高压；地层气体介质 H_2S 含量达 1000ppm 及以上为高含 H_2S。【Q/SH 0732—2018】

P. 249　保压　hold pressure

产品承受压力并与压力源隔离后的一种状态。【Q/SH 0655. 1—2015】

P. 250　正压式空气呼吸器　self-contained positive pressure air breathing apparatus for fire-fighting

一种呼吸器，该呼吸器利用面罩与佩戴者面部周边密合，使佩戴者呼吸器官、眼睛和面部与外界染毒空气或缺氧环境完全隔离，具有自带压缩空气源供给佩戴者呼吸所用的洁净空气，呼出的气体直接排入大气中，任一呼吸循环过程，面罩内的压力均大于环境压力。【GA 124—2013】

P. 251　初始贮存期　initial storage period

从制造之日起适当包装的橡胶制品在样品需要检验或重新试验之前在规定条件下可以贮存的最长时间。

P. 252　扩展贮存期　extension storage period

适当包装的橡胶制品在初始贮存期之后需要进行进一步检验或重新试验之前可以贮存的时间。

P. 253　贮存寿命　storage life

适当包装的橡胶制品可以贮存的最长时间，超过此时间后的该产品就被认为不能用于原来的制造用途。

P. 254 老化 ageing

暴露于环境下一段时间材料性能的不可逆变化。【GB/T 20739—2006】

P. 255 控压钻井 managed pressure drilling(MPD)

一种用于精确控制整个井眼环空压力剖面的自适应钻井过程，其目的是确定井下压力环境界限，并以此控制井眼环空液压剖面。【SY/T 7018—2014】

P. 256 高温井 high temperature well

井底温度大于150℃的井。

P. 257 高压井 high pressure well

指地层压力大于70MPa的井。【Q/SH 0198. 1—2020】

P. 258 井涌余量 kick tolerance

井涌时能安全关井且循环压井时不至于压漏地层所允许进入井筒的最大溢流。

P. 259 负压测试 inflow test

利用地层压力与井筒压力之差使被试压部分处于负压(欠平衡)状态，对井口密封总成、井下水泥塞、桥塞、套管及附件等进行由外向内或由下向上的承压试验。【SY/T 7453—2019】